音频技术与录音艺术译丛

SOUND FOR
DIGITAL VIDEO 2nd Edition

数字影像声音制作

（第2版）

[美] 汤姆林森·霍尔曼（Tomlinson Holman） 著
亚瑟·鲍姆（Arthur Baum）

王珏 杨璇 译

Focal Press
Taylor & Francis Group

人民邮电出版社

北京

图书在版编目（CIP）数据

数字影像声音制作：第2版 / （美）汤姆林森·霍尔曼（Tomlinson Holman），（美）亚瑟·鲍姆（Arthur Baum）著；王珏，杨璇译. -- 北京：人民邮电出版社，2019.5
（音频技术与录音艺术译丛）
ISBN 978-7-115-50237-7

Ⅰ. ①数… Ⅱ. ①汤… ②亚… ③王… ④杨… Ⅲ. ①数字技术-应用-语音数据处理 Ⅳ. ①TN912.34

中国版本图书馆CIP数据核字(2018)第275677号

版权声明

◆ 著　　[美] 汤姆林森·霍尔曼（Tomlinson Holman）
　　　　　亚瑟·鲍姆（Arthur Baum）
　　译　　王　珏　杨　璇
　　责任编辑　宁　茜
　　责任印制　周昇亮

◆ 人民邮电出版社出版发行　　北京市丰台区成寿寺路 11 号
　　邮编　100164　　电子邮件　315@ptpress.com.cn
　　网址　http://www.ptpress.com.cn
　　北京七彩京通数码快印有限公司印刷

◆ 开本：800×1000　1/16
　　印张：18.5　　　　　　　　2019 年 5 月第 1 版
　　字数：426 千字　　　　　　2025 年 1 月北京第 10 次印刷
　　　　著作权合同登记号　图字：01-2015-3964 号

定价：89.00 元
读者服务热线：(010)53913866　印装质量热线：(010)81055316
反盗版热线：(010)81055315
广告经营许可证：京东市监广登字20170147号

内容提要

在本书中，业界专家汤姆林森·霍尔曼（Tomlinson Holman）和亚瑟·鲍姆（Arthur Baum）提供了大量的工具和专业知识，展现了音频捕捉、视频录制、剪辑流程和混录的最新发展，可以帮助你的电影或视频制作达到惊人的效果。这本最新版（第2版）包含声音制作从前期到后期在技术、技巧和工艺流程上的秘密，并收入以下最新内容：

- "真"24p拍摄和剪辑系统的特点，以及单系统–双系统录制的特点；
- 对新媒体的强烈关注，包括Mini–DVD、硬盘、存储卡、标清和高清影像；
- 讨论了摄影机选择、手动电平控制、摄影机和录音机的输入、对拍摄场地的勘景和前期计划的过程；
- 用于母版制作和发行的蓝光和高清磁带格式，以及基于文件、DV磁带和DVD的母版格式；
- 全新的网上指南，包括录音和剪辑练习、示例和样轨（请登录Routledge官网网站，搜索本书英文书名《Sound for Digital Video》或英文书号9780415812085）。

无论你是想要提高声音质量的业余电影制作者，还是需要参考指南的有经验的专业人士，本书都是一本重要的工具书，可以为你的音频制作工具提供必要的补充。

丛书编委会

主　任：李　伟

编　委：（按姓氏笔画排序）

　　　　王　珏　　朱　伟　　李大康

　　　　陈小平　　胡　泽

前言

本书面向那些希望在数字影像制作中提高声音质量，并且把声音做得更有意思的人。很多与声音有关的基础理论，如声音基础、心理声学以及它们在电影中的应用等，可以在霍尔曼先生的另一本书《电影电视声音》(Sound for Film and Television)[1]中找到。因此，本书主要针对如何运用声音来增加种类繁多的数字影像的冲击力。我们努力为从制作到发行的每一步给出实用的建议。你将在本书中找到关于数字影像技术的运用、伴随高清画面的音频、对白剪辑和音响效果剪辑、单系统/双系统声音录制的说明，以及设备选择和运用技巧等，它们都来自于电影声音世界中那些最棒的经验。书中遵循一定的顺序介绍每个主题，首先是基本要点，然后是对细节的分析。如果你是第一次接触声音，会发现这本书很适合跳读，了解每章的主要内容之后就可以跳到下一章，这样足以获得每个阶段工作所需的主要信息。为了方便这种阅读模式，每章的结尾处都有一个"导演提示"部分，用来简要概括本章所讲的核心内容。本书第 1 版"导演提示"这个词背后的含义是为了提醒声音工作者"导演应该知道些什么"，本版中对每部分"导演提示"的内容都做了更新，让它符合当今最新的创作方向。

《数字影像声音制作（第 2 版）》的内容涵盖了从开拍前的计划、设备选择，到同期录音、声音剪辑处理、后期混录和最新媒介的多声道发行格式等整个范围。前两章介绍了数字音视频技术的基本概念，第 3 章有了新的焦点，讨论了开拍前的计划和准备工作。对于刚刚拿到这本书就要开始录制的初学者，可以从第 3 章开始学习，因为这一章为如何进行设备调试、获得更好的声音要做哪些重要决定提供了可行的思路。接下来的 3 章是对同期声制作知识的扩展，也是本书乃至数字影像声音制作的核心内容。即便是简单的项目，同期声录制的质量也非常重要。因为如果同期声录得很好，剪辑和混录工作就会相对容易；如果同期声录得不好，要得到好的声音就会花费更多的时间和金钱。

同期声录制的相关内容根据其复杂程度分别在第 4 章、第 5 章和第 6 章这 3 章介绍。第 4 章介绍了几种常用的话筒技术、如何使用摄影机随机话筒、如何使用媒介上的音频通路、除对白之外在现场还应该录什么声音等。此外，还包括对话筒附件的介绍、对多种话筒技术的实例分析、对一部已发行的商业电影附赠片段中原始同期声的分析，其中还包括从对影片同期录音师的采访中提取的信息。本章还包括对话筒员工作的介绍，对同期录音常见问题、声音场记单和同期录音实用备件的介绍。

---

1 汤姆林森·霍尔曼（Tomlinson Holman）著，《电影电视声音》，王珏、彭碧萍译，人民邮电出版社 2015 年 9 月出版。——译者注

第 5 章的内容集中在对话筒的介绍上：不同话筒的工作原理、话筒对不同方向声波的响应方式、话筒供电方式、无线话筒等。第 6 章讨论了对话筒输出电压的处理，该电压覆盖范围很广，必须通过一定的处理将其容纳进后级设备，以防失真或噪声过大。本章还包括在录音链路中怎样调节录音电平以及在何处调节录音电平。

第 7 章介绍了许多媒介管理的新知识，如今在视频制作领域常用的物理存储介质能够适应更多种类的格式，本章介绍了如何对其进行管理和操作，以及从前期录制到后期制作过程中不同设备之间的音视频媒介的同步和传输。第 8 章从声音设计的角度继续对后期制作进行探讨，从声轨的角度探寻更有效的声音设计思路。声音设计是一门在合适的时间、合适的位置获得合适声音的艺术，本章解释了这一过程。

第 9 章、第 10 章和第 11 章涵盖了声音剪辑、混录、母带制作和监听的内容——总之，就是声音后期制作的内容。如今，电影声音制作中剪辑和混录的传统划分已经被打破，剪辑系统中插件的使用使得剪辑师可以完成以前混录师才能完成的工作。同样的插件，如果能正确运用，即使在最简单的数字影像制作中，也能帮助独立电影制作者极大地提高声音质量。如今的主要问题在于：如何更理想地安排整个流程以达到最高的效率，并在最短的时间内获得最好的艺术效果？回答以上问题的相关思考可以在这几章中找到。

如果把《数字影像声音制作（第 2 版）》作为教材，可以从第 3 章和第 4 章开始，然后返回到第 1 章和第 2 章，之后进入第 5 章及其后的内容。第 7 章的内容对前后章节来说都有很大的参考价值。不过，对于想详细了解数字影像基本概念和技术的读者，最好的办法就是按照本书的编排顺序从头开始阅读。本书是在大量实践的基础上写成的，在这一版中，我们聚焦于介绍声音制作过程中每一个环节所做出的重要决定背后的原理和指导原则，因此，即便在本书出版时某些器材或音频编辑系统比较流行，本书所给出的建议仍是普适且具有可操作性的，可以经受住时间的考验。

目　录

1

基本概念

　　如果你参加情景喜剧《威尔和葛蕾丝》(*Will and Grace*)的拍摄，在摄影机运转时观察世界上最有才华的导演之一詹姆斯·布劳斯(James Burrows，作品包括 *Mary Tyler Moore*、*Cheers* 等)，你可能会问这样的问题："他在看什么？"他在盯着天花板。他本来可以注意演员的表演，但他们已经排练过多次并且完成得很好。他也可以看监视器，以确保 4 台摄影机正按计划进行拍摄，但他的制作团队很专业，并且经过预先排练，他知道一切都将正常运行。那他为什么要看天花板呢？因为他在仔细听台词，对呈现在银幕上的故事做最后的思考，不断地问自己："这个故事有趣吗？"这场表演的声音是它的底线。声音制作人员最不愿意从导演那里听到的问题就是："这个地方为什么会失真？""噪声大吗？""混响大吗？"本书正是要详细介绍在声音制作的各个环节——录音、编辑、混录以及母版制作中——怎样避免错误、提高声音质量，以及如何配合故事来做声音设计。

　　如今节目制作无需借助好莱坞的制片厂也能完成。事实上，越来越多的人倾向于使用平价的数字影像技术来获得专业级的高质量内容。技术进步使得高清音视频已经能够为业余爱好者和低成本电影制作者所用，使更多的人能够拥有既便宜又好用的讲故事的方法，使以网络视频为代表的新兴大众化媒体成为新的分销平台。但即使数字影像制作和发行有如此显著的发展，了解如何有效使用这些技术仍然和拥有它们一样重要。在这样一个人人都能制作出刺激的、搞笑的、解密的、吓人的节目(这些东西电影和电视已经做了一百多年了)的时代，从拥有专业画质(和声音)的节目中将业余节目区分出来的，往往就是电影制作者对于审美细节——特别是声音质量的关注。

　　在技术上，今天的我们比历史上任何时候都有能力在影像和声音方面做得更多。与过去的模拟格式相比，数字影像的革新使相机和摄影机拥有了更高的图像分辨率和更清晰的还音质量。此外，数字录音能够无损地转移到音视频剪辑系统中，经过编辑、混音后导出到磁带或硬盘上，与此同时保留原始录音的保真度和清晰度。这非常重要，因为过去的模拟制作会产生代间损失，同时，在编辑专业音视频节目时，需要大量的离线/在线设备。尽管消费级的模拟视频格式对家用来说足够了，但复制和编辑模拟视频会不可避免地导致最终产品存在质量缺陷。

模拟复制类似于用复印机复印文件：如果你复制一个原始文件，然后不断复印，画面将逐渐变得模糊，并与原始文件有越来越多的差异。在最初几次复制时，这种差异是比较轻微的，但越往后这种差异就越明显。另一方面，将数字录音导入编辑系统中是逐比特精确克隆原始素材。将数字录音在编辑和混录系统之间转移，以及出于存档和发行的需要将其导出到磁带或硬盘上时也是一样，每个拷贝都是原始素材的精确克隆，这意味着整个过程在视觉和听觉上更接近最初的真实，观众能够通过拷贝看到和听到最初捕捉的演员或纪录片拍摄对象的真实表现。当然，数字编辑系统也能够对素材进行多样化的编辑和处理，使节目获得更好的整体效果。使用数字方式进行编辑和调整时，其生成的文件能够在整个编辑过程中忠实地还原原始素材。你的目标可能并不是完美地复制原始记录，但当你需要的时候，数字录音和传输仍然能够提供从同期录音到后期制作的透明传输路径。了解这一点非常重要。

然而，存在于制片人头脑中的一个共同的错误观念是："现在已经是数字时代了，我们不再需要任何后期制作了，对吗？"事实上，一些需要切实考虑的问题，如现场噪声问题，对同期录音质量的影响远比由于录音技术局限所带来的影响更为常见。此外，对白在镜头与镜头之间是以不同的方式来录制的，为了不让技术上的变化转移观众的注意力，后期制作时需要将声音平滑地混合在一起。因此即使到了今天，也仍然有大量工作需要在后期制作时完成，比如改善原始同期声质量、添加音响效果和音乐等，以制作出令人信服的专业声轨。

虽然现在数字录像在质量和易用程度上都已经达到了新的水平，但坦白地说，要想获得更好的声音设计和声音制作质量，关键在于从事这项工作的人所接受的训练和经验积累。不仅包括专门从事声音制作的人，还包括与这项工作相关的每一个人。看看那些用摄像机拍成的家庭艺术电影，制作预算很低但热情很高，就足以证明这一点。这些电影制作者中，几乎所有的人都会对选景、美术设计、服装设计、化装、灯光及摄影给予关注，因为每个人或多或少地认为，这些视觉元素对于通过所谓视觉媒介来讲故事非常重要，无论这个故事是虚构的还是非虚构的。也许因为看不见的缘故，对声音质量和声音设计是否符合故事要求的关注就要少得多。本书的目的就是要向使用者展示声音的潜力，指出从基本运用到高级运用，如何更好地利用声音来为故事服务。至少有两位著名电影制作人同意这一观点：声音是非常重要的。从乔治·卢卡斯（George Lucas）到迈克尔·摩尔（Michael Moore），他们代表了大范围的电影制作类型，每种类型都展现出声音对电影来说是何等重要。

本书所涉及的制作范围既包括简单的由一个人承担全部拍摄工作的、一般使用能满足最低声音要求的摄影机来完成的录像片，也包括由较大团队制作的独立故事片。同时本书还介绍了许多实用技巧，可用在拍摄提供工业和商业信息的录像片、会议录像片，拍摄婚礼场面等事件的录像片、纪录片和用于电影或电视播映的专题片等的制作中。本书所给出的种种技巧，正如与之相关的媒介一样，在使用上完全中立。它们可以用来拍摄当今最好的纪录片和故事片。技术归根结底只是一种手段而已。

1.1 数字影像的概念范畴

在过去十几年中，随着高清视频格式和便携式摄影机的诞生和发展，数字影像的范畴有了惊人的拓展。与此同时，消费者对于智能手机、平板电脑和数码相机等数码设备所具备的视频功能产生了更大的兴趣。10 年前，"数字影像"几乎等同于 DV 磁带格式，而今天，更新的基于文件的剪辑系统和视频压缩格式已经占领了大部分市场。在格式不断丰富的情况下，为确保不同录音设备和不同剪辑系统之间的兼容性，数字影像制作变得更加复杂。整体而言，以手机和平板电脑为代表的移动设备填补了"家庭录像"市场模拟录像和传统消费类 DV 格式之外的缺口，即快速便捷地完成视频录制，并将其与朋友和家人分享。更专业的节目制作需要更高质量的画面，因此需要使用数字摄影机或如今越来越普及的高端数码单反相机进行拍摄。

如今，由特定用途的数字摄影机所带来的功能和格式的扩展是十分惊人的。最简单的摄影机有一个内置变焦镜头和单个 CMOS 或 CCD 图像传感器来提供分辨率（或锐度）和一系列颜色，其色彩范围比一个好的传统视频监视器还要小。较为昂贵的数字摄影机可能拥有镜头接环，能够使用不同焦距的镜头，并且配备 1 个或 3 个高分辨率的图像传感器，从而比低端机型拥有更大的清晰度和色彩保真度。数码单反相机（DSLR）提供高清视频模式，2008 年底上市的佳能 5D Mark II 使数码单反相机提供高清视频拍摄模式成为潮流。使用数码单反相机进行拍摄的一大优点是可以更换镜头，能够使用用于专业图片拍摄的高端镜头进行视频拍摄。高端数码摄影机甚至可以将 35 毫米电影镜头接在标准镜头接环或适配器上进行拍摄，也可以使用更大的图像传感器来获得浅景深效果，使其看上去更接近胶片拍摄的效果。

早期的数码摄影机，无论是标准清晰度还是高清晰度的机型，都使用磁带进行记录，将数字视频和音频流记录在 1/4 英寸（1 英寸约等于 2.54 厘米）或更大的磁带上，以代替将模拟信号记录在传统磁带录音机和摄影机上。随着数字影像技术的发展，无论是使用数字摄影机的制作端还是使用 DVD 和蓝光的数字发行端，硬盘、光盘和闪存卡等新的存储介质逐渐超越磁带成为行业主流。不过，如今的消费级和准专业级数字摄影机仍在使用磁带记录或文件记录两种方式，甚至有些设备上可以同时采用两种方式进行记录。采用磁带记录的摄影机通常可以选择多种磁带格式，包括消费级和专业级的磁带格式，然后根据插入的磁带类型来选择相应的视频记录格式。有些摄影机可以使用闪存设备，例如 P2、SxS、SDHC，甚至小型闪存卡（CF 卡），这类设备通常提供一系列的视频比特率和分辨率选项，也能够使用一种或多种视频格式进行录制——DV、MPEG-2 和包含 AVC/H.264 的 MPEG-4 编解码方式是摄影机最常用的格式，HEVC 等新型编解码方式也即将问世。因此数字摄影机的选择范围非常广泛，一部特定的摄影机本身也可以进行多种设置，例如存储介质、格式、镜头等都能够根据拍摄需要进行选择。

如今使用的一系列数字摄影机具备各自不同的录音能力，但对某一特定节目而言，摄影机录下可用音频的能力通常要根据一些具体的特征和标准来判断。下文所说的最低音频标准不仅与技术质量有关，而且和根据实际感受捕捉声音的能力有关，包括布置和使用合适的话筒以及混音技术，这将在同期录音相关章节中讨论。

1.2　音频录制的最低要求

　　虽然所有的便携式摄影机都可以录音，但录下来的声音质量怎样就是另一回事了[1]。如果没有可用的外接话筒输入口和手动电平控制装置，只采用随机话筒来录音的话会受到很大限制。有些具备外接话筒输入口和手动电平控制功能的摄影机由于输入接口类型和功能特征的不同也会存在一些局限。最终，音频录制格式（PCM 或是其他"有损"格式）有可能成为是否使用该摄影机进行声音录制的决定性因素。

　　如果综合预算和画面需求，使用一台摄影机无法满足音频制作最低要求的话，可以考虑不用摄影机来录音，而是使用单独的录音机来录到好的音频。这种将画面拍摄与声音录制分开的方法叫作"双系统"，将在第 3 章中详细讨论。尽管双系统录制在专业制作中普遍使用，但这种方法有一个潜在的缺点，那就是将素材导入编辑系统时，需要花费更多的时间和精力进行音视频的同步，而"单系统"录制在合成音视频方面更有优势，因为这两种数据流被记录在同一个介质上。因此，单系统录制通常用于需要录制大量素材的项目中，比如用于纪录片拍摄，此外，由于其在后期制作中的易用性，也常常用于包括网络视频在内的各类数字视频节目中。

　　对于单系统录制，摄影机需要满足上述最低音频要求，然而，将随机话筒信号作为唯一音频输入信号对于任何专业制作来说局限性都很大，虽然随机话筒也能用在某些场合，这一点本书后面还将介绍。随机话筒可以用来录制"参考轨"，以便对双系统声音进行同步，但选择只有随机话筒输入的摄影机对本书提到的大多数单系统来说都是一个巨大的局限，无论是最简单的摄影机，还是一些更为精密的高清家用摄影机都是如此。一个懂声音的人针对一台便携式摄影机所提出的第一个问题可能是："它有没有外部音频输入接口，可以用来接入取代随机话筒的其他话筒？"

　　另一个常见的局限就是缺少手动电平控制装置。虽然有些摄影机内置的自动增益控制器工作得很好，但这种根据输入电平变化不断改变增益的方式会带来剪辑上的麻烦。在自动增益控制下，最常见的问题就是当声源信号变弱时录音电平会自动提升，比如在话与话之间的间隙就会出现这种情况，而自动增益控制器（AGC）——也叫压缩器[2]——会在下一句话出现时再次降低录音电平。一个明智的操作员手动控制录音电平时，在话与话之间的间隙会保持

　　1　到目前为止，我们所讨论的数字摄影机和便携式摄影机，通常记录的是从标准清晰度到 1080p 高清晰度的视频。好莱坞高成本大制作的导演们所使用的更加昂贵的数字电影摄影机往往不需要用来录音，因为他们通常使用双系统录制声音（见下文）。双系统录制对于胶片拍摄而言是必须的，也是数字电影制作的标配，因为专用录音机具有高质量的部件和性能，例如可以进行多通道录音和混音等。

　　2　此处和下一段提到的"压缩"是指对音频信号的动态范围进行压缩的过程，第 10 章将对其在后期制作中的重要作用进行全面阐述。此外，"压缩"也可以指数据压缩，用于减少音视频存储时的比特数，下文将对这一概念的压缩进行讨论。

录音电平不变。后期制作时，从一个间隙到另一个间隙进行剪辑，保持录音电平不变将使剪辑顺利进行。而采用 AGC 方式所导致的增益不断变化，会使任何剪辑点的电平都出现跳变，需要通过调整来重新获得连贯一致的声音，这种问题在每个剪辑点都会出现。

　　压缩器带来的另一个问题是噪声喘息，即在一句话的字与字之间增益的改变能被听出来，虽然有些更先进的 AGC 似乎避免了这一问题。通常，AGC 会限制为了获得高质量声音而进行大量剪辑的能力。因此有趣的是，具有手动电平控制装置已成为摄影机质量较高的标志，便宜的摄影机在画面和声音上都更多地采用自动化处理，而高端摄影机则允许用户对画面和声音进行更多的手动操作。

　　高端专业摄影机通常使用平衡式音频输入接口，既能用于话筒输入也能用于线路输入。这些接口一般使用卡侬接头（XLR 接头），如图 1-1 所示，有的设在机身上，有的设在专用的话筒输入附件上。平衡式线缆包含由一个公共屏蔽导体包裹起来的两根信号线，这种接线方式不容易感应由各种电源线产生的磁场所导致的嗡嗡声。阿尔弗雷德·希区柯克（Alfred Hitchcock）在拍摄第一部英国有声片的第一天，正是由于这种干扰而使得拍摄严重拖延，直到发现话筒线不能靠近灯光的电源线放置，否则所感应的嗡嗡声简直令人难以忍受时，这一问题才得到解决。平衡式线缆可以减小类似的由磁场干扰导致的嗡嗡声，因此在专业音频领域首选平衡式线缆，而不是更普通的非平衡式线缆，后者通常采用 RCA 接口，这类接口在 CD 播放机上一般都能找到。还有其他接口，例如 1/8"立体声耳机接口或话筒接口，也可传输非平衡信号。

图 1-1　带平衡式 XLR 接口表明摄影机可以进行单独的外接话筒输入，注意也可能使用其他类型的接口

　　家用摄影机和低端准专业摄影机都可能具备平衡式话筒输入口，但一般都不具备平衡式

线路输入口，而更多地采用 RCA 接口来提供非平衡式的线路输入，如图 1-2 所示。有时候这些连接件甚至采用双向信号流通：录音时作为输入口，重放时作为输出口，例如佳能 XL 系列摄影机就采用了这种双向传输方式。采用平衡式线路输入[3]的更专业的摄影机也可能提供 RCA 接口的线路输出。采用平衡式线路输入是因为这样可以将调音台的信号传输到摄影机中记录下来，使录音师能够在拍摄过程中对多路话筒信号进行电平控制和混音，而线路电平输出则使得声音团队能够监听实际记录在摄影机上的信号。虽然线路电平输出更便于监听和重放，但准专业摄影机通常只提供一个 1/8″立体声耳机插孔用于监听，该插孔可以用来给摄影师提供耳机监听信号或用于提供监听返送信号。

图 1-2　最常见的消费类产品音频接口，一般称为 RCA、phono、pin 或 Cinch plug 接口，有时候是以上这些名字的组合

　　一旦音频信号进入摄影机，它将被一个模数（A/D）转换器转换为数字比特流，与视频信号一同被记录下来。除了最简单的应用之外，摄像机能记录未经压缩的 PCM 音频的能力非常重要。无论如何，摄影机自带音频电路的录音格式和质量要足够透明，使得随机编解码器不会给录音带来可闻失真。很多消费级便携式摄影机——不是指数码傻瓜相机、手机、带电影拍摄模式的平板电脑等"家用视频"设备——对数据进行有损压缩以降低音频文件的比特率或文件大小[4]。低端消费类机型上最常见的编码格式是两声道杜比数字（Dolby Digital）编码，也叫作两声道 AC-3 编码。为了尽可能减小音频数据压缩造成的影响，AC-3 使用了感知编码，

　　3　很多摄影机提供一对 XLR 输入，可以在话筒电平和线路电平之间切换。

　　4　这是上面提到的"压缩"这一概念的第二种用法。有损压缩或有损编码指的是通过忽略音频文件的某些数据而达到降低比特率或文件大小的目的，在重放时能够近似但不是精确地还原原始音频波形。

将人类听觉中难以注意到的部分内容"扔掉",这种方法常被用于电影、蓝光碟或 DVD 制作中,从而达到有效降低音频文件大小的目的。

使用摄影机录制有损音频的问题在于,在录音时使用感知编码,使后期进行剪辑和混音时的音频质量大打折扣。使用有损编码录制音频后,任何进一步的处理都需要对音频进行解码、对音频原始波形进行处理、对音频进行重新编码用于存储和传输。每一次编码都会扔掉一部分信息,每一条录音声轨在进入终混声轨的过程中都会丢失信息,最初难以察觉的损失快速累积,最后变得清晰可闻,就像进行模拟复制时产生的"隔代损失"一样。此外,大幅的数据压缩会产生可闻的人工痕迹,例如类似金属振铃的声音,或者在高频段产生可闻失真(遍布的嚓嚓声和咝咝声),如果没有高质量的原始录音将很难恢复。要么在最终的节目中使用这些带有可闻失真的声音,或者对失真的声音进行重新录制后再使用。

一般来说,本书中讨论的大多数设备都能够录制无损波形音频(通常称为脉冲编码调制,简称"PCM",这是一种将模拟波形转换为数字信号的方法)。高端及准专业级消费类机型以及专业数码摄影机通常能够记录两个或两个以上声道的 PCM 音频。在制造商的说明书中应当列出该摄影机的音、视频录制格式,而音频格式通常为线性 PCM 或者一种有损格式,例如杜比数字/AC-3。大多数标清和高清磁带格式都能记录未压缩的 PCM 音频,而 HDV(有时称为 MiniDV HD)有可能使用有损编码,这取决于录音模式。

1.3 衡量声音的 4 个维度

通常情况下,"维度"这个词指的是我们在空间中所熟悉的 3 个方向,或者沿着这些方向延伸的距离(参照盒子的模型)。更常见的情况下,一个维度是用来准确描述或识别某一物体的一轴。对于声音来说,有几个特征可以用来描述声音如何工作,记录在媒介上时的表现形式如何,以及它是怎样被感知的。由于这些特征既包括严格的客观测量,也包括纯粹的主观感受,因此它们提供了一种有价值的方法来判断声音的技术质量和声音设计,它们被称为声音的 4 个维度:频率范围、动态范围、空间感和时长。

1. 频率范围。从很低的低频到很高的高频,频率范围有个客观基础——声波每秒钟振动的周期数,用赫兹(Hz)来表示。它通常也代表某种主观感受:一个晴朗的夏日午后传来低频的隆隆声,往往意味着隐藏在角落里的某种威胁,正如暴风雨往往象征着危险正在逼近电影里的主人公。

   人耳所能感受到的频率范围为 20Hz ~ 20kHz(20 000Hz),这是个平均数,一些年轻人甚至能听到高达 24kHz 的声音,一些常见声源的频率范围如图 1-3 所示。在人耳听音频率范围的底端,20Hz 的声音不那么容易被听到,但在足够强时能感觉到它的振动。不同的设备所能传输的频率范围是不同的:电话传输的频率范围较窄,大概是 300Hz ~ 3kHz,缺少较高的高频成分和较低的低频成分,这就是字母"s"和"f"在电话里的发音容易被混淆的原因。"s"比"f"所处的频率要高,但电话切掉了这些高频,使得人们对两者产生混淆。

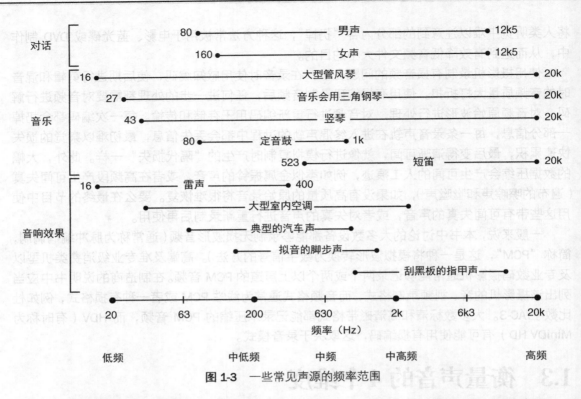

图 1-3　一些常见声源的频率范围

2. 动态范围。动态范围是从最弱的可闻声即 0dB SPL（Sound Pressure Level 的简写，指声压级），到最强的可忍受声（通常是 120dB SPL）之间的范围，如图 1-4 所示。过去把 120dB SPL 叫痛阈，但现在有些大型露天音乐会能达到更高的声压级，于是把 120dB SPL 改称作人耳的痒阈，140dB SPL 才被看成是痛阈。即使是短时间暴露在这个声压级下也可能带来永久性的听力损伤。SPL 是一种用来表示人耳听音范围的刻度标尺。用于传输和记录声音的物理设备和人耳相比具有更小的动态范围。在这个意义上，动态范围指的是一个设备或系统所能传送的最大和最小声音之间的范围。例如，电话听筒的声压级不可能达到影院声音系统或摇滚音乐会的最高水平。

电话声不像影院或音乐厅的扬声器那么响，这是件好事，潜在的听力损伤往往发生在暴露于很响的声音环境中时。表 1-1 显示出大多数人能忍受且不会冒听力损伤风险的不同声压级电平下的典型日常暴露时间。85dB SPL[5]的声压级，大概是影院里普通电影对白声的两倍大，人可以每天承受 8 小时而不会导致长期听力障碍[6]，而更大的声压级只能让人承受更短的时间。

---

5 有几个因素会影响到测量出的声压级大小：（1）频率计权，对人耳敏感的频率进行加权处理。（2）1 秒的时间计权，比采用更短时间常数的测量（快速测量）更符合听力受损的情况。（3）在一定时间内以 1 秒为间隔测出的平均数，称为等效电平。因此在技术术语里，用来描述可能导致听力损伤的计权后的声压级术语是 L_{Aeq}。

6 也有例外的情况，1%暴露在噪声环境中的人群更容易受到听力损伤。参见 ISO 1999 标准。

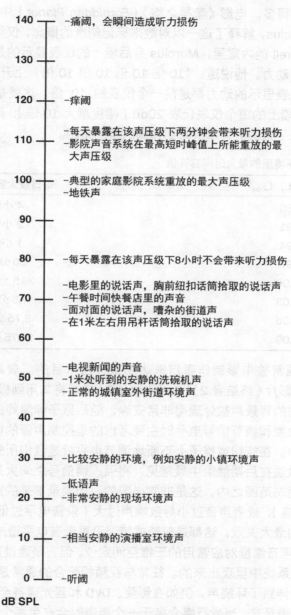

dB SPL	
140	—痛阈，会瞬间造成听力损伤
130	
120	—痒阈
110	—每天暴露在该声压级下两分钟会带来听力损伤 —影院声音系统在最高短时峰值上所能重放的最 　大声压级
100	—典型的家庭影院系统重放的最大声压级 —地铁声
90	
80	—每天暴露在该声压级下8小时不会带来听力损伤
70	—电影里的说话声，胸前纽扣话筒拾取的说话声 —午餐时间快餐店里的声音 —面对面的说话声，嘈杂的街道声 —在1米左右用吊杆话筒拾取的说话声
60	
50	—电视新闻的声音 —1米处听到的安静的洗碗机声 —正常的城镇室外街道环境声
40	
30	—比较安静的环境，例如安静的小镇环境声
20	—低语声 —非常安静的现场环境声
10	—相当安静的演播室环境声
0	—听阈

图 1-4　典型声源的平均声压级

　　分贝（dB）是声波的物理振幅或波形大小的对数表示法，用来衡量人耳听力所能容纳的动态范围。人耳能听到的最小声音，0dB SPL，在振幅上是大多数人所能承受的最大声音——120dB SPL——的 1/1 000 000，如果用 1 ~ 1 000 000 来标度声音振幅的话就太不方便了。通过将绝对数值取对数压缩成分贝来表示，所得到的数据就容易处理得多。电影《禁星之旅》（*Forbidden Planet*）中，由 Walter Pigeon 扮演的角色 Morbius，解释了这一以对数来标记刻度的概念，仅凭这场戏这部电影也值得一看。在 Krell 的内室里，Morbius 身后墙上的仪表显示的是在他脚下行星大小的机器所使用的动力。他说道："10 倍 10 倍 10 倍 10 倍，上升到几乎无限大，"从而说明了每个仪表显示的动力都是前一个仪表的 10 倍，这就是用 dB 进行标度的。Morbius 身后墙上的每个仪表代表 20dB（幅度增大 10 倍），而 120dB（或墙上的 6 个仪表）代表了人的听力从听阈到痒阈的全部范围。

表 1-1　每日暴露在噪声环境里的最大时间容许值

dB SPL，L_{Aeq}[7]	每日最大容许时间
88	4 小时
91	2 小时
94	1 小时
97	30 分钟
100	15 分钟
103	7.5 分钟
106	3.75 分钟
109	1.875 分钟

　　　　动态范围常被电影制作者用来达到某种艺术目的。詹姆斯·卡麦隆（James Cameron）在影片《终结者 2》（*Terminator 2*）中就将其用到极致来产生极端的效果：原子弹爆炸前的背景声被处理得非常安静，随后原子弹爆炸的极端响度就得到了夸大。在这里设置和调节信号电平时主要考虑的是控制声源的电平范围，使之符合媒介的记录能力。在旋钮或推子上不断地调节电平就是我们所知的控制录下来的节目增益，这一做法在后期混录中最常见，将强、弱信号之间大范围的变动控制在媒介所能承受的动态范围之内，这是非常必要的。如果录下来的声音过大导致过载失真（录音电平过高），或者声音过小导致噪声过大（录音电平过低），无疑都是同期录音或后期混录的最大失败，这都是忽略或错误设置录音电平造成的。

3. 空间感。这一声音维度对应常用的三维空间定位，但它是通过声场中所用扬声器通道的数量在还放系统中呈现出来的。往常与视频相配合的通常是单声道或双声道录音，如今该选项延伸到了环绕声，例如在影院、DVD 和蓝光碟甚至视频游戏中常用的 5.1 或更多的多声道录音。当发行媒介多于一个声道时会产生两个显著特征：声音的方位感和空间感。方位感意味着能在空间里找到声源的方位，声音可以和画面上的声源位置相匹配（有时候为了某种美学目的故意处理成不匹配）。当声音定位与屏幕上的视

---

7 有几个因素会影响到测量出的声压级大小：（1）频率计权，对人耳敏感的频率进行加权处理。（2）1 秒的时间计权，比采用更短时间常数的测量（快速测量）更符合听力受损的情况。（3）在一定时间内以 1 秒为间隔测出的平均数，称为等效电平。因此在技术术语里，用来描述可能导致听力损伤的计权后的声压级术语是 L_{Aeq}。

觉元素相对应时，通常能带来更逼真的视听效果。空间感意味着录下来的声音具有某种空间特征。只要用两个以上的声道来重放，立体声的空间感就可以产生听到声音来自某个空间的感觉，比如听到隔着一个楼道的隔壁房间里传来的声音。环绕声将空间感延伸成包围感，使听者产生被声音包围的感觉，听者感觉与声源仿佛处于同一空间里。虽然高端电影制作大多采用 5.1 分立声道来塑造方位感、空间感和包围感，但只用两个声道也能达到同样的目的。例如，通过恰当的制作技术，双声道媒介也可以用来存储多声道的信息，以及对 LtRt 解码的使用，在影院（如杜比立体声等）和家庭环境（如 Pro Logic 解码等）里都能见到[8]。

尽管很多带机载话筒的摄影机和带立体声话筒输入口的数码相机可以对两个声道进行左右立体声录音，但在实际操作中这种方法并不常用。两个声道通常用来记录不同透视感的声音，如分别记录对主要演员使用的吊杆话筒和无线话筒的声音。这种双单声道与立体声不同，"立体声"这一术语意味着两个声道间必须具有某种相关性，并在重放时通过左右扬声器以成对的方式来还放。

4. 时长。声音在时间轴上如何并置及展开是剪辑人员的工作范畴：是保持与拍摄时相同的时长，还是在多轨素材间控制时长以获得更好的效果。关于时长的问题将在本书后面进行讨论。

1.4　数字声

数字声能否满足我们对声音的要求，这通常取决于模数转换时的信号特征。虽然模拟信号的质量对于模数转换来说至关重要，但还有 3 个单独的因素限制了数字声所能获得的最高质量水平，直接影响到声音的一些特征。这 3 个因素是频率范围、动态范围和声道数，反映在摄影机或录音机上即为数字音频采样频率 f_s[9]，与频率范围成正比；字长，也叫量化比特率或解析度，如 12bit 或 16bit，与动态范围成正比；媒介上同时记录的声道数，是双声道还是四声道，或者更多的声道。

独立声道的数量是这 3 个概念中最容易理解的。大部分摄影机，包括基于磁带的摄影机，都能够录制双声道和四声道，有些甚至能够达到八声道。在双系统录音中，双声道和四声道同样比较常见，但市面上也有能够录制六声道、八声道、十声道或其他声道数的系统，为笔记本电脑安装合适的程序之后甚至也可以同时录制多个声道的音频信号。DV 磁带等固定带宽的媒介格式，会结合采样频率、字长的情况来选择录制双声道或四声道信号，这 3 个参量之间只有一些组合是可以实现的，但更高质量的格式如 HDCAM 磁带则能够记录高比特率、高采样频率的全带宽四声道信号。以文件格式记录在硬盘或固态存储卡上的录音通常不像磁带录音一样受固定带宽的限制，因此使用存储卡作为记录媒介的摄影机通常会标明可以使用双

---

8 第 11 章将介绍 5.1 环绕声和 LtRt 环绕声的差别。

9 有些摄影机生产厂家将它标注为 F_s，这是一种不正确的标法。

声道或四声道录音，不用在声道数和采样频率、字长之间进行权衡。对四声道录音的限制在于，很多支持该格式的摄影机只有两个外接话筒电平或线路电平输入口，因此其中两个声道只能用随机话筒的声音。为了打破这一限制，有些摄影机制造商提供选装配件，可通过额外增加的 XLR 输入端口来完成对外接信号的四声道录音。

　　采样频率决定了所能录制音频的上限频率，规律是采样频率必须是所录音频最高频率的两倍以上。由于人耳听音的最高频率大约能达到 20kHz（有些人甚至达到 24kHz），电影和视频拍摄中最常用的音频采样频率是 48kHz[10]。如今，数字音频录音和计算机音频接口宣称能以更高的采样频率对音频进行重放，达到 96kHz 和 192kHz。实际上，每秒采样 48 000 次和 96 000 次甚至更高从听觉上来说差别很小，因为 48kHz 已经完全能够满足听觉需求。另一方面，标清 DV 磁带的录音声道数量取决于采样频率和量化比特率（例如 MiniDV 摄影机），其录制四声道时的采样频率被限制在 32kHz，使得最大还音频率只能达到 16kHz。由于有些人的听音范围超出了 16kHz，甚至达到 24kHz，以 32kHz 为采样频率所带来的频率局限能被听出来。不过由于人的听力覆盖了很宽的频率范围，只在很高频段损失一部分声音不会有太大问题。虽然在宣传录音性能时都很重视采样率，但摄影机中的录音模式选择，以及系统能提供的字长或比特率对于录音质量来说更加重要，在高端产品的未来发展和低端录音格式的局限性评估中都是如此。

表 1-2　DV（Mini DV）、DVCAM 和 Digital 8 的音频参数设置（不是所有的摄影机都支持这两种设置，另外有些摄影机能重放 44.1kHz、16bit 的声音）

声道数	采样频率	高频限值	字长[11]	动态范围理论值[12]
2	48kHz	<24kHz	16bit	93dB
4	32kHz	<16kHz	12bit	69dB

　　媒介的动态范围指的是从底端的噪声到顶端产生信号失真之间的范围，用 dB 来表示。如今大多数录音至少采用 16bit 量化的动态范围，老式 DV 磁带录制四声道时的主要劣势是只能录制 12bit 的动态范围，如表 1-2 所示。1bit 是数字表示法的基本单位，即一个 0 或一个 1，是计算机存储和运算的单位[13]。在二进制数学运算中，我们熟悉的十进制表示法中由 0～9 的 9 个数字组成的数，可以只用 0 和 1 组成的数来代替。因为二进制里用来表示数的符号比十进制少得多，所以表示相同的数时就要用到更多的位数。在数字音频中，字长的每个比特代表 6dB 的动态范围，因此只需将字长乘以 6 就可以得到当前录音格式的动态范围。每个比特代表 6dB，那么 16bit 音频就有大约 96dB 的动态范围。这只是个粗略的估算，实际上我们往往需要在音频中故意加入少量叫作 dither 的抖动噪声，使得对数字信号的处理更加平滑，否则有可能产生低电平失真，这样 16bit 音频的实际动态范围大约是 93dB。要覆盖从 0dB SPL

10　每秒钟对信号振幅进行 48 000 次采样。

11　也叫量化比特率或解析度。

12　指加入抖动噪声的情况，后文还将进一步解释。

13　"比特"是合成词，意为二进制数字（binary digit）。

到 120dB SPL 人耳全部听音范围需要 20bit 的字长，但在大多数实际录音中，背景噪声电平远大于 0dB，而最大的声音也不会达到 120dB，因此 93dB（16bit）的动态范围大部分情况下已足够。

具有更大字长，例如 20bit 或 24bit 的优势是，将摄影机或录音机上的电平控制开关设置为最大可录制电平时，理论上录音媒介的本底噪声将比采用 16bit 时更低：额外的 4bit 或 8bit 在电平尺度的底端增加了解析度。尤其是，该操作使得录音电平设置较低的情况下信号与本底噪声之间能留有更大的余量，只要声学现场的背景噪声仍然高于 20bit 或 24bit 录音系统的本底噪声，那么即使声音信号在后期制作中被放大，最终的声轨上噪声也不会有明显增加。不过，实际操作中还必须考虑到话筒、前置放大器以及其他电子产品的本底噪声问题，以确保声音足够响亮能够被话筒"听到"，并且信号在被录下来之前不被减小，以至于混杂在任何环节的背景噪声中。第 6 章将详细介绍如何进行电平设置或分段增益控制，以适应拍摄所需要的动态范围。

虽然 24bit 录音在很多情况下有自己的优势，但 16bit 双声道录音和其理论上 96dB 的动态范围（具体使用的摄影机动态范围低于这个数[14]）对大多数拍摄而言是足够的，即便它还没有达到人耳听音的完整动态范围。对于大多数作品来说，我们很少遇到强度大到引起痛感的声音，而且大多数的录制环境并不是安静得可以使人耳听到极其轻微的声音，这些因素都限制了我们所能捕获到的声音。因此，从实际操作的角度而言，16bit 录音用于视频制作是足够的。

四声道 DV 磁带录制时使用 12bit 字长（见表 1-2）的缺点是，12bit 录音理论上只能提供 72dB 的动态范围，这还没有算上增加高频抖动信号带来的动态范围下降。因此，12bit 音频能够捕捉到的声音远少于人耳所能听到的声音。这意味着，如果录音电平设置正确，使录音中出现的最大声音并没有超过最高电平而失真的情况下，采用标准还音电平还放时，在安静的环境中仍有可能听到嘶嘶声。也许在拍摄现场声学空间的背景噪声较大，并且录制的声音不太大时，这样的动态范围是足够的，但在大多数场景和现场环境中，它仍然不足以如实地捕捉完整的动态范围。

对大多数专业人士而言，这里所讨论的音频最低标准不能低于 48kHz/16bit，在特定的拍摄环境下，将录音标准增加到 20bit 或 24bit 的字长和 48kHz 采样频率，能够明显提升录音品质。通常，录音工作应选定一个标准字长和采样频率，并用于每盘录制磁带或录音文件中，因为在进行声音编辑之前，必须将不同格式的录音转换成同一格式。因此，在开始新的录音项目之前，第一件事就是决定录音格式，并且找到摄影机或录音机的音频设置菜单，确保可以选择 48kHz 采样频率和与之相适应的 16bit 或更大的字长。如果摄影机可以录制无损 PCM 音频或对音频进行编码获得有损格式的音频，例如 MPEG Layer II 音频或 Dolby Digital，那么要选择无损 PCM 进行录制。通常数字视频采用两声道音频录制，但更高级的格式将可以录制更多高质量声道，这主要取决于媒介的可用空间或设备上音频输入输出通道的数量。不

---

14 这是针对线路输入而言的，不是指话筒输入，当然更不是指随机话筒输入。后文还将进一步解释。

同音频格式的存储能力及相关摄影机型号将在后面的章节中详细讨论。

1.5　不同数字视频格式的特点

　　除了使用不同媒介进行声音录制之外，表 1-3 给出了不同数字视频格式的声道信息，便于为特定格式的节目输出提供选择。例如，一个 5.1 声道环绕声节目不能录制在 HDCAM 格式的录像带上，因为该录像带只能提供 4 个声道。将环绕声录制在 HDCAM 录像带上的常用做法是，将 LtRt 两个混合声道[15]记录在 HDCAM 的两个声道上，即使完整的 5.1 环绕声已经包含在影片的 DVD 或蓝光碟上。这一部分内容将在第 11 章详细讨论。

　　关于音频格式的设置有很多种组合方式，注意针对个别设备可能不包含所有的组合方式。例如，有些型号的摄影机不具备在录像带所能提供的所有声道上录音的能力。对于一些常用设置，表 1-3 给出了相关信息。

表 1-3　不同格式数字录像带的音频记录能力

声道数	采样率	字长	编码方式	格式
2	48kHz	16bit	线性 PCM	DV (也叫 MiniDV)*
4	32kHz	12bit	线性 PCM	DVCAM* Digital 8*
2	48kHz	16bit	线性 PCM	DVCPro
4	48kHz	16bit	线性 PCM	DVCPro 50
4	48kHz	20bit	线性 PCM	HDCAM
8	48kHz	16bit	线性 PCM	DVCPro HD
2	48kHz	16bit	MPEG Layer 2	HDV (也叫 MiniDV HD)
8	48kHz	16bit	线性 PCM	Sony XDCAM 格式
4	48kHz	24bit	线性 PCM	
2	48kHz	16bit	Dolby Digital AC-3	典型消费级高清摄影机
2 或 4	48kHz	16bit 或 24bit	线性 PCM	典型准专业或专业级高清摄影机
2	48kHz	16bit	线性 PCM	大部分数码单反相机
2	44.1kHz、48kHz 或 96kHz	16bit 或 24bit	线性 PCM 或 MPEG Layer 3	小型便携式录音机 （Zoom、Tascam、Marantz 等）
2、4、6、8、10 等，取决于所用设备	44.1kHz、48kHz、88.2kHz、96kHz 或 192kHz	16bit 或 24bit	线性 PCM[16]	专业录音机（Sound Devices、Fostex、Zaxcom 等）

* 当录音是通过火线接口进行时，这些格式都能重放双声道、44.1kHz/16bit 的音频信号（CD 标准）。

　　15　有关母版制作和发行的更多信息，包括 LtRt 声道的编码等内容参见第 11 章。

　　16　也可以使用其他设置，但无压缩的线性 PCM 是最能够满足专业品质需求的编码方式。

导演提示（技术员希望导演知道的东西）

● 应选择具有外接话筒输入口和手动录音电平控制功能的摄影机。

● 使用摄影机或录音机录制时，应记录无压缩的线性 PCM 音频，而不是像 Dolby Digital 或 MPEG 格式那样经过编码的有损音频。

● 不要混用摄影机的参数设置，设定好之后就不要更改。一般将其设为双声道、48kHz 采样、16bit 或 24bit 录音。

● 不要长期暴露在太嘈杂的环境中，尤其是在音乐会现场、赛车现场、工厂等地方。

2

DV 技术简介

本章将介绍各种数字视频格式共有的一些基本特征，以及这些格式之间的区别。本书第 1 章介绍了这些格式在声音上的区别，要深入讨论这些区别离不开对画面的分析，因为格式之间最大的区别往往与画面有关。虽然不同格式的数字录像带在声音上有一些差别，但并没有画面上的差别那么大。因此，一本实践性很强的介绍声音的书会比一本专门介绍画面的书涉及更多的格式，而只要了解了关于声音格式的几个重要问题，就可以覆盖整个领域。

近年来数字影像技术的飞速发展催生出许多新的工作模式和录制规范，主要包括视频压缩方案的细化，以及诸如存储卡、光盘、硬盘等无磁带媒介的运用。这些新格式与首次实现数字视频记录的传统磁带格式相类似的地方，是将模拟信号——声音和光的波动——通过数字方式记录下来的方法。此外，许多基本技术、折中方案以及音频标准的取舍对于采用磁带存储还是采用文件存储的摄影机而言都是一样的。文件存储系统新增的是非线性录制模式，为数字影像制作拓展出了非线性、随机存储等新的特征。接下来将会依次介绍数字录制流程、数字影像的主要特征，以及数字影视制作中数字录音的特征。

2.1　数字基础

对所有的数字格式来说，把画面和声音记录下来的基本过程，是将视频和音频传感器捕捉到的连续变化信号转换成数字信号的过程。数字摄影机使用一个或多个图像传感器，通常是 CCD 传感器或 CMOS 传感器，将光接触到传感器的三色元件亮度变化转换为对应于每个像素的数值。对声音而言，声压级的实时振幅被一支或多支话筒接收后转化为随时间变化的电压，然后被表示为一系列数值。这一过程中，信号的振幅随着时间不断变化，并以特定的时间间隔被记录为数据。视频为每帧一次，数字音频通常为每秒数千次。采用数字技术的主要原因是存储数字信号比存储连续变化的模拟信号更可靠。数字技术的优势在于如果需要进行信号复制，数字复制是无损的：复制版和母版完全一样。模拟技术做不到这一点，每次复制都会带来不可避免的隔代损失。就像使用复印机进行每一次复制所导致的细微缺陷，会在经过多次复制之后呈现为细节上的模糊和色调上的变化。

模拟和数字技术的差别使得数字技术更适合于当前的多通路制作，因为这种制作方式会用到大量的信号复制，而数字技术确保了复制后的信号质量。这就是数字技术对声音工业产生冲击始于 CD（CD 光盘）发行格式的发展的原因。后来人们发现数字技术不仅适用于声音复制，在声音制作上也很有价值——它使得制作质量有所保障。在数字视频领域，最早的使用者是那些高端后期制作公司，它们需要确保多代复制后仍能获得高质量信号来制作母版。之后随着 DV 录制和 DVD 发行几乎同时出现，数字技术进入了爆炸式的发展阶段。最终，数字视频制作以其众多优势逐渐取代了传统的模拟制作。例如，在数字影像制作中，人们能从某个场景里挑选出某种颜色，比如夏威夷舞者的草裙，把它从绿色变成黄绿色，而不会影响到场景中的其他元素，这是采用传统的化学涂层胶片和曝光技术永远无法实现的。

另一个巩固了 DV 技术的市场优势地位的是花费问题。从世纪之交开始，数码摄影机和照相机逐渐将模拟摄像机从市场上淘汰出去，这主要是由于通过数字手段能够以更低的花费来获得更高的质量。与拍摄胶片或高端数字格式电影相比，高分辨率的数字视频制作非常便宜，同时还能提供高质量的画面和高水平的声音。尤其是具备专业音频功能的摄影机，提供了外接话筒输入口和手动电平控制功能，使得高质量的声音能够和画面一同录制。随着数字录音市场的发展，很多独立电影制作团队使用数码单反相机（DSLR）等不具备专业音频录制功能的设备进行拍摄时，也可以使用双系统进行录制。因此，数字技术的发展不断为更广泛的人群制作出专业品质的音视频提供了可能。

2.2　音频工作人员应具备的基本视频知识

2.2.1　帧率

电影和视频有一个共同特征：两者都是通过重放固定间隔的一系列帧，依靠人的视觉暂留现象来制造活动影像。一种 19 世纪纯机械的发明——西洋镜——显示出按一定时间来重放静止画面能制造出运动幻觉。

1927 年左右，声音进入电影使电影的还放速度标准固定在每秒 24 格（24fps），这是全球统一的标准。实际上，很多时候每格画面在重放时都经过了两次扫描，于是每秒钟有 48 次扫描来重放 24 格画面。这样做的原因与频闪有关，如果只以 24fps 来重放的话，在影院强光照射下，画面看上去会有频闪现象（"flicks"这个词用来描述电影大概正来源于这一现象）。

美国标准的 NTSC 制视频采用 30fps 的还放速度，之所以没有选择 24fps 是因为电视机屏幕的亮度比影院的银幕要高，而人眼在高亮度条件下对频闪更敏感，如果用 24fps 的话，即使每帧画面扫描两次，依然能产生可察觉的频闪，而电视机屏幕一般比影院银幕的亮度高出 2～6 倍，因此黑白电视的标准采用的是 30fps。如果把电影拿到电视上重放的话，可采用一种转换方法，在某些视频扫描场（或称为半帧）[1]里对画面重复扫描，于是从电影放映系统里重放出来的 24fps 画面，其视频帧率变成了 30fps。这种方法叫 3∶2 转换（有时候也叫 2∶3 转换），具体说明见图 2-1。

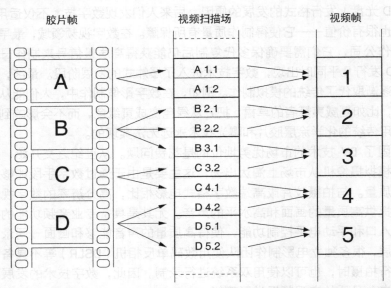

图 2-1　在美国，将电影格式转换为电视播放格式或录像格式时，需要通过 3∶2 嵌入与高帧率的 NTSC 电视制式相匹配，这会导致电影画面序列中的部分帧被加倍

　　对彩色电视标准来说，彩色电视信号需要在黑白电视的带宽里重放，其彩色成分以副载波形式传输，不能影响到黑白电视信号及声音的传输。为了达到这一目的，适应彩色电视的播出，电视重放帧率有了一点改变，成为每秒 29.97 帧[2]。用普通黑白电视机重放时这点轻微的速度变化不会带来任何问题，而彩色电视机则能在最小的干扰下，复原彩色信号副载波和音频信号，因此这个帧率成为今天的标准。

　　欧洲彩色电视的标准是 25fps，美国电影在欧洲电视上重放会加快 4%的速度，才能实现每秒运行 25 帧。与画面同步的声音重放速度也加快了，不做任何处理的话，音调会随之升高，因此在欧洲，电影转换为视频重放时往往伴随着音调的升高。这种影响在演员的声音中可被察觉，需要使用软件或硬件移调器（pitch shifter）将其矫正，但在实际工作中，只有少量影片会为了获得正确的音调而这样做。以前，因以时间为标尺的素材进行移调校正会带来

　　1　一场代表隔行扫描的半帧，通常是单帧的奇数或偶数扫描线。视频场和隔行扫描原理将在后面具体阐述。

　　2　这个数字接近确切值，严格来说是一个近似值。NTSC 彩色电视及其他衍生格式的确切帧率名义上被称作 29.97 或 23.976（或更宽泛地表示为 23.98）fps，比 30fps（或 24fps）要慢，两者比例大概为 1000∶1001，所以将循环小数 29.970029970029……写为 29.97。

人工痕迹，而被限制使用，随着近年来数字处理技术的进步，移调后的声音输出质量得到提升，逐渐被应用到了专业设备中。

以标准 24fps 拍摄的影院电影，后期制作时转成 NTSC 制视频需要经过 2∶3 转换，通过重复一定的帧得到名义上的 30fps，在胶转磁或电影扫描上减慢成 23.976fps，这些转换统称为 2∶3（或 3∶2）下转（pulldown）。这意味着双系统录制的声音需要减慢相同的速度来保持声画同步。无论是模拟磁带还是数字比特流，最常用的方法都是简单地将播放速度放慢 0.1%。例如，拍摄现场以 48kHz 录制的数字音频，会以每秒 47 952 个采样进行编辑或在电视电影中回放，而在后期制作中，又常常需要重新采样，来匹配与下转后的画面同步完成的 48kHz 采样频率的后期录音素材。当电影被下转成视频速度时，避免数字音频被重新采样的一个方法，就是同期录音时采用 48.048kHz 的采样率（每秒比 48kHz 多 0.1%）。这样，当把音频复制到后期剪辑环境中，以 48kHz 去重放时，它将与被下转的画面一样减慢相同的速度[3]，从而与画面保持同步。和将影片加速 4%转换成 25fps 视频相比，通过下转获得 NTSC 制视频所带来的音调的细微变化（0.1%）不易察觉[4]，也不需要进行纠正。

前面的讨论是关于原始素材用电影格式，后期制作涉及视频环境时所遇到的困难之一。如果用视频拍摄并进行后期制作的话要容易一些，但因标准不太统一，具有潜在的复杂性。例如，用 NTSC 制拍摄的视频要在全世界发行的话，往 PAL 制转换就很复杂而且价格昂贵，转换质量还不完美。现在常用的方法是以 24fps 录制（使用 24p 模式的数字摄影机），然后像对待电影格式的素材一样对其进行处理，下文将具体讲述。

2.2.2　隔行扫描

采用 29.97fps 的 NTSC 制或 25fps 的 PAL 制的大部分摄影机都是隔行扫描。隔行扫描是指视频中的每一帧被分为两场或是半帧，1、3、5 以及后续的奇数行在拍摄中以及在电视播放中被首先扫描，然后再单独扫描 2、4、6 以及后续的偶数行。每个视频场在时间上均匀分布，因此录制 29.97fps 的视频实际上是每秒录制 59.94 场，而录制 25fps 的视频则是每秒录制 50 场。

在早期电视系统中，使用隔行扫描的原因是很实际的：每秒将电视屏幕刷新 50 次或 60 次时观察到的频闪较之只刷新 25 次或 30 次观察到的频闪有所下降，就像在电影院播放的电影使用双倍的快门速度，将每秒 24 帧的画面以每秒 48 幅的速度放映出来显得更稳定一样。但是不像电影放映机可以一次照亮整帧，电视一次只能扫描一行画面，电子束扫描每一行都需要时间，这意味着在 1/60 秒的时间内只能扫描完整帧的半帧。在不降低垂直分辨率的情

---

　　3 很多高端便携式同期录音机在提供 48kHz 的采样率设置之外还提供 48.048kHz 的设置，它可能会被称作 0.1%下转（pulldown）或其他名称。有的设备还提供 47.952kHz 或 0.1%上转（pullup）采样率，用于将视频节目转换至电影播放的速度，这种情况相对比较少见。在电影拍摄或视频剪辑时，提前决定使用 48.048kHz 还是 48kHz 录音并一以贯之非常重要，将不同采样率的声音混合在一起，很可能会给后期制作带来麻烦。

　　4 即使对具有完美音调感受力的人群也没问题。对于人群中那 0.01%具有绝对音调感受力（并非在 A/B 对比的条件下）的人来说，最小可察觉音调差大约是半音的 20%，或者 1.2%的音调差。

况下，对每一帧进行两次扫描、一种我们称为标清电视的完全垂直分辨率被采用，在 1/60 秒中扫描一半的画面（单一视频场），然后电子束回到屏幕顶部，在下一个 1/60 秒扫描第二场。这种视频扫描和传输方式被称作隔行扫描，因为奇数和偶数的扫描线在媒介中被分开存储和传输，在重放时交替出现。

高清电视（HDTV）出现后，操作标准包括隔行扫描和逐行扫描两种模式。在被采纳的过程中，高清电视和传统的标清内容及播放渠道同时存在（至今在某些地区仍然存在），因此隔行扫描在标清系统中仍然扮演着历史性的角色。此外，在固定带宽中能够增加有效垂直分辨率这一优势，是另一个导致隔行扫描在传输高分辨率信号时被广泛使用的原因，它能够有效节省空间。随着市场上阴极射线管显示器逐渐被如液晶显示器（LCD）和等离子显示器这样的新技术产品取代，后者并不依赖电子束对图像进行逐个像素的扫描，导致真正的隔行扫描信号如果想在新显示器上播放必须进行去隔行处理。这一事实推动了逐行扫描的普及。的确，逐行扫描也被摄影机生产厂商在推广他们产品的 24p 模式时(p 代表 progressive，逐行扫描)，作为人们向往的"胶片感"加以宣传。

既然这样，为什么我们还说大部分摄影机仍然采用隔行扫描？原因有 3 点。第一，很多新的摄影机仍然能够以较低的数据率拍摄标清视频，在美国通常记录为隔行扫描的 NTSC 制视频。第二，高清标准中包含了隔行扫描和逐行扫描两种操作模式，大多数摄影机制造商在 30p 或 25p 逐行扫描之外，还提供 60i（技术上是 59.94Hz 隔行扫描）或 50i 录制模式，通常还提供 24p "胶片"模式[5]。第三，在大多数数字摄影机的逐行扫描模式下，仍然以隔行扫描的方式将画面保存在媒介上，在同一时刻以奇数和偶数扫描线捕捉的画面会分别存成两个场，就好像单独捕捉的一样。这样，即使画面以隔行扫描方式存储在磁带或光盘上，在计算机显示器或当前的电视上播放时也不需要做去隔行处理。当逐行扫描的数字摄影机首次进入市场时，现有的视频基础设备和广泛使用的 DV 编解码器都允许将 NTSC 制隔行扫描视频记录在磁带上，因此 24p 和其他逐行扫描模式需要使用一些技术以实现与现有设备的兼容，例如将电影转换为 NTSC 制所用的 3：2 序列变换。即使在使用无磁带设备的今天，我们仍然保留着让逐行扫描内容适应隔行扫描模式的技术，这是因为，除了能够改善向后兼容性之外，将摄影机设置为单一模式——隔行扫描，然后将逐行扫描的画面按照隔行扫描对待更为便捷[6]。

2.2.3 "胶片"感

很多原因导致数字视频看起来有别于胶片，甚至将拍好的胶片画面转换为视频在电视上

---

5 此处 50i 和 60i 指的是隔行扫描，字母"i"前面的数字表示每秒扫描多少场。对 NTSC 制设备来说，画面捕捉频率通常会四舍五入，因此实际的 59.94i 视频用 60i 表示。同样地，30p 通常代表 29.97 fps 逐行扫描视频，字母"p"表示在某一时刻，每个画面作为完整帧扫描，而不是将每一帧分为两个单独的场进行扫描。

6 将隔行扫描按照逐行扫描对待时，每一对相邻的线可能在不同的时刻被扫描，从而导致画面运动过程中产生"梳状"效应。另一方面，将逐行扫描画面当作隔行扫描对待，在隔行扫描设备上显示时看上去没有问题。

播放也是如此，其中一个原因是数字摄影机的传感器要比胶片小。典型数字摄影机上的 CCD 或 CMOS 传感器比全画幅 35mm 胶片小很多，所以数字视频很难达到胶片拍摄那样的浅景深效果。换句话说，对于胶片拍摄而言，聚焦在物体上而让背景虚化是很常见的技术，但使用数字摄影机却很难做到这一点。

另一个原因在于 NTSC 数字视频的帧率要高于 24fps 的电影，胶片摄影机可以一次性曝光全帧，而数字视频一般采用隔行扫描拍摄。为了弥补这些差距，生产商在数字摄影机上增设了 24p "胶片感" 拍摄模式，希望可以获得像胶片拍摄那样充满情感和戏剧感的电影画面。正如前文所述，相较于 25fps 和 29.97fps 模式，24p 提供了获得更通用的视频母版格式的新途径，可以使视频更好地实现在系统间的转换。

摄影机中的 24p 模式指的是，每秒使用逐行扫描拍摄 24 帧画面，然后在一定时间内按顺序（1, 2, 3, 4……）读取视频传感器中的每一条线，这与隔行扫描在一定时间内对一场进行扫描不同。隔行扫描的问题是，如果画面在一帧的两场之间有明显的移动，画面里的垂直线就会随着移动变成 "Z" 字形，而逐行扫描能缓解这一问题。凑近细看的话，有时候在摄影机摇摄时隔行扫描视频中能看见这条线，摇摄结束时，垂直边界比摄影机运动时更锐利。《侏罗纪公园》（*Jurassic Park*）的激光视盘版本用的就是隔行扫描，影片中的坏人从拱形房间里偷走恐龙基因时就能看见这一现象。摄影机摇摄过拱形房间的垂直线，当摄影机刚开始运动及停下来后重新开始运动时，垂直线都很锐利，但在摄影机运动过程中，垂直线在隔行扫描的普通电视机上变成了锯齿状。

逐行扫描与隔行扫描相比更有 "胶片感" 源于另一个优势：在当今的逐行显示器里播放时，每次更新画面，信息密度都会增加。隔行扫描的每一帧被分割成 1/60 秒的两场，一帧的两场之间扫描线是渐隐的[7]，这使得隔行扫描的锐度不如逐行扫描。换个方式来思考，隔行扫描在 1/60 秒的时间里扫描了一半的扫描线，而逐行扫描在相同的时间里扫描了全部的扫描线，这样在每个时间单元里逐行扫描提供了更多的信息，于是扫描出的画面也更清晰。

虽然被称为 24p，但在美国，大多数摄影机实际捕获的帧率为 23.976fps，这是因为如上文所述，视频信号是以 29.97fps 隔行信号进行封装的。磁带上录制的隔行扫描视频的两场能够在数字剪辑系统中合并生成逐行扫描图像，就像是直接从摄影机的图像传感器上读取的一样，这也是逐行扫描的优势之一。随着视频剪辑软件将 30 的录制帧率正确恢复为 24 的原始帧率，24p 脚本可以直接以 23.976fps 进行剪辑，操作上的唯一区别在于摄影机时钟以 NTSC 制速度运转时[8]，从胶片速度到 NTSC 制速度（24fps 到实际上的 23.976fps）所产生的 0.1% 的慢放。这种速度差异可以通过将视频帧率 "上转" 到胶片速度来校正，获得真正 24fps 的电

---

7 对于使用电子扫描枪照亮荧光粉的 CRT 显示器而言，这尤其是个问题。虽然更新的逐行扫描显示器也采用相同的原理，但逐行扫描内容可以一次性全部显示出来（每 1/60 秒或更长的时间刷新一次），而隔行扫描的内容必须经过去隔行处理或一场一场地显示出来，以便在逐行扫描显示器上获得正确的图像，因此场间消隐会成为问题。

8 选择以 23.976fps 来剪辑就是选择对 29.97fps 视频流进行剪辑，就像它原本是 NTSC 制视频一样，但这就放弃了很多使用 24p 的优势，因为 3∶2 转换后的隔行扫描人工痕迹将在剪辑中显现出来，剪辑点可能无法精确地落在 24p 的帧上。如果拍摄用的是 24p，使用能直接读取和剪辑 24p 素材的剪辑软件效果更好。

影拷贝，相应地也为伴随画面的音频做了时间校正，也可以提速 4%得到欧洲和其他一些国家采用的 PAL 制输出。当然，还能通过类似胶转磁的 3：2 转换输出为 NTSC 制磁带或光盘，以用于美国、日本和其他地区的传统 NTSC 制系统。因此，使用 24p 来拍摄原始素材是一种很有用的方式，能够直接用于电影发行，并且能够转换为全球最主要的两种视频格式。

　　大部分拥有 24p 模式的便携式摄影机和数码单反相机实际上都是以 23.976fps[9]的帧率来拍摄的，以 Sony F900 和 RED 系列数字摄影机为代表的一些专业摄影机在提供兼容 NTSC 制视频的 23.976fps 拍摄之外，还提供真正的 24fps 拍摄。如果以其中一种速度拍摄，而以另一种速度进行重放，或将视频和音频一起在软件中以上转后的另一速度重放时，速度间的差异并不容易被发觉。但是，如果声音和画面分开录制，而速度设定不正确时，0.1%的差别将会导致声画不同步。这种情况下，由于声音录制和重放的速度与摄影机不同，大约在一分多钟之后声画表现出不同步。这是音频容易出现的潜在问题之一——任何同步问题都被认为是音频的问题，即使是由于画面的运行速度慢了所导致，也往往怪罪于音频。因此要特别注意，消费级或准专业级摄影机并没有区分 23.976fps 和 24fps 的设置，即使它号称是 24fps 拍摄或在菜单设置和说明书中均标注为 24p，也很可能实际上是以 23.976fps 拍摄的。

　　现在使用 24p 录制非常常见，数字视频领域的不断发展，使其与胶片和高端数字摄影机的效果越来越接近。其背后的驱动因素之一就是采用数码单反相机能够拍摄到高质量的画面，而其成本只是高端数字摄影机的一小部分。使用数码单反相机拍摄视频时，摄影师可以使用与图片拍摄同样的可换镜头。拥有专业品质电影拍摄模式的数码单反相机，其传感器尺寸比同级别的很多数字摄影机尺寸还要大，能够拍摄出更大的景深范围和更具艺术感的画面。以 Canon 5D 为代表的数码单反相机具备 "全幅" 图像传感器——和 35mm 静帧的尺寸差不多，比 35mm 负片运动画面的帧大很多。还有，以 Canon 7D 为代表的另一些数码相机，传感器尺寸更接近 35mm 电影负片的尺寸。甚至除了数码单反相机，以 Sony F3 为代表的高端数字摄影机的传感器尺寸也与传统电影胶片尺寸相当。许多准专业和专业系列专用数字视频摄影机，也可以通过 35mm 镜头适配器使用各种各样的电影镜头进行拍摄。数码单反相机带来的技术革新刺激了专业数字视频消费市场的发展，使数字视频的艺术呈现能力不断提升。

2.2.4　分辨率和宽高比

　　几十年来，影院发行的电影相较于视频和广播电视最显著的区别在于，和后者较窄的 4：3 宽高比相比，影院电影拥有宽银幕宽高比。这是 16：9 宽高比被引入作为高清电视和高清视频标准的原因之一，也是其应用于移动和互联网视频等新兴市场平台的原因之一。宽屏画

9　确切地说，是 24 × 1 000/1 001 = 23.976 023 976 0……

面可以通过几种方法获得：一种是用黑条对画面的顶部和底部进行简单的遮挡，但这样就损失了顶部和底部 25% 的有效像素，从而限制了剩余画面的分辨率。第二种方法是用一个变形镜头，在水平方向上挤压以使 16：9（1.78：1）的画面能够适应 4：3（1.33：1）的图像传感器（如图 2-2 所示），然后在 16：9 显示器上播放未挤压的画面，来获得完整的宽屏效果。这两种方法被不同的电影格式所采用：在美国，1.85：1 的宽高比通常是剪切每一帧 35mm 画面的顶部和底部的结果，而 2.35：1 等更大的宽高比主要依靠变形镜头获得[10]。捕

(a)

(b)

图 2-2   (a)宽高比为 16：9 的宽屏画面；(b)变形镜头拍摄的横向压缩的同一画面

---

10 变形宽银幕视频也作为一种众所周知的发行格式用于宽银幕 DVD 的发行，来取代以前在画幅顶部和底部用黑条遮挡后获得宽屏画幅的方式。采用变形镜头拍摄的目的是为了充分利用每一个像素来存储有用的画面信息，从而保留更大的垂直分辨率。

捉宽屏视频的第三种方法是利用摄影机本身的 16：9 芯片，这是目前在高清摄影机中针对 16：9 宽高比特别设计的。

最初的准专业级数字视频格式（DV、DVCAM、DVCPRO）记录的视频分辨率为 720×480 像素：视频图像有 480 线，每线水平采样 720 次。尽管在水平方向有超过垂直方向 1.33 倍以上的像素点，但是图像以 4：3 的宽高比被捕获和显示。你可以把 DV 磁带上的像素看成非方形像素阵，如图 2-3 所示。在准专业级 DV 摄影机上用变形镜头拍摄变形宽屏，或在类似 Canon XL-2 的摄影机上拍摄宽屏视频时，需要将 16：9 的宽屏画面经过 16：9 的 CCD 传感器和数字处理后与 720×480 像素的标清 DV 格式相适应。

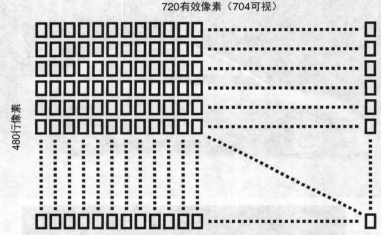

图 2-3　720×480 标清 DV 画面中的像素排列。注意水平方向的像素密度高于垂直方向

标清数字视频使用 480 条扫描线，高清视频使用 720 线或 1080 线进行逐行扫描或隔行扫描。表 2-1 显示在北美不同高清视频标准的使用情况。1280 × 720 视频可以在逐行扫描模式下以每秒 60 个完整帧进行存储和播放，1920 × 1080 视频包含两倍多的像素，所以为了在相同带宽下获得同样的影像质量，1080 线的视频必须在逐行扫描模式下每秒隔行扫描 60 场（60 个半帧）或者采用一半的帧率（30fps）。基于这个原因，1080 线未必好于 720 线，拍摄静止画面时前者比后者好，但拍摄移动画面时涉及隔行扫描和帧率等复杂因素，不能一概而论。除 30fps 或 60fps 模式外，高清标准本身也支持 24fps（和 23.976fps）视频，而不需要使用早期 NTSC 制式下 24p 系统所采用的 3：2 转换。因此，尽管很多摄影机依然将 24p 画面录制到 59.94fps 隔行扫描格式中，但未来的发展方向将直接用 24 fps 录制[11]。

由于各种标准化的高清视频格式的帧率不同，包括 NTSC 制式下的各种帧率和整数帧率，因此与其关联的声音录制也有区别。尽管分辨率和帧率可以有多种组合，但在 NTSC 制式的基

---

11 最早使用"原生"23.976 fps 录制的摄影机之一是松下 HVX200。原生记录真正的 24p 视频，而不是将视频嵌入在 30fps 或 60fps 的视频流中，可以节省录制媒介的存储空间，因为不再需要存储冗余帧。

础帧率（非整数，包括 **23.976fps**、**29.97fps** 和 **59.94fps**）下，最常用的高清数字视频格式是 **1080i60**、**1080p30**、**1080p24** 和 **720p60**[12]。一般来说，如果不使用摄影机进行单系统录音，上述情况下录音机的时间码帧率通常设置为 **29.97fps**，但在电影帧率（整数）下常使用 **30fps** 的时间码。时间码的设置，包括失落帧和非失落帧时间码的区别，将在后面进行讨论。

表 2-1 ATSC 规定的高清和数字标清播出格式，用于北美地区的数字影像系统

分辨率（像素）	宽高比	帧率	扫描方式	简称
1920×1080	16：9	23.976fps，24fps	逐行扫描	1080p24
		29.97fps，30fps	逐行扫描	1080p30
		29.97fps（59.94 场/秒），30fps（60 场/秒）	隔行扫描	1080i60
1280×720	16：9	23.976fps，24fps	逐行扫描	720p24
		29.97fps，30fps	逐行扫描	720p30
		59.94fps，60fps	逐行扫描	720p60
704×480[13]	4：3（标准） 16：9（变形）	23.976fps，24fps	逐行扫描	480p24
		29.97fps，30fps	逐行扫描	480p30
		59.94fps，60fps	逐行扫描	480p60
		29.97fps（59.94 场/秒），30fps（60 场/秒）	隔行扫描	480i30
640×480	4：3	23.976fps，24fps	逐行扫描	480p24
		29.97fps，30fps	逐行扫描	480p30
		59.94fps，60fps	逐行扫描	480p60
		29.97fps（59.94 场/秒），30fps（60 场/秒）	隔行扫描	480i30

2.2.5　慢速或高速摄影

电影摄影机一般可以加装变速电机，使其既能在大多数时候以精确的 **24fps** 拍摄，又能允许操作员进行大范围的变速来制造特殊效果。直到最近，这些效果都很难在视频上实现，因为视频摄影机上的所有定时信号都是基于帧率来设置的——改变帧率则很多东西也随之改变。如今，一些高端摄影机开始涉足这一领域了，但通常只提供特定的变速量。因此有可能

---

12 720p 较之于 1080 线最突出的优势在于，720 线的每帧中包含更少的数据，因此每秒能够存储更多帧，每秒 60 帧的高帧率能够获得更平滑的动态图像。这就是为什么它常用于体育片或拥有大量移动场景的动作片。这也是为什么使用较低帧率例如 720p24 并不常见，因为在较低帧率下，对 1080 线视频的带宽限制无法发挥作用。

13 ATSC 标准规定 704×480 画面尺寸使用非正方形像素点，相当于 MiniDV、DVD 和其他标清数字视频格式使用的 720×480（如图 2-3 所示）。尽管在 720×480 格式中，数字视频每行记录 720 个水平像素点，但重放时丢弃了位于 16：9 或 4：3 画面最左侧和最右侧的各 8 个像素点。用 720 代替 704 是考虑到 DV 录制系统中名义上的 3：2 扫描线宽高比。

通过设置来进行慢速或高速摄影，来拍摄慢镜头或提速动作。声音的减速或加速处理一般在后期制作时进行，其中一种方法是将实时录制的声音进行转录，按照与摄影机变速时相同的速度来减慢或加快，以此保持与画面的同步。

2.3　操作注意事项

2.3.1　质量模式和编解码

　　记录未经压缩的原始像素需要大量的媒体空间，因此数字视频在存储和传输时需要使用编解码器（codec，是 compressor-decompressor 的简写，代表压缩-解压缩的编解码过程）进行数据压缩。DV 家族（包括 DVCAM 和 DVCPRO）编解码器提供了一种录制标清视频的方法，比特率覆盖从 25Mbit/s 的消费级格式到最高达 100Mbit/s 的专业级格式，与未压缩的标清视频相比提供 2∶1～5∶1 的压缩比来降低比特率。DV 格式的记录时长和功能日趋多样化，这不仅取决于所用编解码器的特性和比特率，也取决于对摄影机上拍摄格式的选择和设置。如今，高清摄影机使用更先进的编解码器，但用户仍然能够对视频质量和录制时长进行权衡和选择。

　　毫无疑问，未经压缩的高清视频比标清视频占用更多存储空间，因此用于高清视频的压缩比通常要高于数字视频最初 5∶1 的压缩比。如今最常用的编解码器是 MPEG-2 和 MPEG-4 系列，包括 AVC/H.264，典型的压缩比接近 20∶1。数字视频录制的现状反映出蓝光碟和 DVD 在发行上的情况，标清 DVD 使用 MPEG-2 进行编码，MPEG-2 和 AVC/H.264 是蓝光碟的标准编码格式。录制视频和发行视频最重要的差别在于音频编码模式。AC-3 音频编码是一种感知编码，也称为杜比数字，和与之类似的 DTS 一样普遍用于对 DVD 中的音频进行压缩，也偶尔用于蓝光碟。蓝光碟更常用的是 Dolby TrueHD 和 DTS-HD 等无损高清音频编码格式（参见第 11 章对发行母带进行音频编码的相关内容）。感知编码很适合于压缩类媒体的发行，它不必在产品下线后进行重新编码或编辑。另一方面，在拍摄视频时，录制下高品质、未经压缩的 PCM 音频非常重要，因为这样才能确保在保留高保真原始素材的同时，还能对音频进行编辑和后期处理。

　　与老式磁带的 SP 和 LP 录制模式类似，很多摄影机提供标准播放（SP）和长时间播放（LP）、标准质量（SQ）和高质量（HQ）的选择，以及其他类似名称的录制模式选择。通过使用较低的视频比特率，低质量或长时间播放模式可以在媒介上记录更多的视频，但这是以牺牲画面和声音质量为代价的。在录制家庭视频或用于网络的简单视频时，为增加录制时长而在画面质量上做出妥协也许有用，但随着如今大容量光盘和存储卡的使用，低比特率模式通常不会用在专业视频制作和工业化生产中。

　　对于声音要特别注意的是，对于消费级摄影机，压缩视频模式可能和有损音频格式绑定在一起。SQ 或 LP 模式的目的是节约存储卡的存储空间，对音频进行与视频一样的高压缩能节省出更多的空间。家庭视频录制一般不经过编辑或后期处理，而是直接播放，取决于特定的编解码器和所用的比特率。也许问题不大。但在专业制作中，音频很可能需要后期处理并在后期制作中与其他元素结合，在剪辑室中进行音频解码（也有可能是重新编码）时，有损录音会将可闻的压缩痕迹带入项目中。事实上，不少学生作品甚至独立电影都被录音时错误设置的 MPEG 编码所产生的低质量、"振荡式"音频所影响。选择摄影机时最重要的事情之一就是确认所用视频模式能够录下未经压缩的 PCM 音频，并在录制过程中使用该模式。

2.3.2　兼容性

视频发展早期，设计磁带格式时，允许视频在任何一种摄影机上进行特定磁带格式的拍摄，然后在使用该格式的任何一种设备上播放。在数字视频领域，素材仍能在两台 Mini DV 或两台 DVCAM 摄影机之间互换，但如果使用一家制造商生产的摄影机进行拍摄，然后用另一家制造商生产的设备进行播放则可能会出现问题。另一方面，某些 DV 磁带格式能同时用在消费级和专业级系统，导致的问题就是在一种数字格式下录制的磁带能否在另一种格式的摄影机中播放。总体而言，高端格式播放设备或摄影机能够播放低端格式的磁带，但低端播放设备无法播放高端磁带。这是当所有人都使用相同的编解码器（DV/DVCAM）和录制媒介（8 mm 磁带）时出现的情况。

如今，录制画面的磁带种类繁多，更常见的是存储卡或硬盘文件系统。即使两台摄影机使用同样的媒介类型，其中一台使用的存储卡也未必能在另一台上正确读取。对于同一个制造商生产的同系列同型号设备，拍摄时一般都能共用同一种存储卡，但通常仍会在每张卡存满之后，在一个或多个硬盘上进行备份并导入编辑软件中，或者在拍摄间隙，将卡片重新格式化后从头开始录制[14]。存储卡、光盘和硬盘都能够使用计算机读取和备份[15]；摄影机仍是拍摄视频的设备，但不再需要像过去基于磁带的工作模式一样使用摄影机进行播放。

因此，随着市场上摄影机格式的增加，格式之间的兼容性在下降。但另一方面，后期制作时不再需要通过摄影机进行回放，因为原始磁带不再像以前那样作为存档格式。与使用磁带时需要确保所有磁带能够兼容，且后期制作时能够在指定录像机或摄影机上回放不同，无磁带工作模式下的兼容性在于确保录制的文件能够在剪辑室中顺利回放。要做到这一点，重点是不要将完全不同的格式随意混合，也别指望它们能够无缝地协同工作。对于画面和声音录制的最好建议就是选择一种工作模式并且坚持下去。特别是对于声音而言，要确保所用的录音平台能够录下无损的 PCM 音频，以便于后期编辑和处理时维持信号传输的透明度。

---

14 无磁带环境的工作特点和媒介管理将在第 7 章中详细讨论。

15 如果使用了特殊视频文件格式或文件系统则需要通过与之匹配的软件进行读取和备份。

2.3.3　离线/在线剪辑

现在常用的制作方式是，先将画面以低解析度从源素材复制到离线剪辑系统。较低的解析度使剪辑人员既能看清画面，又能同时操作大量素材，毕竟对于有限的存储空间和运算速度而言，需要在画面质量和可以运行的素材量之间进行权衡[16]。画面离线剪辑（无需访问原版高质量素材）完成后，将生成定剪单（EDL：Edit Decision List），该文件包含剪辑工程中每一个剪辑片段的起始和终止时间码。将电子表格的 EDL 定剪单输入在线系统，同时准备好原始素材带，在线系统会以全解析度有选择地将用到的原始素材快速复制进剪辑母版，并按照 EDL 上的剪辑点重新完成剪辑。离线剪辑的机时价格比在线剪辑便宜得多，这种离线/在线的方法不仅获得了更高的质量，同时还能提供传统剪辑系统无法完成的种种特技效果。

相比而言，如今使用摄影机拍摄出的标准数字化视频以及巨大增长的硬盘存储能力，使得传输全解析度视频到非线性剪辑系统成为可能，相当于在剪辑过程中将摄影机原始素材复制给剪辑师。即使拥有大量素材也仍然能够进行全解析度剪辑。这是由于数字视频压缩技术能够对 CCD 上的图像进行比特率的压缩，将高清视频录制在存储卡和硬盘上，在过去几十年间，伴随着存储容量的显著增长，存储花费在不断下降。30 年前，购买硬盘的花费是 2.43 美元/MB，现在只需花费 0.00001 美元/MB，价格指数达 240 000：1！这一事实也说明了为什么今天的剪辑系统能支持全解析度剪辑——至少能支持压缩格式的剪辑，而以前则根本不可能。

2.3.4　时间码

几乎所有的准专业级数字摄影机、大部分消费类机型以及部分数码单反相机都支持 SMPTE 时间码。时间码显示为 05：15：22：23，意味着时间码地址是 5 小时 15 分 22 秒 23 帧，这样每个单独帧都有唯一的时间码地址，可以用来作为帧的寻址标志。很多消费类机型在磁带或磁盘开头记录的时间码是 00：00：00：00，但在更多的专业设备中，起始时间码是可以预置的。

时间码在小时、分钟和秒位上是像时钟一样逐字递增的简单数字，秒位到 59 之后就会复 0 并在分钟上进一位。然而，由于数字视频采用了不同的帧率，时间码帧位的计数要复杂一些。在 NTSC 制以及基于 NTSC 制的电视制式中，帧位的计数是从 0 到 29，然后返回到 0，同时秒位进 1。而在基于 PAL 制的标准中，帧位的计数是从 0 到 24，然后返回到 0，同时秒位进 1。这一过程导致使用 NTSC 制式的视频名义上为 30 帧每秒（fps），PAL 制视频为 25 fps。对于真正的 24p 素材，帧计数器从 0 到 23 之后再回到 0 重新开始计数，秒计数器随之递增。然而，对于上文提到的采用 50i 或 60i 视频流的 24p 素材，将使用 25fps 或名义上的 30fps

---

16　"S..t Tom, 你给 George 说说，" Stanley Kubrick 在电话里和本书作者 Holman 说道。Kubrick 接着说他记得那些拍摄素材，因此不需要将高质量的画面导入剪辑系统里。非线性剪辑的灵活性给他提供了一个全新的剪辑经验。

时间码。这样做的原因之一是，使用这种方式录制的素材能够向后兼容现有视频设备，能够在任何电视上播放。

当我们把 30fps 用作一个术语时，需要讨论一下"名义上"这个词的含义。尽管在采用 NTSC 制式的国家，29.97fps 的视频平均每秒播放的内容比 30 帧视频少，但通常我们不对小于 1 帧的时间进行计数，因此 30fps 时间码也会用于 29.97fps 视频。

然而，这样的计数比起真正的每秒 30 帧来说，重放时间长了那么一点点，因此就产生了误差。该时间码比时钟跑得要慢，因此按照这个帧率来运行就会导致重放时间延长，1 小时的时间码实际运行 1 小时零 108 帧。很多时候这点误差不是太大问题。这种时间码计数方式包含了逐字增加的所有数字，节目运行时间比时钟要长那么一点。不幸的是，这种时间码被称为非失落帧（NDF：non-drop-frame）时间码。回头我将解释为什么说这个名字不幸。

另一种情况下，如果将做好的电视节目用于广播，每小时 108 帧的误差就变得很重要了。对于时间要求很严格的操作，让时间码与墙上的时钟保持同步非常必要，但如果所有的帧位都被使用了则无法做到——这真是一个难题。解决问题的方法就是完全跳过这每小时的 108 帧计数。实际上并不是跳过了某些帧，而是跳过了某些计数。如果真正跳过某些帧的话，画面会出现跳变，导致错误发生。这就是我说这个名字不幸的原因，因为这种计数方法被称为失落帧（DF：drop frame）时间码，实际上却没有哪一帧失落！

在失落帧时间码中，每分钟时间码的帧位跳过 00 和 01 两个计数，这样 1 小时就少计了 120 帧，而在 00、10、20、30、40 和 50 分钟不跳的话，每小时就少计了 108 帧。这样显示出来的时间码虽然许多时候与时钟并不能准确对应，但 1 小时的显示时间是真正的 1 小时。因此失落帧（DF）时间码和非失落帧（NDF）时间码的区别是计数有没有被跳过。标记失落帧（DF）时间码的方式是将一个或多个时间码位数之间的间隔符号冒号（ : ）改用分号（ ; ）来表示。

录制信号时选择 NDF 还是 DF 时间码取决于剪辑系统和最后完成母版的需要。大多数电视制作采用 DF 时间码，这样通过时间码就能知道实际节目时长。因此，剪辑系统里甚至录像带说明书上都会介绍这种时间码。对于离线剪辑系统来说，通过内部计算来适应 DF 时间码的帧率计数，以便跟上被跳过的数据一度十分困难，因此最常用的工作方法是在摄影机上记录 NDF 时间码，用该时间码进行剪辑，制作完成母带时再把它转换成 DF 时间码。在某些情况下，特定摄影机上的视频格式选择会影响可用的时间码类型。例如，即使摄影机允许在 DF 和 NDF 时间码之间转换，但如果选择了 24p 模式进行录制，则会限制摄影机对 NDF 时间码的使用。

现在更多的剪辑系统已能通过内部计算处理 DF 时间码，因此也就有可能在拍摄时采用 DF 时间码并将其贯穿后期制作的全过程。作为一名录音人员，需要向制片人提出的问题是："我们采用什么样的时间码，失落帧还是非失落帧？"[17]答案在拍摄时通常是未知的，因为大

---

17 除非摄影机格式已对其做出规定。例如，一些消费级摄影机，包括大多数早期的 DV 摄影机只支持 DF 时间码。大多数 24p 模式只支持 NDF 时间码。

部分问题出现在后期制作中。但如果预先不知道答案，最严重的结果就是在拍摄过程中任意选择 DF 或 NDF 时间码。这种混合时间码会使剪辑变得极其复杂，甚至在某些剪辑系统里根本无法剪辑。

　　每当摄影机开机，或者当新磁盘或磁带放入时，最简单的时码发生器是从 00：00：00：00 开始计数。实际上，一些摄影机在解除待机模式，或者将磁带往回倒，然后重放到一定位置继续录制时，会失去对已录下来的最后时码的跟踪。这种情况下，同样的时间码可能会被再次记录下来——这给通过剪辑系统从素材带中找到某个片段带来潜在的困难。其他摄影机能读取磁带或文件上空白区域之前已录信号的最终时码，然后在继续录制时从该时间码开始记录。

　　在摄影机上生成和录制时间码通常采用两种模式，二者有显著的区别：FREE RUN 和 REC RUN 时间码。对 DV 摄影机来说，典型的时码发生器运行模式是磁带运转时运行，磁带暂停时停止运行，这种运行模式叫作录制运行模式（REC RUN：R RUN），即使拍摄时摄影机有启动、停止、再启动的过程，只要电源不中断，或者磁带不被取出并重新放入，磁带上记录的时间码就能保持连续。自由运行模式（FREE RUN：F RUN）意味着时码发生器一般按照当时的时钟来设置，并连续运行，这样每次摄影机开始运转时记录下的时间码都是不连续的，但是能标示出拍摄时的真实时间，有些情况下例如采录用于法庭的证据时十分必要。录制比 DV 更专业的格式时一般在 REC RUN 和 FREE RUN 之间选择，其中 REC RUN 用得更普遍。人们比较喜欢选择 REC RUN 模式，是因为连续的时码比不连续的时码在剪辑系统里更容易处理。

　　将时间码设置为 FREE RUN 模式能够通过一个叫作时码追踪（JAM SYNC）的功能来完成，这是一种参照外部时钟源来设置内部时码发生器的同步方式。时码追踪常用在多机拍摄中，或者用在双系统录音时将多台摄影机的时间码与录音机时间码同步。高端摄影机还可能提供同步锁相（Genlock）视频输入端口，允许将多台摄影机拍摄的素材精确同步（每台摄影机的第一条视频扫描线在同一时刻开始扫描）。将多台摄影机同步锁相就可以在摄影机之间实时切换，而只采用时码追踪不能保证这一点。

　　即使在 REC RUN 模式下，很多专业级和准专业级摄影机都能够对起始时间码进行设置，少数消费类机型也可以。在使用磁带大量录制素材时——包括纪录片拍摄的情况——每次更换磁带或光盘时间码都会重置为 00：00：00：00，这对磁带寻址来说是件麻烦事，因为无法通过时间码对一次拍摄中用到的大量磁带做出区分。从一张光盘或磁带到另一张之间连续运行的时间码能够减少或消除同一节目中时间码不断重复的情况。在传统的工作模式中，每插入新的光盘或磁带，时间码的分钟位和秒位都会被重置，而小时位则需要手动增加以匹配所用的磁带序号（或者更通常的情况下是数字卷号）。

　　在离线/在线工作流程中（如上文所述），EDL 定剪单上除了包含剪辑点信息，还包含每个剪辑片段来自于哪盘原始磁带及其时间码的信息。如果没有这些信息，对每段画面和/或声音进行剪辑时都需要详细记录素材来源，因为在线剪辑系统需要通过标识符找到特定的磁带，例如将一个六位数字码输入回放设备，然后找到与此相对应的磁带位置。如果无法找到与时间码相对应的磁带，就有可能使用一盘错误的磁带，然后将错误的画面或声音导入系统。此外，如果给定的磁带或光盘在多个位置包含相同的时间码，也无法正确找到剪辑片段的出处。

　　幸运的是，如今离线/在线方法对清楚记录磁带信息的要求不那么高了，这是由于最新的摄影机和剪辑系统在大多数时候都能够进行全解析度数字视频剪辑，剪辑系统中的内容完全复制于原始素材，使用在线工程文件时不再需要回到摄影机的原始磁带。如今，进行简单的数字视频剪辑所用到的大部分系统中，离线和在线之间不存在质量差别[18]。于是，不再需要将画面和声音重新采集进在线工程文件，也就不需要保持对源素材带的严格追踪。实际上，在固态记录系统中，一旦素材已经被传输到主硬盘中并且进行了一个或多个备份后，源媒体就会被重复使用，因此，一旦真正开始剪辑，所谓的源素材就不复存在了。当然，为了备份目的，知道源素材在哪里总要方便一些，万一剪辑过程中出了问题或多机声画同步出了问题还可以弥补。可以对素材做些标记，比如用 A、B、C 到 Z、AA、AB、AC 等不同的识别码来区分不同的磁带。即使媒体已经在拍摄过程中被多次使用，在最初转录时每张存储卡的文件结构通常会被保存下来，因此在紧急情况下，清楚素材最初录制在哪张卡上仍是有用的。

　　在独立于摄影机的外接录音机上录制时间码时，一个细微的差别是，即使摄影机设置为 24p 模式，在录制 NTSC 制素材时仍然使用 30fps 或 29.97fps 时间码。通常，29.97fps、59.94fps 或 23.976fps 素材使用 29.97fps 时间码。当电影拍摄（或以 24fps 拍摄）需要下转为视频速度时，一般以 48 048Hz 进行音频录制，时间码采用 30fps NDF 时间码，当音频变为 48kHz 以适应画面从电影转为视频时，时间码也会被减慢成 29.97fps。需要注意的是，如果用摄影机进行 24fps 拍摄，录音机的时间码也应设置成 30fps。

2.3.5　用户比特

　　SMPTE 时间码里有些比特位是提供给使用者写入附加用户信息的，称为用户比特（user bits），简称 UB（有些厂商会误标成"user's bit"）。用户信息包括场景和镜次、拍摄时间、拍摄所用滤镜的情况、帧的录制方式、隔行扫描还是逐行扫描以及采用的是哪种逐行扫描等。因为用户比特是逐字写入的，因此没有严格的标准限制，不同的摄影机可以有不同的写法。消费级摄影机一般不允许使用者写入用户比特，但准专业级或专业级数字摄影机可能允许，不同厂家、格式甚至同一格式的不同型号摄影机提供的用户比特写入能力会有所不同。

2.3.6　PAL 制

　　欧洲和其他一些采用 50Hz 电源的国家所用的电视制式是 PAL 制，时间码是每秒 25 帧

---

18 在线系统里可能还有最后的剪辑步骤，用来完成离线系统无法完成的更多视频处理。这种情况下，需要从离线系统里导出包含有所需视频的文件到在线系统。通常情况下，离线系统导出的文件是定剪单（EDL），然后由在线系统按定剪单的提示来完成剪辑。在非线性剪辑系统中的全解析度剪辑，取消了在在线系统上将原素材重新复制到工程文件的做法，甚至根本不用再建工程文件。

（25fps），在时间码计数上不像每秒 29.97 帧（29.97fps）的情况那么复杂。帧的计数从 00 到 24，然后在秒位上进 1，帧位复 00。该时间码的运行和时钟是一致的。这种时间码的难题是如果把视频转为胶片在影院放映，每秒 25 帧的画面要放慢 4% 以转换成电影胶片每秒 24 格的标准，与 PAL 制画面相伴的声音也会放慢相应速度以保持同步。如果不做任何校正的话，声音的音调就会降低 4%，这种音调变化甚至在演员的声音上都可以察觉出来，因此需要用一种叫作"音调转换器"（pitch shifter）的硬件或软件来予以校正。

2.3.7　锁定与非锁定音频采样

便携式摄影机都有内部振荡器，就像石英晶体表上所用的一样，可以进行各种时间设置。它们可能采用一个主时钟，然后按需给视频和音频分配不同的帧率和采样频率，也可能分别对视频和音频采用不同的时钟。采用不同时钟的方式设计起来比较简单，但另一方面，这需要控制音频采样率和视频帧率的音频时钟和视频时钟以完全同步的方式运行，这被称为锁定音频采样，这种方式能够避免长时间录制时产生音视频不同步。以 29.97fps（包括 59.94Hz 隔行扫描的情况）帧率运行的美国标准 NTSC 制视频，每 5 帧视频严格对应 8 008 个音频采样点[19]。

使用磁带格式拍摄时，如果音频和视频分开录制，然后在剪辑系统中同时重放，连续播放的过程中有可能发生大面积的音视频不同步现象，这一问题需要引起足够重视。消费级 DV 摄影机（即 Mini DV）使用非锁定音频采样，这类摄影机中没有专用硬件或固件来确保长时间录制时的音视频同步。需要注意的是对磁带进行回放时不会发生不同步的情况，因为音视频是交叉存储在磁带上的，但由于每一帧视频所对应的音频采样个数不一定相同，在严格按照每秒视频对应 48 000 个音频采样点的剪辑系统里，音视频就会出现同步偏移[20]。其他格式，如 DVCAM 和 DVCPRO 格式，使用锁定音频采样，以确保不管进行怎样的操作，甚至在声音和画面分别转录的情况下，只要锁定了音频采样[21]，音视频之间就能完全同步，叫作口型同步（lip sync）。

对音频采样不作严格锁定要求的摄影机设计简单，造价低廉，于是 DV 摄影机和其他一些摄影机为降低成本就选择了非锁定音频采样。虽然准专业级摄影机通常采用同步（锁定）音视频时钟，但正式拍摄前通过剪辑系统检查摄影机的音视频是否保持同步仍然是非常必要的，正如第 3 章所述。使用单张光盘或存储卡录制长达一小时的采访，或者用磁带回放一小时时，在剪辑系统里（对声音和画面进行数字化传输）由于非锁定音频采样所导致的不同步误差累积达到 20 帧。声画之间只要有一帧的不同步就能看出来，两帧的不同步就相当明显，而 20 帧基本上等于 2/3 秒长度，就很糟糕了。大部分素材长度都不止一小时，6 分钟的长度就会导致两帧不同步，基本上就难以接受了。无论如何，将整盘磁带的素材一次性导入剪

19　注意视频的帧没有更小的数字用来对应音频采样的整数数字。

20　如果要保持同步的话，音频采样率在磁带重放过程中会在一个很小的范围内加快或减慢，以确保声画完全同步。

21　也就是说，控制音频和视频播放的时钟采用相同的时基，就像二战电影中表现的展开进攻前要把所有人的手表校到同一个时间一样（"校准你的手表，先生们。"）。

辑系统中会导致位于后面的素材严重不同步。

2.4   即时回放

如今数字视频摄影机基于文件格式（与基于磁带格式相对应）录制的一大优势在于，能够通过摄影机监视器或外接监视器进行即时回放而不需要倒带。这有效降低了倒带后重新录制时将之前的素材抹掉的风险，在重放之后也无需将磁带恢复到上一次录制的结束点。非线性一直是数字剪辑系统的一大特点，而如今，非线性特征已经从摄影机原始素材拍摄时使用随机存取介质拓展到现场拍摄时的非线性方式。这也许不像在数码相机屏幕上能够实时查看照片那样意义深远，但现代数字摄影机具备这一能力有效提升了其易用性。

2.5   视频信号互连

除了在 LCD 屏幕上或通过相机的取景器观看视频，我们也可以将视频输出到外接显示器上进行实时监看和回放，或在拍摄结束后在工作室内查看视频的细节[22]。视频信号由 3 种彩色信号组成，可以通过 1~5 根线缆进行传输，其传输质量和复杂程度有所不同，如表 2-2 所示。

表 2-2　视频信号互连

名称	接头类型	功能描述	优缺点	图
复合视频接口	黄色的莲花头；专业设备采用单个 BNC 接头	通过一根线缆传输全部彩色信号	简单，但将各彩色信号混在一起导致人工痕迹明显；适用于拍摄现场的监视器连接，但绝不可用于制作场合	
S 端子	四针 mini 型 DIN 接头	在两根导线上分别传输亮度（画面的黑白成分）和色度（画面的彩色成分）信号	好于同轴信号，连接简单，但带宽有限，色彩解析度不如分量连接，适用于视频监视，但不能作为制作标准	
模拟分量视频接口	3~5 个莲花头或 BNC 接头：3 个彩色信号加上可能有的垂直和水平同步信号	3 个单独的彩色信号加上可能的同步信号	每个彩色成分都获得足够的带宽；可用于后期制作场合；高端 DVD 机上也采用	

22 视频信号也可以通过标准视频电缆或火线电缆传输到剪辑系统中或备份到磁盘及磁带上，在使用磁带格式、包括模拟和 DV 格式时这种做法更为常见。如今更常见的是直接从固态媒体将文件传输到硬盘，详见第 7 章。

续表

名称	接头类型	功能描述	优缺点	图
高清晰度多媒体接口（HDMI）	多针接头，适用于高清电视 HDTV、蓝光及其他消费类电子产品	在单一接口中同时传输数字音视频信号（隔行扫描或逐行扫描）	高带宽数字视频传输，不需要单独的音频接头	
DVI-数字视频接口	自定义多针接头，主要用于 PC 视频	单独的数字彩色分量视频，可能是逐行扫描	与 HDMI 类似，但不能使用同一个接口进行音视频传输	
火线接口（FireWire）	数字信号自定义接头	用于硬盘驱动器的数据传输或老式 DV 磁带的播放	能快速传输文件格式的视频信号，支持标清视频的实时播放，但不支持高清视频	
显示接口（DisplayPort）	自定义数字视频接头	主要用于计算机领域，用于连接计算机显示器	也可以调整为迷你显示接口（Mini DisplayPort）与笔记本电脑连接	
雷电接口（Thunderbolt）	外围接口，等同于上述 Mini DisplayPort 接口	携带视频和数据的数字接口	向后兼容 DisplayPort 信号源。能够与 DVI、HDMI 和其他用于视频传输的接口相适应	

2.6 小结

　　不同数字视频格式的主要区别包括：帧率、编解码方式（包括某些摄影机或某些摄影机型号所采用的不受欢迎的音频编解码器）、分辨率以及画幅比例。摄影机的功能特点会对声音录制产生影响，包括采用的是锁定采样率还是非锁定采样率，能够处理简单时间码还是复杂时间码，能否进行慢速或高速摄影等，这些特征对声音的影响都需要在拍摄前充分考虑。除了处于低质量或长时间拍摄模式等特殊情况，提供专业音频输入接口的摄影机，其基本音频质量是能够保障的。通常，对于专业制作来说，使用摄影机录制音频时采用两声道，48kHz 采样，16bit（或 24bit）量化的方式，也可以外接一台录音机来录制两个或更多声道的 48kHz/16bit 或 24bit 的音频。

导演提示

● 注意选择并使用固定格式的磁带，混用不同格式磁带会导致严重后果。美国电视标准是 NTSC 制，欧洲电视标准是 PAL 制。NTSC 制以 29.97fps 记录，要把它转成 24fps 的电影格式输出很困难。PAL 制以 25fps 记录，只要放慢 4%的速度就能得到 24fps 的电影格式输出。虽然 PAL 制和 NTSC 制都是标清视频技术标准，但来自两者的帧率沿用到了美国和欧洲的高清视频系统中，包括 24p 模式也是如此。

- 画幅比例：标清视频宽高比通常为 4：3，高清视频宽高比为 16：9。（有一些特殊的变形视频模式例如 DVD 上的宽荧幕视频是以 4：3 的标清视频宽高比录制，而使用 16：9 进行回放）

- 正确理解隔行扫描和逐行扫描。大多数传统视频采用隔行扫描，大多数计算机则采用逐行扫描。高清视频采用隔行扫描还是逐行扫描取决于像素尺寸（1080 或 720 扫描线）、帧率以及所需带宽。许多摄影机采用隔行扫描存储 24p 视频，但其画面本身是逐行扫描，并且能够在剪辑时和单一逐行扫描的视频放在一起，这使其很方便用于电影格式输出。24p 实际上是模仿通用的 24fps 电影格式，能直接转成电影格式输出，或者提速 4.166%转成 25fps 的 PAL 制输出，或者减慢一点变成 23.976fps 后再经过 2：3 转换重复一定的场得到 29.97fps 的 NTSC 制输出。

- 使用高品质视频模式能够确保画面和声音都被高品质地记录下来。除非紧急情况，否则不要使用长时间录制模式或"标准品质"视频模式。

- 正确理解各种时间码相关术语，例如非失落帧时间码（NDF）、失落帧时间码（DF）、录制运行模式、自由运行模式、时码追踪等。选择好一种模式之后就不要再改变。多机拍摄情况下，可能的话使用同步锁相（GenLock）功能。

- 采用非锁定音频采样的 DV 磁带、光盘，甚至存储卡中的文件，在有些剪辑系统里会造成声画不同步，因此需要在录制节目之前进行同步测试。

- 视频信号互连可采用一根线缆的复合视频方式，或通过 S 端子连接，或采用分量视频方式。3 种方式对比，由前往后，损失越来越小。除了拍摄时可以通过连接在设备上的监视器实时播放外，也可以使用摄影机上的 LCD 显示屏观看回放，从而充分发挥现代数字视频记录所具备的非线性特征的优势。

3

制定录音计划

对很多节目来说，现场拾取的同期声是整个节目声音质量的保证。在节目制作过程中需要对很多事情进行决策，其中很多决策需要在制作开始之前就确定下来。最典型的例如使用什么摄影机、在摄影机允许的情况下是否使用单系统录音、何时使用双系统录音以及录音机该如何设置、如何安排工作人员的岗位和职责以确保所有工作都能顺利进行等。但是，另外一些可能影响整个节目声音制作质量的决策往往没有被足够重视，例如在勘景时确定在哪里拍摄。此外，提前对录音设备进行设置和测试，包括话筒、调音台和录音机的连接情况等，对于保障录音技术质量而言都至关重要。这些工作都应该提前做好，以避免正式拍摄时令人痛心地错失最佳表演。本书的所有章节中，同期录音部分大概是最重要的，因为一旦声音录得不好，想要补救就十分困难，不仅要花更多金钱，而且有时候根本无法补救。

3.1　第一步：安排一名专职录音人员

很多时候，DV 拍摄不得不由一个人来完成，这个人包揽全部的制片、导演、摄影和录音工作。如果能增加一个人的话，这个人一般会负责声音。纪录片拍摄中这种情况很常见，在一个两人团队里，一人负责导演和录音，另一人负责摄影。负责摄影的人也负责照明，要完成布光、设置三脚架和机位、调白平衡等工作。同时，导演要掌握拍摄对象并录音。如果必要的话，导演会在摄影师拍摄画面时操作话筒杆。人数很少的故事片制作团队也是按照以上方式来分工。

实事求是地说，在拍摄现场画面的需要往往占主导地位，这是因为现场画面被捕捉下来，选景主要是针对画面进行的，而好的画面很难在其他地方重现。对于声音，制作团队往往认为声音可以随时随地重新制作，或者可以在后期进行修复，但事实上在低成本制作中，尤其是在纪录片的制作中，片场录下来的声音往往无法在后期制作中被有效地替换。虽然画面比声音更容易主导人的思维，但毕竟人的感知经验有 **50%** 是来源于声音的，如果有第二个人来对声音负责的话，声音就不会那么容易被忽略或做出妥协。

这就是说，即使是两人团队，摄影师对声音的监听也很重要。需要的话，应给摄影师配备监听耳机[1]，因为在建构画面时，什么时候推到近景往往是由说话内容决定的，尤其纪录片的拍摄更是如此。例如，当所拍摄的场面情绪越来越紧张时，通常希望将画面推到特写，但如果摄影师听不到说话内容，也就无法了解情绪的变化并及时做出反应。录音人员，则可以通过观察摄影机上的变焦杆[2]来了解变焦镜头的焦距，以确定话筒杆的位置。或者在话筒杆上固定一个小型监视器，连接到摄影机的输出，这样话筒操作员就能看到所摄镜头，从而决定话筒杆能以多近的距离去拾音（通常情况下话筒杆的位置是越靠近画框边沿越好）。

拍摄视频的摄影机和电影摄影机相比还有一个不同：视频摄影机的取景器不会显示所摄画面以外的区域，这样当话筒杆快要伸进画面时无法事先看到。在电影摄影机上，其光学目镜会显示出比所摄画面更广的区域，而目镜底部的玻璃上会标示出所摄画面的边框。这样，摄影师在话筒杆就要进入画面时能事先看到，从而尽量避免话筒穿帮。视频摄影机没有这个功能，摄影师通过目镜看到的是视频监视器，它清晰地显示出每条扫描线，但处在所摄画面之外的区域是看不到的。因此，摄影师需要用两只眼睛分别观看：一只眼睛看取景器，以掌握画面构图、景别、焦点，甚至还有录音电平等，而另一只眼睛看整个现场，随时避免因各种因素尤其是话筒杆进入画面导致穿帮。

分配好工作人员的职责，在摄影师之外安排专人负责声音是最好的办法，录音人员与摄影师配合才能捕捉到最好的素材。当然，如果只由一个人来完成全部拍摄工作，也可以采用一些方法获得好的声音，本书将在后面详细介绍。

3.2　勘景

故事片拍摄前会预先勘景，因为安排庞大的摄制组成员和拍摄器材是件很复杂的事。然而，场景选择很多时候是根据画面来做决定的：经常是从场景主管拍摄的照片中挑选出来，甚至是从数据库里选出来，而摄制组成员根本没去看过。虽然摄影机可以在取景时避开那些不符合画面要求的现代建筑，对声音却无法设置泾渭分明的界限来决定取舍。话筒的选择、设置方式和对指向的把握等都只是突出所要录制的声音，而不能把不要的声音完全排除在外。这样，如果拍摄的是安静的沙漠外景，天空却出现了喷气式飞机，对画面来说可以避开飞机，对声音而言却是一场灾难。

勘景时在声音上需要特别留意的两个重要因素是噪声和混响。有一次学生拍摄作业短片，选了一个对画面而言十分完美的场景———一个有许多涂鸦的地方———但在这个环境进行

1　使用一根 Y 型转接线能够使摄影师和录音师同时进行监听。

2　一根短而粗的杆，与镜头上的变焦环相连，通过它的角度能看出当前焦距。如果镜头上缺乏这个装置，可以使用白色标记带，设置成一个三角形以指示当前焦距。

同期录音几乎不可能——它位于高速公路下面。虽然对白还能听得清楚，但距离理想状况差得太远，因为时时刻刻都在与头顶呼啸而过的交通噪声和地下通道里的交通混响声做斗争。此类情况下可以采取一种方法，不是减轻交通噪声，而是让观众能够理解噪声的来源，那就是通过一个高速公路的定场镜头来引入场景，使观众了解噪声来源，从而不必花时间困惑于它来自哪里。这种方法能把不想要的噪声变得不那么干扰，在一些纪录片中可能很有必要，但它并不能从实际上改善声轨的质量。最理想的还是能够在安静的环境中获得干净的声音。

可能有人会问：要想获得高质量的声音，什么因素是最重要的？没有恰当的话筒技术或录音器材，录音很容易被毁掉，但即使为录音团队和专用设备花费上千美元，也无法挽救在过于嘈杂的环境中录制的声音。因此，寻找一个不会受到不必要的噪声和过度混响干扰的安静地点——控制噪声来源以确保声轨的干净——毫无疑问是获得高质量声音的关键所在。不幸的是，这往往是最容易被忽略的因素之一，有可能出于预算限制将场景设在了嘈杂的地点，也可能是勘景时重点考虑了画面而忽略了声音，也可能是制片人没有意识到场景选择对于声音质量的重要性。

一个直观的实验能够帮助我们了解：选择拍摄地点时把声音考虑在内，不仅要考虑故事中的场景发生的地点，还要考虑摄影机镜头里将会出现什么。假设一个场景是两个人在海滨别墅外面面对着大海交谈，如果在海滩上拍摄这段对话，海浪拍打海滩的声音会比对话声大很多，但如果让人物坐在沙滩椅上面向大海，大部分同期对白随着摄影机面对海滨别墅的镜头同时记录——这个位置是远离海岸的！再加上，如果选择的"海滨别墅"根本就不在海边，而是在其他一些完全听不到海浪声的地点的话，帮助就更大了。在海滩上拍摄，即使使用纽扣话筒，那些不想要的噪声也会被记录下来，从而给声音编辑带来困难。

拍摄采访或对话场景时，如果摄影机拍摄的画面比较容易换个位置来表现，摄制组就要想一想，当前位置能否同时记录下好的画面和声音？如果画面背景只是花园中的篱笆的话，在一个篱笆墙紧挨着繁忙高速公路的花园中拍摄可不是一个好的选择。这种情况下，任何比较安静的邻居花园中的篱笆都可以用来拍摄，或是将篱笆作为摄影棚里的背景用于特写镜头的拍摄，这样声音录制质量将会有很大提升。在高速公路地下通道的混凝土墙旁拍摄也会有同样的问题，可以考虑是否选择能够呈现同样视觉效果，但头顶没有高速公路的混凝土墙进行拍摄。

基于同样的理由，不要在高速公路下方录制对白，在营业中的餐馆或酒吧拍摄同样不是明智的选择。餐厅中盘子的碰撞、人员的走动和聊天会将对白淹没，很多公共场所会在营业时间播放音乐，这会给背景音乐的剪辑带来困扰，也会带来版权问题。即使在餐厅非营业时间拍摄，也很难消除所有的噪声来源，例如冰箱、洗碗机、通风设备，甚至餐厅员工下班后打扫卫生的声音，因此在拍摄前需要制定详细的拍摄计划。

即使在一个安静的地点拍摄，充分考虑拍摄空间的混响也是十分有益的。声音的衰减需要很长时间，特别是在硬墙面的大空间内，在勘察现场时注意一下声音衰减的时间有助于防止后续问题的发生。拍手的声音在空中徘徊很久还是很快衰减？说话的声音听起来比平常混响多吗（通常被错误的表述为"回声"）[3]？如果是的话，这个空间里将很难录下干净的声音。例如，在一个大型博物馆内部拍摄，想要通过广角镜头展示空间范围，但大空间和坚硬的墙面导致的大混响会带来许多声音录制问题。如果在场馆关闭后拍摄，虽然噪声能够得到有效控制，但混响仍然是个问题。除了对对白的理解造成障碍外，现场过量的混响会对一场戏内剪辑点的选择带来限制，以及造成终混中整场戏的声音混响控制不符合审美。

需要考虑的一个关键点是：通常在声音素材中可以加入混响，但是想从声音中去掉已经录上的混响几乎是不可能的。因此，如果一定要在大混响的地方举行一个无法替代的活动，例如在教堂里举行婚礼，就应该考虑特殊的录音方案。解决办法之一是采用无线话筒，但这种话筒的特性也会给录音带来一些麻烦，这一点后面将详细介绍。

3.3 选择声画录制工艺流程

3.3.1 单系统录制

在流行文化中，黑白相间的场记板已成为电影的标志。电影拍摄中，每一个镜头开始处的打板是画面和声音同步的参考，因为胶片电影的声音和画面是在不同的媒介上分别录制的：胶片摄影机对一系列的底片曝光，但无法在同一介质上记录声音。这种设置叫作双系统录制。当录像带被引入作为记录媒介后，把音频和视频的磁信号记录在同一介质上成为可能，于是声音和画面被同时记录在同一台设备——即视频摄影机上。这样的方法称为单系统录制，使用的是单一系统来记录画面和声音，在录像带的整个使用过程中大多数视频节目都采用这样的录制方法。

单系统录制也用在数字视频制作中，但要求所用摄影机具有一些必不可少的功能，例如拥有外接音频输入口、手动电平控制功能和高质量的音频电路等，具体内容参见第 1 章。它让采访拍摄不需要在后期制作时花费时间进行声音和画面的同步，因为拍摄时两者已经同步录制到一起了。此外，单系统录制避免了使用时间码进行帧率同步时的一些不确定因素（详见第 2 章），例如，避免了在后期制作时将画面和声音分别以 23.976fps 和 24fps 导入时产生的帧率差异。如果没有迫不得已的理由非要使用双系统录制，而又拥有一台能通过外接专业话筒来提升音频质量的摄影机，那么大部分简单制作会充分利用单系统的优势，选择单系统录制来完成拍摄。

如今，由于大部分摄影机制造商已经采用无磁带媒介替换了磁带，音频和视频已经不会出现沿着磁带长度产生同步错位的问题。通过在存储卡或硬盘的单一文件里交叉存储音视频，或至少通过同时控制音视频录制的启动和停止使得数字流长度相等从而保持同步，单系统录

---

3 回声是对一个声音的明显重复，例如在山谷里大喊之后声音反弹回来，而混响描述的是大教堂或音乐厅内声音衰变时间的声学特性。

制为把同期素材导入后期提供了最简单的方式。单系统设置并不局限于将一支话筒接入摄影机，当然这是最简便和成本最低的方法，适用于单人剧组的采访拍摄或类似简单情况的拍摄，但单系统设置并不仅限于此，它可能包含的组件有：

1. 一支或多支话筒。除了使用一支吊杆话筒外，任何时候都可以再使用一支或多支无线话筒，也可以使用两支话筒录制采访中的双方对话。如果用的是两支话筒，可以直接接入摄影机，或先接入一台便携式调音台，便于录音师对电平进行调整。

2. 一台调音台。使用一支或两支话筒时，配备一台具有高品质前置话放的便携式调音台，可以使录音师随时根据需要设置和调整电平，无需调节摄影机上的电平从而影响摄影师的拍摄。如果使用了 3 支以上的话筒，则需要使用调音台将音频信号混合成两轨，因为大多数摄影机通常只有两个外部输入接口和/或两条录音声轨。

除了能对一支或多支话筒进行实时混音之外，即使最简单的肩跨式调音台（如图 3-1 所示）也能给录音人员提供耳机输出，或者通过两个输出端口给两人团队中的混音师（mixer[4]）和话筒员提供耳机输出。如果只有一个人专职负责声音，第二个耳机输出也是有用的，可以用一根耳机延长线将监听信号送给导演。

图 3-1　用于小型制作的典型便携式调音台，Sound Devices 302。它有 3 条话筒输入通路和两条输出通路，每条输入通路都有单独的电平控制器件，另外还有耳机电平控制等其他一些功能

3. 一台摄影机。如果要将声音录在摄影机上，要么将话筒直接接入摄影机，要么将调音台输出通过线缆连到摄影机的音频输入。在单系统中，由于没有专门的录音机，录音器材必须时刻与摄影机保持连接才能将声音与画面同时录制下来。

4. 使用线缆将话筒与摄影机或调音台相连，将调音台与摄影机相连，以及/或将摄影机信号返回调音台提供给耳机监听。从摄影机耳机接口或音频输出口返回的耳机监听让

---

4 "mixer" 这一术语既可以指对音频进行混录的设备（通常称为调音台），也可以指负责声音混录的人。通常可以从上下文推断其具体所指。

录音师能听到摄影机实际录下来的声音,从而确保声音没有因摄影机电平控制而失真甚至完全丢失。

图 3-2 所示为单系统录制中的一些常用配置。

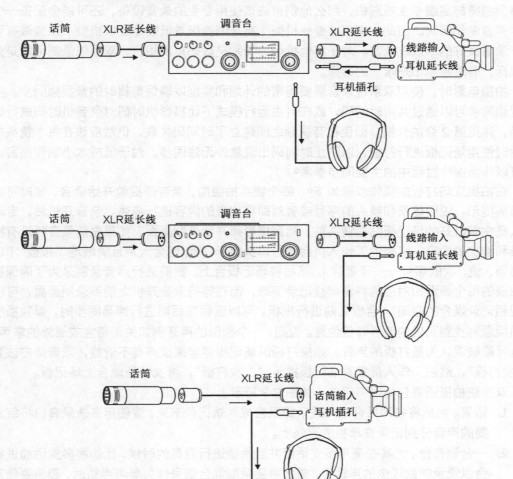

图 3-2 几种单系统配置的信号路径,在音频信号进入摄影机前,有的使用外接调音台,有的不用

3.3.2 双系统录制

视频摄影机的引入使单系统录制变得可行,但并非所有的数字摄影机都具备上述录制音频的能力。一些消费类产品只有一个随机话筒,或缺少手动电平控制装置,还有一些设备没有质量良好的音频组件(话筒前置放大器、模数转换器等)来获得干净的声音。具有讽刺意

味的是，并非只有低端设备有上述问题，一些非常专业的高端摄影机也会忽略录音系统所需的高质量组件，因为价格低廉的摄影机不会在这些"额外"功能上浪费成本，而高端摄影机制造商可能希望专业制作能遵循电影的拍摄模式，使用双系统进行拍摄：如果一个制作团队能够负担得起高端专业摄影机，那么他们也应该使用专业的录音设备，还可能会配备一个庞大的声音制作团队。因此，中档准专业机型（高端消费级或低端专业级机型）通常最有可能用于质量良好的单系统录音。对于其他机型，特别是数码单反相机，双系统录制可能是更好的选择，有时候恐怕是唯一的选择。

拍摄电影时，使用双系统录音需要周密的计划和实施以确保剪辑时的音视频同步。实现音视频同步可以通过共用时间码，或在自由运行模式下让摄影机时码对录音机时码进行时码追踪，详见第 2 章的介绍。即使在音视频之间建立了时间码关联，仍然应该在每个镜头拍摄开始时使用场记板进行打板，以防止时间码出现意外无法同步。对于低成本小制作而言，打板可以作为制作过程中的主要同步参考[5]。

在拍摄现场打板的操作步骤如下[6]：每个镜头拍摄前，录音师提前开始录音，同时可能给出口头提示，说明场景和镜头的序号或者对即将拍摄的内容进行描述。录音开机后，专职工作人员拿着打开的场记板站在镜头前，然后摄影师开始录制画面。如果先前录音师没有提示场景和镜次的内容，打板的工作人员会进行口头提示，他/她会大声且清晰地"报板"（口头报出场、镜、次的序号——译者注），然后将场记板合上。提前进行声音录制是为了确保摄影机拍摄的每个画面相对应的声音都被记录下来，而在等待录音开机之前不录制画面，可以节省视频记录媒介的空间[7]。合板之前进行报板，可以确保在后期进行声画同步时，单独播放的音频能顺利找到正确的波形峰值位置。否则，一个相似的声音例如关闭带盒或画外的掌声等，都有可能被误认为是打板的声音。如果打板时场记板弹起来或声音不清楚，录音师应该要求"二次打板"，然后工作人员拿着场记板提示"二次打板"，再次清晰地合上场记板。

双系统拍摄通常包括以下组件（如图 3-3 所示）：

1. 话筒。包括将各种吊杆或无线话筒混合成两轨记录下来，或使用多轨录音机将每支话筒的声音分别记录在单独的声轨上。
2. 一台调音台。尤其在使用多支话筒并且希望进行混音的时候，比如将多支话筒进行混合以便录制到较少的声轨中，或者需要录制混合信号作为参考声轨时，都需要使用调音台。 通过简单的设置，或者通过先进的混音录音机（mixer-recorder），将调音台和录音机的功能合二为一，将话筒直接接入录音机，通过录音机上的增益和微调来控

---

5 剪辑师更愿意使用时间码同步的原因之一是：当把素材导入软件进行后期制作时，时间码同步与手动同步相比能有效节约时间。当有大量镜头需要同步时，手动寻找每个镜头中板合上的一帧和音频波形的对应峰值位置，是一件非常烦琐的事。另一方面，添加时间码同步需要在制作前进行更周密的计划，拍摄中花费更多精力，并且对所用设备有额外的要求，因此即使是中端准专业设备也未必能够满足。

6 此处仅对影视制作中如何打板进行大体描述。关于专业影片拍摄如何打板的详细描述请参见《电影电视声音》一书中的内容。

7 毕竟视频比音频占用更大的存储空间。

制录音电平（如图 3-4 所示）。虽然这种方法限制了录音师必须将每支话筒录在它自己的通路上，混合起来或保持分离以备后期制作时使用，但这种方法还是很有用的，因为分离声轨录音为后期制作时进行音频处理提供了最大限度的自由。

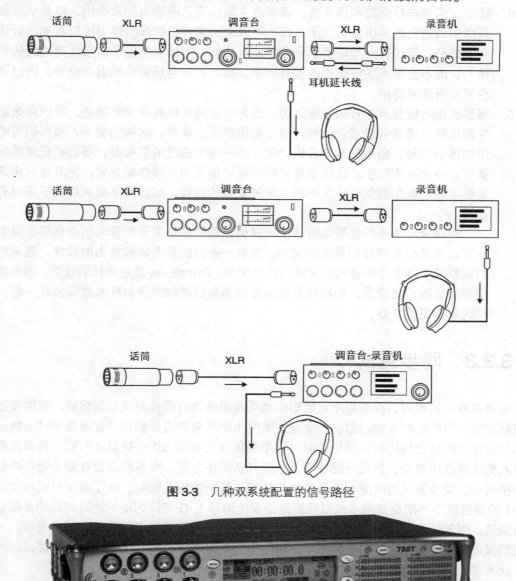

图 3-3 几种双系统配置的信号路径

图 3-4 一台典型的高端混音录音机，8 通道的 Sound Devices 788T。该设备在 2 通道和 4 通道数字外景录音机的基础上扩展了 8 通道录音和混音功能。

3. 一台录音机。在制片厂或可控环境下，也可以使用一台计算机或笔记本电脑，通过音频接口将声音直接录在硬盘上，不过更常见的是使用外景录音机在硬盘或闪存卡上记录 2、4、6、8 或更多条声轨。

4. 线缆，用来连接话筒和调音台、调音台主输出或直通输出到录音机，以及从录音机返送到调音台的耳机监听。录音师也可以通过录音机的耳机输出接口直接监听录下来的信号，但调音台能够提供更多的监听功能，例如监听推子前各话筒通路的分离信号，而不会影响送往磁带的混音电平。因此，结合录音机的返回信号，通过调音台来监听非常有用。

5. 摄影机也可能包含在音频设置之内，因为有些摄影机具有录音功能，可以用来记录主输出的直通信号或混合信号，用于备份或同步参考。这种情况下，摄影机可能会录制备份音频，特别是当录音机记录了多于两个通道的信号时，摄影机记录的参考轨可以用来检查同步。送往摄影机的信号可能采用无线传输方式，尤其是只用来录制参考轨，偶尔的信号丢失不那么至关重要的时候，当然更常见的情况下采用有线连接。

　　用调音台送来的信号或直接使用随机话筒的信号来录制参考轨是非常必要的，它可以用来检查声音和画面的同步。拥有一条好的参考轨和恰当的软件，甚至可以对双系统中的多个声音和画面进行自动同步。PluralEyes 就是这样的软件，利用摄影机参考轨的声音波形，能将双系统或多台摄影机录制的声音和画面同步在一起，详细内容参见第 7 章。

3.3.3　同步测试

　　使用双系统拍摄时，提前对所用摄影机和录音设备进行同步测试非常重要，能够有效避免在后期制作中可能产生的问题。一个典型的同步测试需要摄影机和录音设备同时运转，在镜头开始处使用场记板打板，然后录制过程中每隔 1 分钟或 10 分钟重复打板，将声音和画面导入剪辑系统中结合，然后仔细检查，一旦开头同步之后，声音和画面在整个镜头中都应该保持同步。同步测试的时间长度至少要与拍摄中最长的镜头相同。除了通过打板检查同步之外（拍摄过程中不断重复同步点以检查是否发生漂移），任何计划使用的时间码同步都应该进行测试，以验证其是否能正常工作，从而确保每天的拍摄能够实现精确到帧的同步。出现一帧的误差比较常见，也容易被忽略掉。虽然一帧可以忍受，但它们很容易累积成两帧的误差，让大多数人都能察觉出来。

　　如果一个镜头中出现了同步漂移，导致声音和画面在开始时是同步的，但是随着镜头的延续出现声画错位，产生这一问题的原因很多，但有必要检查可能的原因直到找出问题所在。导致每分钟两帧移位（确切地说是每 33 秒一帧）的最常见原因是：当音频或视频之一由电影速率下转为 NTSC 速率，或由 NTSC 速率上转为整帧速率时，未调整的一方产生的误差。在双系统中,声音以 **48 048Hz** 或 **47 952Hz** 采样率录制(详细设置参见第 **1** 章),然后以 **48 000Hz**
重放,尽管原始视频转录到剪辑系统时不需要进行速率转换,仍然会产生同样的问题。如果
是大量的或情况复杂的位移,则有可能是由于摄影机和录音机上的时钟振荡器以不同的速度
运行, 接下来要了解到底是哪个设备的时钟运行速度出了问题,以便在开拍之前及时调整。
当 **Canon 5D** 首次引入数字视频拍摄功能时,一个固件缺陷导致双系统录音无法正确同步,
解决方法是进行相机固件升级, 同时佳能数码单反相机的生产线也对新的型号进行了更新。
因此虽然过去常见的情况是音频或视频在播放速度调整时有错漏导致同步偏移,但同步问题
可能是由多种原因造成的,避免这些问题的最好建议就是尽早进行同步测试,确保从前期录
音到后期制作的所有工作环节中都能够保持同步。

3.4　话筒、线路和扬声器电平

　　模拟信号互连有很多变化,如果在同一系统里把它们混淆的话,会带来许多麻烦。第一
个相关概念就是电平,主要有 **3** 种完全不同的电平:

1. 话筒电平(Mic level)。通常是低电平,处于毫伏级范围(10^{-3}V),声音电平很高时
   话筒输出电平能达到 **1V** 或更高的数值。
2. 线路电平(Line level)。有两种基本的线路电平,通常叫作−10dBV 和+4dBu。−10dBV
   是用于消费级设备的参考电平,通常采用莲花头或小型莲花头(3.5mm)来互连。
   +4dBu 是专业设备的参考电平,大多数时候采用卡侬头。关于这些电平的具体含义
   将在下文介绍。
3. 扬声器电平(Speaker level)。通常比线路电平高,但靠的是低阻功放的推动。产生
   的电压取决于响度大小,对 85 ~ 95dB SPL 的声音产生的典型电压值是 2.83V,不同
   的扬声器略有不同。

　　这 **3** 种电平首先要注意区分的是话筒电平和线路电平,因为这两者可能采用相同的接头
来连接,而扬声器电平很少使用和它们相同的接头。把某件设备(如调音台)的线路输出接
到另一设备(如摄影机)的话筒输入,几乎肯定会产生严重的失真,因为这是把 **1V** 左右的
输出电压接到了毫伏级的输入电压端口上: 线路电平输出使话筒电平输入口过载,导致输入
信号削波失真,并且通常是严重失真。把话筒电平信号送到线路电平输入口的结果,就是得
到一个很弱的信号。如果靠提升增益来放大信号,会带来很大的噪声。这是把毫伏级的信号
接到了伏级的输入端口,提升增益的同时也提升了噪声。

　　话筒/线路问题在视频制作中是个常见问题,但解决起来并不难。因为设计设备时会考虑
到各种可能的情况,比如调音台的输出会同时设计线路电平输出和话筒电平输出,因为设计
人员无法预知下一级设备是什么,而后级设备可能只提供一种类型的输入接口,于是就设计
了不同的输出。很多专业摄影机具有卡侬输入接口,可以在话筒电平和线路电平之间切换。
由于调音台输出端和摄影机输入端的电平都可以选择,就可能出现错误的组合。应该把两者
设成相同的电平,最好是线路电平。

3.5　参考电平和峰值储备

　　要对拍摄使用的录音系统进行连接和设置，理解参考电平和峰值储备的概念非常重要，特别是在数字录音中，由于电平不匹配或音频电平设置错误引起的硬性削波是声音严重失真的主要原因。关于参考电平第一个需要了解的是，它们并不体现任何特定节目片段的电平状况。它们是在不同设备间以线路连接的千周信号电平，以避免节目传输中的噪声增大或失真，但只依靠它们来传输节目可能会有麻烦，原因是大多数时候节目素材和参考电平之间不具有太多关联。真正重要的是节目的峰值电平，它不能超出录音媒介的最大电平承受能力。数字电平表的刻度最大值是 0dBFS，其他刻度值都比该值要低，如−6dB、−10dB、−20dB 等（即使有的数字表因为面板宽度有限，只标出数字而省略了负记号，也仍然是指负值）。采用这种标准是因为最大不失真录音电平对所有数字表来说都是最确切的电平，而不同的节目需要的峰值储备不同，意味着要采用不同的参考电平。因此，对于各种不同的较低参考电平来说，与 0dBFS 相对比是最佳选择。

　　然而，在模拟和数字系统之间进行节目交换时，从来不会将模拟领域所允许的最大电平作为参考，这是因为长期以来在美国使用的模拟表是 VU 表，VU 表的反应比较迟缓，对突然接收到的信号显示出满度值的上升时间大约为 300ms，几乎是 1/3 秒。这意味着对短信号来说，该表并没有正确读出满度值，其显示值比满度值要低。人耳在 2ms 的时间内就能听出失真，于是 VU 表很容易错过这些导致听觉失真的内容。多年以来在模拟录音中，解决方法是将参考电平设在 0VU，比媒介的最大允许电平要低，使其峰值储备[8]可以容纳峰值大的信号。

　　因此在模拟和数字媒介间进行节目交换时，应采用比 0dBFS 低的数值作为参考电平，低到什么程度则取决于具体情况，在数字参考电平领域并没有达成统一协议。SMPTE 标准采用−20dBFS，很多专业数字摄影机接受了这一标准。用该标准来进行节目交换时，虽然模拟媒介实际上拥有大约 23dB 的峰值储备，但大多数现有模拟母带在转成数字版时，不需要再做任何电平调节。有一家好莱坞制片厂把参考磁平[9]对应于−24dBFS 来进行信号传输，然后在数字领域再将电平提升 4dB 回到标准电平，这种做法可能会产生失真，要用限幅器来处理，见本书第 9 章的解释。

　　另一个极端情况是使用者所用的模拟通路峰值储备很小，假设这些模拟设备只有 12dB 的峰值储备，于是采用的参考电平高达−12dBFS，比如为 VHS 磁带制作音频，以及为某些模拟卫星和微波发送系统制作音频时就需要用这个参考电平。第三种参考电平是−18dBFS，用在欧洲广播公司的数字录音中。

　　图 3-5 显示了不同的数字参考电平，以及它们与标准模拟线路电平如何匹配，描绘出参考电平、参考电平之上的峰值储备以及系统动态范围之间的关系。任何音频设备，包括录音

　　8　信号在不发生过载失真的情况下，能超出参考电平（例如模拟表上的 0VU 或数字摄影机上的−20dBFS）的最大电平量。

　　9　对应的模拟参考磁平为 185 nWb/m。

机，都有其所能呈现的最小电平，被称作本底噪声，以及在不产生过载失真的情况下所能允许的最大电平[10]。从本底噪声到最大不失真电平之间的范围被称作设备或媒介的动态范围，以分贝为单位。参考电平在满刻度之下某个分贝位置，媒介的信噪比用于定义参考电平和媒介本底噪声之间的差距，相当于动态范围减去峰值储备，如图 3-5 所示。

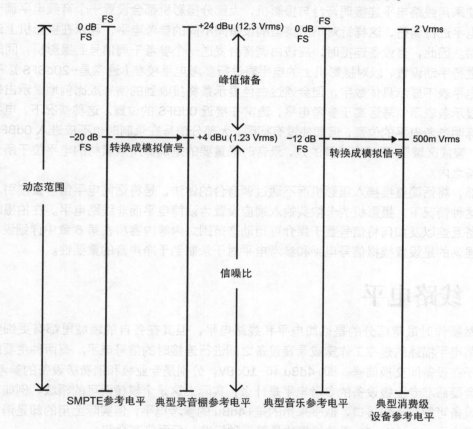

图 3-5 不同的数字参考电平示意图

参考电平的校准使用的是千周信号，在节目开头伴随彩条信号一起出现，但最重要的是，在传输过程中要了解和适应节目的最大峰值。

3.6 设置录音链路

在拍摄现场对设备进行设置时，连接调音台和摄影机的方法通常是将调音台输出和摄影机的卡侬输入设置为线路电平。对接入调音台的每支话筒，输入通路应设置为话筒电平，除

---

10 特别是在模拟系统中，最大电平可能与频率相关。

非接入的"话筒"是无线接收机或类似的设备，其输出音频是线路电平。很多无线接收机能够以话筒电平操作，或能够对输出信号的电平在一定范围内进行设置，这一范围囊括了话筒电平和线路电平，因此在进行复杂的设置之前，操作者有必要详细阅读设备说明书，最好能录制一段素材听一下，以确保录下来的声音没有失真。

即使采用线路电平连接调音台与摄影机，大部分摄影机都会设置一个音频电平调节旋钮对录音电平进行调整，这样针对不同类型的设备间不同的参考电平，可以在摄影机上进行混合和补偿。因此，当设备连接时，应该由调音台发送一个参考千周信号到摄影机，同时对录音电平进行手动设置，以对摄影机上的电平表进行参考电平校准（通常是 −20dBFS）。有些摄影机的电平表不显示具体数字，但会通过白色显示条将接收到的信号成比例地显示出来，而用红色显示条表示信号远高于参考电平，通常在接近 0dBFS 的位置。这种情况下，电平表上通常会标明参考电平的位置，但即使没有标明，大部分信号在录制时也不应进入 0dBFS 之下的红色"警戒区域"。要再次强调的是，录音时最重要的是确保所录素材的电平位于所允许的峰值储备之内。

显然，将话筒直接接入摄影机而不通过调音台的做法，是将话筒电平信号直接引入摄影机中，这种情况下，摄影机的卡侬头输入端应设置为话筒电平而非线路电平。在拍摄时如何进行设备互连以及如何将信号置于媒介可用动态范围之内等内容将在第 6 章中详细说明，此处主要强调的是设置模拟信号电平和参考电平对于录制到干净声音的重要性。

3.7   线路电平

虽然操作时最常区分的是话筒电平和线路电平，但其在各自的领域里都有更细致的划分。线路电平描述的是在工作室或录音设备之间进行连接时的信号电平。有两种主要的参考电平用于在设备间交换信号，即 +4dBu 和 −10dBV，分别是专业级和消费级设备的参考电平。你可能会疑惑准专业级设备的参考电平是什么，实际上这是个模棱两可的领域。例如，一台准专业设备可能有卡侬接口，似乎采用的是 +4dBu 的参考电平，但实际上用的却是消费级设备的参考电平 −10dBV。CD 播放机用的是第三种标准，后面将有介绍。

无论是用 −12dBFS 还是 −20dBFS 作为数字参考电平，都要使用数模转换器来将数字电平转换成模拟电压输出，这就是 +4 或 −10 的由来。

术语 +4 和 −10 是以下概念的简写。

+4dBu，电压值是 1.23V。u 指的是换算成 dB 值所参考的电压是 1mW 电功率驱动 600Ω 阻抗所产生的电压，为 0.775V，+4dB 则是 1.23V[11]。

−10dBV，电压值是 0.316V。V 指的是参考电压为 1V，−10dB 则是 0.316V。

这两个模拟电压都可用来对应 −20dBFS 或 −12dBFS 的数字参考电平。注意如上所述因为

11　与 dBm 相比，dBu 是一个更现代的用法，dBm 是以 1mW 电功率为参考的。因为现在已不再使用 600Ω 负载，mW 实际上意义不大，将 dBm 换成 dBu 更恰当些。

两者参考的电压标准不同，其实际电平相差 12.2dB，而不是 14dB。

将−20dBFS 数字参考电平对应于+4dBu，那么 0dBFS 就是+24dBu，等于 12.3V，这是相当高的电压值。只有专业设备能承受这么高的电压，并且不是所有的专业设备都能承受！

另一种极端情况下，将−12dBFS 数字参考电平对应于−10dBV，那么 0dBFS 就是+2dBV，等于 1.26V，几乎比专业设备的最高电压低 20dB。这个电压值很容易达到，甚至大多数电池驱动的便携式设备都能达到。

20dB 的峰值储备是导致线路信号互连有时候会产生接口问题的原因。如果把来自 CD 播放机、计算机声卡和其他声源的信号混合到一起，情况会变得更加复杂。对 CD 播放机来说，一般的标准是 0dBFS 等于 2V（在 ± 3dB 间变化，即 1.42V～2.83V）。计算机声卡没有统一标准，因为计算机里的声轨从播放到数模转换器输出之间有太多电平控制环节，包括剪辑软件的声轨增益控制、声卡软件的增益控制和操作系统的增益控制。正因为有这么多电平控制环节，因此输出电平很难标准化。

幸运的是，大多数情况下这些差别是可以校正的。比如现在有一块专业数模转换器、一台 CD 播放机、一台 S-VHS 录像机和一块计算机声卡，它们都作为声源进入监听系统（如表 3-1 所示）。把每个声源的输出送到小型监听调音台如 Mackie 1202 的输入通路，就可以通过控制各通路推子来调节不同声源的电平，但这并不是最好的方法，因为推子的设置会有很大差异。最好的方法是将各通路推子设置到标准位置，即标记为 0dB 或 "U"（即 unity gain，单位增益）的位置，该位置代表输入信号与输出信号电平相同。然后把主推子也设置到 0dB，观察 VU 表上的 LED 指示灯，调节各声源输入通路的微调控制旋钮，使所有声源输出的标准千周信号都指到 0VU。这样，微调控制旋钮就把来自不同声源的不同参考电平调到统一的范围。

表 3-1　参考电平

声源设备	媒介参考电平	参考输出电压	参考电平 dBu	最大 dBu 电平
专业 DAC	−20dBFS	1.23V	+4	+24
CD 播放机	−12dBFS（只是举例说明，没有统一的参考电平标准）	0.339V	−5.7	+8.2
S-VHS	国际录音媒介协会制定的参考电平标准	0.316V	−7.8	+8.2
计算机声卡	−20dBFS（只是举例说明，不同的声卡采用的标准不同，它们的输出还受到软件电平控制的影响）	不一	不一	不一

为把以上不同声源的信号连到一起，可能要使用一些音频转接头。除了前面提到的卡侬头和莲花头外，还可以采用大三芯或小三芯头（直径 3.5mm）。立体声大三芯头或小三芯头——分尖、环、套 3 个部分的插头[12]——有两种不同的运用方式，如图 3-6 所示。最普

---

12 被赋予一个特别的昵称 "TRS 接头"。

通的方式是用来传输立体声信号的，尖的部分传输左声道信号，环的部分传输右声道信号，套是两个声道的公用地端。另一种方式是用来传输单声道信号的，采用平衡式接法，尖是信号热端，环是信号冷端，套是地端。

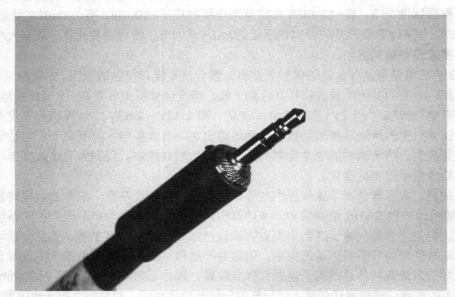

图 3-6　小三芯插头，直径 3.5mm，由尖、环、套 3 个部分组成，可用来连接平衡式话筒或非平衡式立体声耳机

3.8　混用平衡式与非平衡式互连

　　音频信号互连在过去是件很简单的事，专业设备都带有输入输出变压器，可以形成平衡式的并且通常是悬浮式（线路里没有接地参考）的系统。采用阻抗匹配的连接方法，每个输出通路所对应的输入通路负载阻抗都是 600Ω。如果没有单独放大器的话不能做扇形连接，也就是说，每个输出通路只与一个输入通路相对应，如果想将输出信号送到多个输入端，需要采用额外的放大器。这种方法来源于电话系统，即为了保证远距离传输的通话质量，需要依靠高质量的变压器（通常很昂贵）来使嗡嗡声降到最低，并获得更好的频响和失真度，以及更高的峰值储备等。

　　专业级和消费级设备在信号分配上的情况完全不同。消费级设备采用非平衡式系统，输出信号由一根导线和一根地线传输到类似的输入端，阻抗是桥接式的，也就是说，它们工作起来就像家用电路：一条电路上可以接多个灯泡，系统并不限制灯泡的数量，直到达到所允许的最大工作电流。在桥接方式下，音频信号可以通过 Y 形线分配到多个输入端。

　　非平衡式线路不像平衡式线路那样容易隔离嗡嗡声，即使参考电平较低也无济于事。通常非平衡式线路适合于小型的、独立的系统，如果要将消费级设备连接成较大型的专业系统，则需要额外的接口设备，比如采用 IHF 匹配盒和+4/−10 匹配盒。用这种方法可以将较便宜的消费级设备用到专业演播室里，使电平和平衡/非平衡的转换能适应设备连接的需要。

到此为止，专业类平衡线路和消费类非平衡线路的差别已经很明显了。如果要在这两个领域间转换，需要采用匹配盒。然而，这正是让事情变得更复杂的地方。好的转换器非常昂贵，电子工程师们试图用电路来模仿它们的隔离特性，以在获得同样质量的基础上降低成本。转换器中最重要的部分就是围绕核心的两组绕线，叫作初级绕线和次级绕线，它们在电路上没有连到一起——即在电路上相互独立。这使转换器具有隔离特性：电压输入初级绕线产生磁场，然后感应到次级绕线，在次级绕线的输出端输出相应电压。

不幸的是，采用电路来模仿这种隔离特性时，达到的效果参差不齐，有些情况下结果非常糟糕，例如过早地产生削波失真。如果数字信号的峰值正好处在 0dBFS，那么根据输出电路的情况，有可能在-6dBFS 的信号上就产生了电子削波失真。这种用电路来模仿的方式广泛运用在各层次设备上，有时候一些比较昂贵的专业设备甚至比那些较便宜的设备情况还要糟糕。同样不幸的是，人们很难从设备的技术参数上了解到这一情况。有一种 DTRS 格式的八轨数字磁带录音机，属于前一款机型的"升级版"，当把它的输出接到其他设备的非平衡式输入时——很多准专业设备上都有这样的输入，却比前一款机型的表现还要糟糕。在进行设备间电平匹配时，即使一些高端设备也难免存在潜在的问题。

有一种方法可以对以上情况进行测试：采用单个电池供电的电压计，测量设备的参考电平输出电压。然后把电压计同时接到下一级设备的输入端，使电压计与输入端相平行。如果电压保持不变，那么接口没有问题；如果电压减小了 6dB（降了一半），这样的互连就会有麻烦。

表 3-2 列出了广泛使用的一系列音频接头。通常，以卡侬头为代表的平衡式接头既能用于现场拍摄，也能用于专业工作室。不过，出于后期制作或一些现场制作的需要，CD 播放机、磁带播放机或声卡等仍然通过 RCA 接口进行非平衡式音频信号输出。可以说如今的音频剪辑，从 CD 或其他数字音频来源直接传输数字信号比通过模拟接口重新录制音频更为常见，因此，出于后期制作的考虑而通过非平衡音频接口来传输音频的做法，即使在半专业领域，也已经越来越少见了。

表 3-2 音频接头

名称	使用领域	备注
RCA、Cinch、Phono、Pin 插头	模拟音频信号、数字音频信号、模拟视频信号	多数非便携式消费类设备广泛采用的接头方式；非平衡
3.5mm 迷你型插头，有单声道和立体声两种类型	耳机和一些消费类话筒	单声道插头由尖和套组成，立体声插头则包含了尖、环、套 3 个部分
2.5mm 微型插头，有单声道和立体声两种类型	微型磁带录音机的话筒输入	注意不要与 3.5mm 插头/插座相混淆

续表

名称	使用领域	备注
1/4 英寸 TRS 插头	调音台上的耳机、线路电平输入	立体声或平衡式单声道信号的线路电平输入；立体声耳机输入
BNC 接头	模拟和数字视频信号、数字音频信号（尤其用于 AES3id 标准）	锁定式接头
XLR 卡侬头	模拟音频信号、数字音频信号	三针的平衡式接头
香蕉头（Banana plugs）	扬声器、测试设备、Nagra 录音机的线路输入/输出	
Tascam 格式的 DB-25 接头	多声道 AES 接头	和老式计算机的并行端口一样，但绕线方式用于传输多声道数字音频信号

导演提示

- 可能的话，指定一位录音师负责现场录音。
- 勘景时不仅要考虑画面，也要考虑声音。拍摄现场不符合画面要求的东西可以避开，声音却是避不开的。
- 提前决定好使用单系统还是双系统工作模式，包括设置好音频比特率（16bit 或 24bit）以及采样率（通常是 48kHz，或 48 048Hz 用于视频发行的电影拍摄），然后锁定这些设置。制作过程中不要更改设置或试图将不同类型的文件混合在一起。
- 提前测试摄影机和录音设备，了解录音和混音的正确设置，包括话筒/线路电平的设置和电平表上录音电平的正常数值。
- 可能的情况下使用平衡线缆和音频接头来减少电磁干扰对录音的影响。了解所使用的摄影机和录音机适用的接头类型以及每种设备适用的信号类型。

4

同期录音 I：基本要素

同期声是电影对白的主要来源，也是大多数数字视频节目声音设计的基础，因此尽全力录好同期声是声音制作的最重要步骤之一。好的录音技术会成就整部影片，糟糕的技术则会导致在后期制作中花费大量额外的时间、精力和金钱。以表现现实为基础的影片不太可能在后期制作中替换对白，所以话筒技术和录音对其尤为重要。稍有不慎，就会损失那些无法再现的重要表演或现实场景。本章及后续章节会对同期录音进行阐述，帮助读者在处理声音时能最大限度地利用好设备，提升同期录音的技术质量和实用价值。

4.1 取景

电影制作中，"取景"一词指的是拍摄一场戏所采用的各种不同景别不同摄法的镜头，从全景主镜头，到双人镜头、过肩镜头、面部特写等。在混录棚里第一次看电影《夺宝奇兵》（ *Raiders of the Lost Ark* ）中的飞行器片段时，我（Tom Holman）正坐在麦克尔·哈恩（Michael Kahn）旁边，他是斯蒂芬·斯皮尔伯格（Steven Spielberg）长期合作的剪辑师。我被这个场景剪辑方式的多样化和剪辑点的自然流畅所震惊，就对他说："麦克尔，剪得真棒。"他回答道："这没什么——取景、取景、取景而已。"就像房地产开发商常说的"地段、地段、地段"一样，这个常用词可以为电影制作人提供一个很好的参考。

故事片拍摄中，每场戏都可能重复表演好几次。拍摄时一般会采用一些整齐的结构，将一场戏分解成许多片段，每个片段采用特定的摄影机位设置、取景方式和布光方式等。纪录片拍摄一般没有这种整齐的结构，但不管怎样摄影师的工作是要记录现场，采用不同景别的镜头将有利于后期剪辑。例如，一个时间较长的实时采访片段，从中间剪掉一些画面并插入其他镜头，可以压缩采访的长度，而不必忍受因跳切带来的视觉上的不连贯。这时候故事是由声音来讲述的，画面剪辑按照声音来进行，由于声音在剪辑之后是完整的，故事的讲述就没有问题。这种用于剪辑的补充镜头也被称作 B 卷（B roll），是新闻拍摄的行话。

如果把"取景"一词用于声音的话，它的含义就是：怎样在每个场景里挑选出所需要的声音，怎样加强这些声音的同时减小不重要的甚至是让人烦恼的声音。这就是现场录音师的工作。后期制作时想给同期声加混响和背景环境声很容易，但要从已录好的声音里去掉过多的混响或噪声就太困难了。同期声由于混响或噪声过大而无法使用的例子屡见不鲜。同期录音时要把这些声音减小到一定的量，使之符合场景的需要。因此只要有可能，我们都会把话筒从摄影机上取下来，放到录音对象上方画框以外的位置去拾音，或者在画内直接指向录音对象，或者藏在画内靠近录音对象的地方。

减小噪声和混响不仅仅是录音人员的职责，在故事片拍摄中，几乎每个摄制组成员都与之有关：

- 化装师应将毛毯用支架悬挂起来，放在摄影机拍摄不到的地方，用来吸收多余的混响。
- 摄影助理应控制好移动车（dolly）的运动，避免其发出噪声。
- 服装师应在摄影机拍不到演员的脚时给演员提供布鞋，并在服装上留出安放无线话筒的位置。
- 给发电车找个合适的位置，以最大程度地减小发电车噪声对录音的影响。
- 导演助理应辅助维持现场，以保持现场安静有序。

有些缺乏经验的摄制组成员不一定了解获取高质量同期声的重要性，因此录音人员的一项重要任务是把对声音的具体要求向不了解声音的其他摄制组成员解释清楚，以避免不必要的噪声干扰。前面提到的这几点只是一些可以给录音带来好处的建议，当然还有更多的可以考虑。不管有多少人在为影片的拍摄而努力，在通往制作出更好声音的漫长旅途中，要记住现场拍摄是为了获得好的画面和好的声音。

在对有对话的场景拾音时，演员或纪录片里的人物对话是拾音的主要对象。通常要求话筒以主轴方向来拾音，以获得最好的声音质量，即和演员的直达声比起来没有太多的噪声和混响。话筒位置在演员正前方，大多数情况下在头的上方（这个位置录下来的声音最接近演员的自然声，具体原因将在后文详细阐述）。另外，也有极少数情况下我们希望演员的声音是离轴效果，比如当镜头给出某个演员的面部特写，而这个演员在听另一个人说话，如果镜头想要强调的是画内演员的内心，而不是旁边人说话的内容，就可以用偏离话筒主轴的方向来拾取旁边人的声音，使声音的透视感也成为一种叙事元素。不过，主要的画内对白应该清楚地从话筒主轴方向被录制下来，这时随机话筒往往无能为力，不过也有例外情况，后面将有介绍。

对与画面相伴的声音进行同期录音时，什么声音重要，什么声音不重要，存在着多种可能性。有经验的电影制作人逐渐认识到不管是拍摄剧情片还是非剧情片，要抓住的是那些能被无缝剪辑成一个整体的要点和片段。这意味着对前期拍摄人员——摄影师和录音师——来说，最好的训练是画面剪辑和声音剪辑，这看上去有些自相矛盾。低成本电影一般是由同样的人来完成所有的前后期工作，于是在剪辑和混录过程中获得的信息使他们能发现前期拍摄的问题，至少在第二次制作时能避免出现同样的问题。

前期拍摄完成得好，后期剪辑才会顺畅。贯穿画面的连贯声音向观众暗示了场景的连续性：也许其中有视点的转换，但不会让观众觉得不连贯。事实上这也需要一些画面剪辑技巧，比如将相似镜头相接就不如将全景镜头和近景镜头相接那么顺畅。录音能体现出不同景别镜头的声音透视差异，但如果只用摄影机随机话筒来拾取全景镜头和近景镜头的声音，即使画面连接没问题，声音透视上的差异也会导致严重的不和谐。如果采用吊杆话筒来录音的话，可以减小这种声音透视的差异，只要使全景镜头的声音松一些，近景镜头的声音紧一些，就可以获得很好的效果。

录音要注意的另一个问题是不仅要录下被摄对象的声音，还要录下一定的房间声（room tone），用来衔接表演之间的空隙，掩蔽瞬时噪声，以及用作剪辑点的平滑过渡。在早些年的电影拍摄中，在镜头之间或场景之间，摄制组成员要专门停下来等录音部门录房间声，现在这种做法不多了，因为利用数字音频工作站很容易找出对话之间或噪声之间的干净背景声片段，并把它们复制下来用在需要的地方，必要时还能通过循环将其延长到所需长度。不过，找到足够时长（不少于 20 帧）可用来循环的干净房间声还是比较困难的，因此最好能在各个场景的开头和结尾保持安静，并录制一些空气声备用。

拍摄画面的同时录音，画面往往是优先考虑对象，画面的需要（比如不能让话筒出现在镜头里等）会优先于录音的需要。同期录音工作要求在给定摄影机角度及其他因素的条件下，尽量减小噪声干扰，录到最好的同期声，使声音在后期制作时能被完美地混合成一个整体。各种条件限制意味着除了种种约束之外，话筒很少能进入摄影机的拍摄区域来拾音。

4.2 对场景的取景和话筒技术

要理解场景取景这个概念，观看传统的剧情类电视节目是条捷径。首先把声音关小，然后注意观察整个场景的拍摄是怎样结构的。通常以全景镜头追踪演员入场，然后随着情节发展转变到近景镜头。这种结构方法是为了先给观众展示整个场景的几何空间特点，然后再运用电影拍摄和剪辑的一系列语法规则，制造出连续呈现的完整场景并将其发展到高潮。

有 3 种主要的话筒技术用来拾取整个场景的声音，即用于演员/拾音对象的吊杆话筒、纽扣话筒和用在场景中的隐藏话筒。这 3 种技术的优缺点如表 4-1 所示。如果能用吊杆话筒的话尽量用吊杆话筒，剧情片拍摄甚至纪录片拍摄大多采用这种技术。比如纪录片《拼字比赛》（*Spellbound*，2003）中，超过 90%的同期声是用吊杆话筒完成的[1]。吊杆话筒无法使用的情况下，通常采用纽扣话筒。比如拍摄大全景镜头时，吊杆话筒拾取的声音可能会有过多的噪声和混响。

隐藏话筒也有其适用的场合。比如当演员或纪录片拍摄对象要穿过某些场所，而话筒员没有能及时跟上的合适位置时，可以采用隐藏话筒来进行拾音衔接。比如演员要穿过一道门，而吊杆话筒及时跟进的话就会穿帮。这种情况下，有经验的同期录音师会在门旁藏一支话筒，

---

1 前期拍摄时，导演杰弗里·布利茨（Jeffrey Blitz）操作摄影机，制片人肖恩·韦尔奇（Sean Welch）担任话筒员。后期制作的声音剪辑和混录是由彼得·由朗（Peter Brown）及乔·德班（Joe Dzuban）来完成的。

然后在调音台上进行适时混音操作，使调音台的输出从吊杆话筒的声音平滑过渡到隐藏话筒的声音，等话筒员跟上后再过渡到吊杆话筒的声音。另一个采用隐藏话筒的例子是，演员的表演在画面景深处进行，而吊杆话筒无法到达那个区域。

采用吊杆话筒拾音时，一般情况下话筒拾取的声音透视感和画面是一致的，因为采用全景镜头时话筒离得比较远，而近景镜头时离得比较近。无线纽扣话筒就无法体现出每个镜头的透视差别，这是它的缺点所在。当佩戴纽扣话筒的演员转过身去背对摄影机时，声音上没有任何相应的变化，但按道理是应该有变化的。将话筒透视感和摄影机透视感相匹配通常有好处，这就是为什么话筒位置通常会选择在画框的上沿，而不是在画框的侧面。如果将话筒放在画框左侧，演员在表演过程中转向画框右侧说话时，声音就会完全偏离话筒方向，表现为声音透视感和画面透视感的不一致。话筒放在画框上沿比放在画框下沿的好处在于，下方拾音由于有胸腔共鸣，中低频段会被加重，从上方拾取的音色比从下方拾取的音色要好。然而，有时候也需要做出妥协从下方拾音，然后在混录时进行均衡补偿。比如当摄影机以低机位仰拍广角镜头时，演员上方的所有空间都处在镜头范围之内，就无法从上方设置吊杆话筒了。

表 4-1　同期录音常用话筒技术

方法	优点	缺点	其他
吊杆话筒	大多数情况下可以获得最好的声音——具备优良的音色并与摄影机透视感相匹配	会使纪录片拍摄对象甚至演员感到紧张；需要避开话筒杆的影子；对混响和噪声比纽扣话筒更敏感	需要单独的话筒操作员，摄影师和录音师要紧密配合
放在胸前的纽扣话筒（有线）	与嘴的距离最近，因此与吊杆话筒比起来较少受到房间混响和噪声的影响（手持话筒和头戴话筒与之相当）；如果演员彼此之间靠得很近，纽扣话筒甚至可以同时拾取多人的声音	话筒放在人的胸前，没有正对最好的语言辐射方向，从而导致音色上的损失；拾音对象运动时无法获得与画面透视关系相一致的声音；可能会录到衣服噪声和摩擦胸口的噪声；将话筒放在胸前可能会让演员感觉不适*	线缆限制了演员的行动，但比无线话筒更可靠
放在胸前的纽扣话筒（无线）	同上	同上	演员行动更自由，但信号稳定性不如有线话筒；更多相关信息见第 5 章中"使用无线话筒"部分
放在头发或帽子前沿的纽扣话筒	这是纽约百老汇最常用的方法；与放在胸前相比受演员服装的影响较小；演员转头时，声音透视感不会发生变化	不容易放置；音色需要做均衡处理；容易受到汗水的影响	
隐藏话筒（隐藏在画面里某个地方）	某些情况下效果很好	不灵活	

---

* 甚至像托尼·柯蒂斯（Tony Curtis）这样经验丰富的演员也在一次采访中谈到，他不喜欢在做发型、化装、更换服装及安放纽扣话筒时让人接触自己的身体。

保持声音透视感与每个镜头相匹配是比较好的拾音方法，这意味着如果要拍摄两个人的对话，采用正反打的过肩中近景镜头时，一般将话筒对准面对镜头的人来拾音，而背对镜头的人就会偏离话筒主轴方向。剪辑时可以全部挑选面对镜头的声音，替换掉那些背对镜头的声音（背对镜头时看不到口型，替换起来比较容易，如果能看到口型的话可能会有同步问题）。这种做法在对话重叠时会有困难，而每次拍摄都让演员做到话与话之间不重叠又几乎是不可能的。在对话重叠的情况下，录音师或话筒员就得权衡一下，为了使透视感更协调，最终就只能采取从侧面拾音了。这就是在特殊情况下需要打破上述拾音原则（不要从侧面拾音，否则演员转头会导致声音透视关系与画面不一致），以便获得更好的声音效果（使正对镜头和背对镜头的演员声音相匹配，对话重叠时也能用）。

如果拍摄时需要减少对演员的干扰，例如拍纪录片时离得很近的摄影机或吊杆话筒可能会让拍摄对象紧张，那么也可以采用一些其他方法。比如，电视真人秀节目更多是依靠无线话筒来拾音，给每个主角别上一支无线话筒，这样不管他们走到哪里都能录到他们的对话，但同时也会有其他问题：

- **通常会有衣服的摩擦噪声。**要减小衣服摩擦声，可以将纽扣话筒用胶带包裹起来，然后贴到胸口上，并用另一个双面胶带把话筒与衣服固定在一起，注意不要挡住话筒头，如图 4-4 所示。
- **人们经常会去摆弄话筒旁边的衣服甚至去摆弄话筒本身。**甚至还有拍打胸口的情况，很多时候正好拍在话筒上。最糟糕的例子是在一档《早安美国》（Good morning American）的早晨电视新闻节目里，一个妈妈怀里的小婴儿，不停地用手去够并摆弄别在妈妈身上的无线话筒。
- **人们之间互相拥抱。**拥抱时话筒拾取的声音发闷，通常还会碰到话筒产生噪声，一下子暴露出正在使用的是无线话筒。
- **拍摄对象总会惦记自己带着的话筒。**隐藏的固定话筒能很好地解决这一问题。

4.3 随机话筒能做些什么

就像前面提到的，用随机话筒来录音有许多局限。在教堂里拍摄婚礼现场时，如果将摄影机放到远处拍摄全景镜头，指望随机话筒来录婚礼的誓词简直不可能。不过，有些情况下随机话筒还是能起到一定的作用：

- 如果只是拍摄现场空镜头，没有主要对话需要拾取时，随机话筒也许能胜任。这种镜头一般是插在表演之间用作停顿或衔接，以帮助确定时间和地点。镜头里同步的声音和画面使现场看起来更真实。比如，有个学生拍摄的纪录片，是讲述一位用大型魔术记号笔来画画的艺术家的故事，由于他们选择了一个安静的环境，并且采用指向性话筒来拾音，于是很好地拾取了记号笔在纸上画画的声音。这种声音效果，尤其因为它与画面同步，给观众带来了很好的临场感，它作为当时唯一能听到的声音强调了艺术创作的孤单。看电影时，观众会认为听到这样的声音，意味着所处的环境十分安静。

故事片创作者把这种类型的声音称作同期效果声，并且在剪辑时专门为这样的声音设置单独的声轨。它与环境声或背景声相对应，后者是强调镜头所处的空间环境，其实更多是由一系列镜头组成的场景所处的空间环境。环境声是电影所处的听觉空间，而同期效果声由于与画面同步，往往具有更大的潜力。为了使环境看起来更真实，可以用其他声轨来剪辑点效果声（hard effects），把它放在环境声上面，用来强调画面里的一些特殊事件。拟音——在拟音棚里边看画面边制造出来的同步声——与同期效果声具有相同的作用：与画面完全同步。因此故事片在制作与画面相对应的声音时是很复杂的，环境声、点效果声和拟音声都有各自的作用。最便宜的获得以上这些各层次声音的方法就是录好同期声——尽量在拍摄时把它们清楚地记录下来。

- 如果能把纪录片拍摄对象和其他声源隔离开来采用特写镜头拍摄，在摄影机距离拍摄对象 2～3 英尺的情况下，一支高质量的指向性随机话筒是可以用来录音的。虽然这意味着为了获得好的声音而限制了画面的取景方式，但这种方法很有效。我（Tom Holman）曾经为 Mt. Morris 高中（伊利诺伊州）1936 级的同学 66 周年聚会拍了一部纪录短片。当时的午宴是围绕一张大桌子进行的，很多人都在说话。拍完这个场面后，我把这 12 位校友中的每一位都请到一个安静的角落，用特写镜头拍摄并采访。这些特写镜头不仅可以用于画面剪辑，其声音还可以用作主要的画外音，用在午宴时的全景镜头上。由于我限制了拍摄方法，采用特写镜头做采访，这些特写镜头不仅指画面景别上的特写，而且摄影机真正靠近采访对象，从而获得了相当好的声音。

- 在有好演员的故事片拍摄中，如果受到条件限制无法在拍摄的同时把声音录好，那么可以采用另一种方法：在拍摄时先录下不好的声音（称作参考声），只为了用作同步参考，拍完画面后再单独录音，这时就可以将摄影机和话筒放到更适合录音的位置了。这种现场补录的方法，在后期需要做大量工作使得补录的声音和参考声完全同步，但做到这样依旧是有可能的，关键在于演员补录时的表演必须和正式拍摄时一模一样。

- 最糟糕的情况是拍摄 MOS 镜头（由早期好莱坞录音师创造的术语，好像是一位德国人创造的，MOS 是"mit out sound"的简称，即不带声音的空镜头），因为即使是随机话筒的声音也经常在后期制作时被发现很有用，可以通过它来了解参考轨里的对话到底是什么。因为即使事先有脚本，拍摄时的对话多少也会有偏差，如果没有录下来的声音作为参考来了解每一个精确的用词，要把这些对话替换掉就会非常困难。对纪录片来说，有一些同步的声音比起仅仅铺上一整条环境声，会使剪辑变得更容易。

- 摄影机同时也是录音机，而且经常是现场唯一可用的录音机。它可以单独作为录音机来使用，此时画面只是用来参考，以便于了解声音发生的地点。由于纪录媒介很便宜，声音质量也还不错，有时候用摄影机来录音，可能比用单独的 MP3 录音机效果更好。

随机话筒的另一个问题是基于磁带的摄影机里读写音视频数据的旋转磁鼓会带来机械振动，这种振动将不可避免地通过机身传到随机话筒中，从而导致噪声。在安静的房间里即使距离只有两英尺，你也可能听不到这种声音，但如果将耳朵紧贴着摄影机的话，你就能够听到它了。随机话筒录到的就是这种噪声，话筒和机身之间的隔离度决定了有多少噪声将被拾取。对 Canon XL-1 系列摄影机，可以在售后市场选购单独的配件，使随机话筒和机身更好地隔离开来，从而减小对本机噪声的拾取。只有在拍摄非常安静的场景时才会听到这种噪声。

摄影机镜头的变焦电机和其他一些操作部件也会产生比较大的噪声。由于这些相对轻柔的噪声和随机话筒离得很近，它们也可能成为录音的干扰。最好的解决办法就是使话筒远离这些噪声源。

4.4 如何使用双声道录音

如今，在一些专用录音机和摄影机上，多声道录音已成为可能，但双声道立体声仍然是目前最常用的录音格式。录制同期声时，对这两个声道有以下用法。

● **两个声道录制来自同一支话筒的相同信号——或者是通过外接调音台混合后的信号，以提供信号备份。**这种方式可能会给后期制作带来一点混淆，它很简单，但没有提供最大的灵活性。我们把这种方式叫作冗余轨录音。

有些型号的摄影机虽然也是将同样的信号录到两个声道上，但有一个额外的优点是可以对两个声道设置不同的录音电平——叫作带独立电平调节的冗余轨录音。可以使两个声道的输入信号有 15dB 的峰值电平差，如果一个声道的信号由于录音电平过大而失真，剪辑师还可以采用另一个声道电平较低的信号（可能再加上适当的电平补偿），从而挽救了严重的失真。这种方式可能需要一根外接 Y 型转接线。

● **两个声道分别录制来自一支立体声话筒的左-右声道信号。**这种方法用在很多带随机话筒的消费级摄影机中。单支话筒外壳内包含有两个特定类型的拾音振膜，一个面向正前方，另一个面向侧面。通过一定的电路处理，其输出信号转换成一对左右立体声信号。立体声录音比单声道录音听起来更真实，因为拾取的声音具有与画面一致的空间感。比较立体声和单声道录音，立体声具有声场宽阔的优点，在方位上声音和画面能更好地匹配。不过，比较复杂的是，剪辑师要注意随时将两个声道并列在一起作为一对立体声信号来使用，剪辑时主观上会觉得复杂，因为声音在整个空间里跳动，而人们已经习惯于对话来自屏幕的正中央。

还有一种使用两个声道的方法，采用特殊的立体声话筒——MS 话筒（mid-side，中间-边侧的简称）来拾音，后期制作时可以对两支话筒拾取的声音做更多处理。指向前面的话筒很好地拾取了摄影机前方的主要声音，指向侧面的话筒则拾取了空间环境效果——摄影机没有正对的方向的声音。于是 1 声道是摄影机所拍摄演员的直达声，2 声道是房间混响声和环境声，这种做法在后期制作时可能会很有用。后期混录时，可以通过改变两个声道的混合比例来控制声源的距离感，还可以对两声道的声音进行渐变切换来改变声音的透视感，比如声音一开始听起来很远，然后慢慢移到近处，或反过来处理。

不过，虽然我们讨论的是同期立体声拾音，应该说很早以前典型的好莱坞剧情片拍摄就放弃了这种方法，而改用下面将提到的双单声道拾音，这主要是出于剪辑和混录的考虑。这可能是个不幸的选择，因为精心录制的立体声确实能带来一些好处，但也使事情变得复杂，对剪辑师和混录师的要求也更高。

- **两个声道分别录制不同的单声道信号**。将两支单独的话筒信号分别送往 1 声道和 2 声道。比起用两个声道录制相同的单声道信号（冗余信号），这种方法为剪辑提供了更大自由。不过，画面剪辑师和声音剪辑师需要密切配合，了解每个镜头的目的，而不仅仅是根据一个声道——通常是 1 声道的声音去判断取舍，毕竟很多时候剪辑师会更关注 1 声道的声音。还有一种情况，就是将同一类型话筒拾取的信号混合到一个声道里，比如将吊杆话筒的信号输入 1 声道，而将两支纽扣话筒的信号混合进 2 声道。

不同的情况也要区别对待。如果只需要拾取一个主声源，可以同时采用两套拾音方法，这样就会给后期制作提供更多的选择。如果其中一种方法失败，比如当演员拍打胸口使藏在胸前的纽扣话筒根本无法使用时，还可以依靠另一支话筒录到好的声音。另一方面，剪辑师可以选择不同的话筒组合来获得最好的声音：采用单独某支话筒的声音，或者将两支话筒的声音结合使用。吊杆话筒一般能获得最好的音色和透视感，而纽扣话筒拾到的声音发紧，只有很少的空间混响声和房间背景声，这一点既好又不好：好处在于它可能是清晰度最高的声音，坏处在于纽扣话筒所处的位置导致的音色缺陷，使声音听起来不太自然，并且可能受到潜在的噪声干扰，以及因为藏在衣服里使得声音发闷。最好的声音可能是最后混录时结合两种话筒的声音来获得，但由于到达两支话筒的直达声有一定的时间差，声音叠加后会有一些频率增强或衰减，听起来像在桶里录音的效果，因此两支话筒叠加的声音比例需要仔细调节。利用双单声道录音方法，这些选择都可以放到后期制作时进行，而不要在前期拾音时就将两支话筒的声音混合在一起。后期制作时有更多的时间来考虑，可以仔细倾听将不同话筒的声音以不同比例叠加后的效果再做出选择。

双单声道拾音的一个例子是对婚礼场面的拾音。习惯上会考虑采用两支无线话筒，一支给新娘，一支给婚礼主持，分两个声道进行记录。新郎的声音可以靠新娘身上的话筒来拾取——毕竟这个日子对新娘更重要。问题是这种拾音方法缺乏婚礼现场的透视感——声音听起来相当呆板，能听到的只有这几个人的对话。另外，新娘的婚纱很容易带来噪声。好一些的方法是将两支无线话筒中的一支给婚礼主持，另一支给新郎，新郎的礼服和婚纱比起来较少带进噪声，而新娘的声音也可以靠这支话筒来拾取，这两支无线话筒的声音同时送进 1 声道。另外采用一支吊杆话筒，或者甚至是随机话筒来拾音，送进 2 声道。在这里声道分配的原则是将具有相同透视感的声音输入一个声道，以便于后期制作时使用。另外要注意的是，一般是将最好的声音输入 1 声道，因为许多画面剪辑师通常只听 1 声道的声音。以上方法获得了具有两种透视感的声音，后期混录时可以通过改变两者的比例来决定最终的声音是紧还是松。如果没有 2 声道里吊杆话筒或随机话筒的声音，就无法放松透视感过紧的纽扣话筒的声音，尤其在婚礼现场，还有其他声音元素如音乐声需要拾取时，只靠纽扣话筒很难获得好的效果。

如果有两个声源需要拾取的话，可以将每个声源的声音录进一个声道。最简单的例子就是纪录片拍摄时采访对象和采访者的声音。虽然纪录片导演/采访者通常会说："不用录我的声音，所有的提问都会被剪掉"，但你会惊奇地发现很多时候并不是这样，并且即使提问真的被剪掉，清楚地录下这些声音也会帮助抄写台词的人确定提问内容。另一个例子是故事片拍摄时，一个场景里有多个对话区域，由于不同区域相对于摄影机的距离和角度都不同，只用一支吊杆话筒很难把所有的声音都录好。这种情况下，放弃使用一支吊杆话筒、一支纽扣话筒的常规做法而采用两支吊杆话筒拾音可能是最好的选择。这样做为剪辑提供的自由是两个话筒通路的声音不用同时剪切，它可以使剪辑后的声音更加连贯，更容易掩盖住剪辑的痕迹。

采用两支有一定间距的话筒同时录音——比如用在主席台上时——可能会带来一些问题。话筒之间有一定间距，那么至少有些时候声源到达两支话筒的距离是不同的。混合具有时间差的相同信号会导致梳状滤波效应，产生特定的频率增强及衰减，其结果是随着时间变化会发出嗖嗖的声音。好一些的方法是将两支话筒尽量靠近，这样既可以用做声音备份，又可以减小梳状滤波效应。

4.5 同期录音的其他对象

直到现在我们讨论的都是如何拾取同期声中的人声。因为对于同期声来说，人声是最重要的，叙事主要靠它完成，而人声也最能反映出同期声质量的好坏。另一个原因可以通过以下类比来了解。彩色电视工程师最关心的颜色是皮肤、草地和天空的颜色，其他东西的颜色都没这么重要。因为皮肤、草地和天空的颜色是人们最熟悉的颜色，而对衬衫的颜色就没这么熟悉了。人们每天都会面对这 3 种颜色，因此就会用它们来判断彩色电视的色彩还原是否准确。人声就像皮肤、草地和天空一样，人们非常熟悉，一点点改变都容易被察觉。这些改变包括在电平、音色、空间位置和混响量上的变化。因此，通常情况下声音团队的工作是尽量减小这些变化，尽管有些变化是有用的，但如果变化过大，人声中的这些改变会分散观众对故事的注意力。

同期效果声在一个很宽的范围内都可以称作是正确的录音，并且这些声音仍然很有用。也就是说，由于话筒位置不正确，它们在音色上可能有所妥协，或者录得太干（混响太少）或太湿（混响太多），却不会像人声那样有明显的失真感。因此，事实上值得把所有的声音都录下来，说不定哪个声音在后期制作时就会用到。同期效果声录音有时候是不可重复的，比如要录炸掉一座建筑的声音。在好莱坞故事片制作中，这样的爆炸声会结合资料库里的声音或其他录音素材来使用。有时候所录对象十分罕见，声音也很独特。对响度很大的声音录音，本书第 10 章里介绍的信息会很有用。

4.6 话筒附件

4.6.1 话筒车/话筒杆

好莱坞摄影棚通常使用很大很重的、放在地上的吊杆式话筒车来录音。这种方法现在用得不多了，因为很多同期录音是在外景地进行的，而话筒车过于笨重，移动起来很困难。现在主要用鱼竿式吊杆，一般由站在地上的话筒操作员来控制。市场上有多种多样的话筒杆，便宜的由铝管制成，贵一些的由碳素纤维制成以减轻重量。选择话筒杆要考虑的因素包括话筒杆的长度、相应的举起重量（粗略计算就是重量×长度=扭矩，比单纯计算重量更重要）、是内部走线还是外部走线、各个关节接口的情况（用来连接每节话筒杆的可以旋转的关节点）、平衡状况和强度。

好的话筒操作意味着随时把话筒杆放在恰当的位置，指向正确，并且不发出任何噪声（如图 4-1 所示）。专业话筒员往往没有意识到他们对录音工作的重要性，但好莱坞的同期录音师都明白这一点，并且感激话筒员灵活操控话筒杆的能力、迅速记住台词并跟上演员表演的能力、将话筒杆放在合适的位置以获得恰当透视感和混响量的能力。话筒员在这一系列环节中做到完全专业化非常重要，因为他们是离演员最近的人，一定不要去分散话筒员的注意力。

图 4-1a 好的话筒位置和技术

图 4-1b 不好的话筒位置：从画框下方拾音会因胸腔声使音色变差，后期制作时加上适当的均衡能挽救一部分音色

图 4-1c 不好的话筒位置：声源处于离轴方向，声音质量很差并且很难挽救

　　操作话筒杆的一个普遍问题是，当移动话筒杆的时候，连接话筒的线缆——无论是内部走线还是外部走线——不能和话筒杆之间有相对位移，否则很容易产生噪声。内部走线时使用像连接电话听筒的那种卷曲线缆会好一些。如果采用外部走线，通常将线缆在话筒杆上绕几圈，并用手在话筒杆底部附近将线缆拉紧固定。

图 4-1d　注意话筒杆不要碰到演员的头，话筒员分心的时候很容易发生这种情况

4.6.2　减振架

为了避免机械振动通过话筒的固定装置传到话筒上产生噪声，给话筒装上减振架是很重要的，如图 4-2 所示。如果减振架质量不好，即使手指轻轻触碰话筒杆产生的振动也会导致

图 4-2a　减振架上柔韧的橡胶带用来悬挂话筒

图 4-2b 话筒线转接装置使话筒线能自由地悬在空中——相互之间不会产生摩擦，也不会碰到防风罩。这种特殊转换装置采用两根不同直径的线缆：一根连到话筒上以保证最大的柔韧性，另一根用于输出以保证最大的强度

很大噪声，振动的大小决定了话筒输出的噪声大小。使用减振架的典型问题是，如果将话筒线拉得太紧，就会削弱减振效果。话筒应以完全弹性的方式放在减振架上，同时，采用橡胶或塑料部件制成的减振架弹簧，其韧性和弹性要按照所用话筒的重量进行调整。如果橡胶绷得过紧，减振效果就会削弱；如果过松，话筒在移动过程中会因弹跳得太厉害而碰到其他悬挂部件从而产生噪声。

注意要使减振架（和防风罩）的所有机械连接部件紧密连接。即使是一个很小部件的轻微松动，也会导致可闻的咔嗒声，因为这些部件和话筒离得很近，甚至有些和话筒直接接触。

4.6.3 防风罩

几乎所有的拍摄场合都需要使用防风罩，即使是在室内移动话筒，产生的空气流动也会导致明显的低频噪声干扰（如图 4-3a 所示）。风的干扰一般首先带来低频噪声，当干扰逐渐增强时，话筒输出信号会发生间断，如果风将话筒振膜吹到了极端位置，输出信号就会被完全切断。不同防风罩具有不同程度的防风效果，有些需要和话筒类型匹配来达到最好的效果。甚至室内空气处理器的气流也会在话筒上产生少量低频噪声，因此不带防风罩的话筒很难用于同期录音。话筒需要多大的防风效果要看风速的情况。所有的防风罩多少都会对声音有所改变，防风效果越好改变也越大。因此，应选择防风效果刚好合适的防风罩。

图 4-3a 防风罩类型。图中所示是不同的网篮状防风罩，其内部是自由空气场——对指向性话筒来说这种类型的防风罩是必备的。防风毛衣用在其中一种防风罩上，用来提供最大的防风效果

　　基于话筒的工作原理，全指向性话筒可以用泡沫防风罩把话筒完全包裹起来以达到防风目的，采用大直径的防风罩会更有效。但是，这种泡沫防风罩对指向性话筒就不适用了。带指向性随机话筒的摄影机通常会提供一个简单的泡沫防风罩，但防风效果远远不够，售后市场为此提供了许多不同的解决方法（如图 4-3b 所示）。

图 4-3b 售后市场提供的用于 Canon XL 系列摄影机的防风罩和减振架，比原配装置能更好地降低摄影机噪声和风的噪声。

对所有指向性话筒而言，最好的办法是在防风罩里罩上一个空气场，在这里空气流速降到最低。这种球状或齐伯林状（zeppelin-style）的防风罩通常由丝质材料制成，形成一个封闭空间来保护话筒。大直径防风罩防风效果更好，同时尺寸、重量和价格也会增加。

在一些室外极端情况下，丝质防风罩的外面会罩上防风毛衣，厚厚的毛衣进一步降低了空气流速，使空气穿过防风毛衣进入内部时，流速能降到里面的防风罩能对付的程度。

4.6.4　防喷罩

近距离拾音时，尤其在音乐录音棚里采用指向性话筒如心形话筒录人声时，会在演唱者和话筒之间放一个丝质防喷罩，用来减小及消除爆破音的喷话筒现象。

再比如录演讲台上的讲话，有个好办法是用一个带小型泡沫防风罩的全指向性话筒靠近演讲者拾音，这样比用指向性话筒再加上一个防喷罩来拾音对演讲者的干扰要小。全指向性话筒对爆破音敏感度较低，并且不像指向性话筒那样有近讲效应。虽然很多时候无法说服那些所谓的公共场所专家采用这种方法——他们往往坚持在近距离使用指向性话筒拾音以抑制声反馈，这种方法依然是可行的。用全指向性话筒比用指向性话筒可以以更近的距离拾音。

4.7　话筒使用举例

4.7.1　安装纽扣话筒

安装纽扣话筒时需要考虑以下问题。首先是基本位置：太低的话话筒离嘴太远，太高又会使话筒处在因下巴遮挡造成的声学阴影区。最佳位置是下巴以下 6~9 英寸的范围内。如果说话的人面向摄影机，一般是将话筒固定在胸前中线附近，因为放在胸前任一侧都会使声音偏离话筒主轴方向。如果是两人采访的情况，纽扣话筒可以偏离胸前正中间放在靠近另一人的一侧，这样不管是向前说话还是朝向另一人说话，声音都可以处在话筒主轴方向。

安装话筒时要注意话筒在可能的情况下尽量外露，不要被厚衣服遮挡，一些很小的话筒甚至可以穿在扣眼上而不被察觉。对大一些的类型，可以将它们藏在最少量的衣服下面。有个测试声学透明性的方法就是在衣服下鼓气，衣服越容易被鼓起来，声学透明性也越好。

为了尽量减小衣服对话筒的摩擦，可以采用一些方法来固定纽扣话筒，比如图 4-4 中介绍的方法。

4.7.2　无线话筒的使用

本章前面已经介绍了纽扣话筒的优点和缺点，讨论了怎样固定它们，以及关于无线发射频率的注意事项。综合以上这些方面，电影对白录音中通常被听到的最大问题大都是由无线话筒造成的。表 4-2 列出了解决这些问题的一些方法。

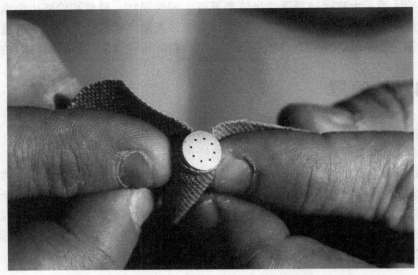

图 4-4a　用创可贴包裹纽扣话筒以便固定

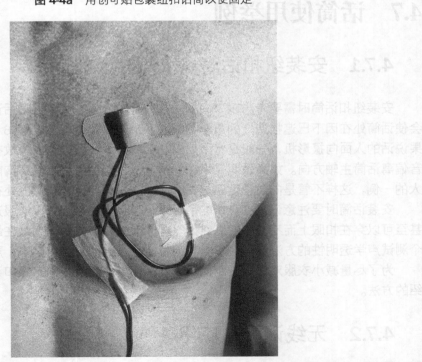

图 4-4b　将话筒贴在胸前合适的位置（太高的话因为下巴的遮挡会使声音发闷；太低的话直达声将减小）。线缆的环状固定是为了防止演员移动时拉扯到话筒

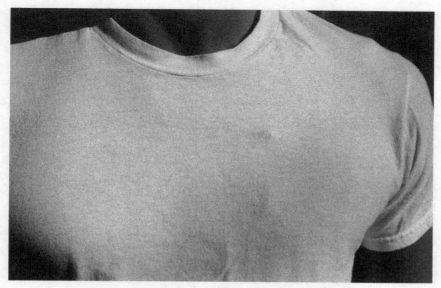

图 4-4c 即使是在 T 恤衫里面，话筒也不容易被看到

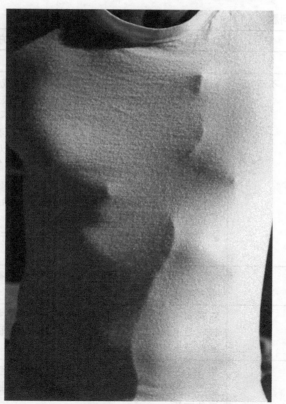

图 4-4d 在某些光照条件下，整理得不好的线缆会被看出来

图 4-4e　侧装式话筒形状扁平，更容易隐藏

表 4-2　无线话筒使用的问题

声音问题	可能的原因和解决方法
声音方面出现的问题	
声音像被蒙住一样发闷，不清楚	● 纽扣话筒被衣服遮挡得太厉害。试着减少衣服的遮挡层数。有个测试方法就是，如果衣服越容易被风鼓起来，那么它在声学上就越透明；越难被风鼓起来的衣服，越不容易让高频通过。如果衣服太薄使话筒容易被看见的话，可以试着采用一些最小型的话筒，比如 Countryman B6 体积非常小，可以将它穿在扣眼里，普通镜头里是看不见的，并且这种话筒有多种颜色可以选择。 ● 纽扣话筒位置不好。比如放在翻领毛衣的领子顶部，这里是被下巴遮挡的声学阴影区。纽扣话筒除了自身频响设计上已有的高频提升之外，还需要更多的均衡处理。 ● 如果是已经录好的声轨，可以直接进行均衡处理，寻找最佳均衡方式使声音变好。
声音有胸腔声	实际上所有的无线话筒声音都需要通过均衡来改善（第 10 章将介绍相关内容）
演员喊叫时声音失真	对表演中声音最强的片段要设置合适的增益和限幅。如果无线话筒因喊叫而过载，至少限幅器会起作用，从而限制最大电平输出，但限幅器自身也可能产生失真。
声音有衣服的摩擦声	用 3M 手术双面胶带*环绕住话筒将其固定，如图 4-4 所示。双面胶带的一面固定在皮肤上，另一面固定在衣服上。也可以将多层衣服固定在一起。

	续表
声音问题	**可能的原因和解决方法**
无线传输方面出现的问题（关于这个问题在本书第 5 章还有更多介绍）	
声音有间歇的电流瑟瑟声或声音中断	原因在于多通路。可以给接收天线找个合适的位置以获得最佳接收效果。试着采用垂直接收而不是水平接收。使用适合于发射频率的八木接收天线**。（只使用无线话筒拾音时，吊杆话筒操作员也可以改为操作天线）
听到的信号不只来自于话筒，比如听到其他音调、说话声、咔咔声和噪声	来自于无线电干扰。如果无线系统的频率是可调的，试着换用别的频率。如果频率不可调，有时候使接收机离发射机近一些能解决这个问题。记住，并不需要将接收机放在摄影机的位置。如果摄影机离发射机比较远，可以用一根长话筒线连接接收机，使接收机能放到离发射机更近的地方。

* 或者从药店里购买斜纹胶带。

** 相关书籍可以从 ARRL 官网上找到。

4.7.3 抛弃型话筒

电影里偶尔会看到很大的物体冲向摄影机（仿佛冲向观众）的镜头，看上去好像摄影机必坏无疑。这些镜头可能是用一次性摄影机拍成的，这是一种很便宜的摄影机，可以为了拍摄某个独特的镜头而毁坏。同样地，录音时也可能需要在野兽出没的地方偷偷埋放话筒，以录到很近的声音，使拍摄的镜头更具真实性，但这样做就可能牺牲掉这些话筒。前面讨论过的话筒拿来这样用就太贵了，有些小型驻极体部件只需几美元，可以将它们与电池、电阻和电容组合成完整的话筒，就像这些驻极体部件的数据表里介绍的那样。这样的话筒可以用作一次性话筒，甚至可以将它们放进避孕套里密封起来放到水下使用。

4.8 同期声拾音举例

对学习同期录音的人来说，去听一下不同后期制作阶段里的同期声会很有用。从成片里了解不到这些东西，因为如果声音做得很好，我们将无法判断哪些声音是后期对白替换（ADR）的结果。有些 DVD 和蓝光光盘里附赠有正片里被剪掉的片段，一般是画面剪辑完成但还没有开始声音剪辑的片段，这些片段能让人们听到原始的同期声。通常电影拍摄的场数会多于最后需要的场数，然后在制片公司或制片人观看以后，根据他们的意见来删减。由于这些片段是在做细致的声音处理之前就被剪掉了，因此听它们就类似于每天拍摄完毕后听素材回放的效果。1995 年环球制片公司发行的电影《艳倒群雌》（*To Wong Foo, Thanks for Everything! Julie Newmar*），其 DVD 里附赠的片段就是个很好的例子（这部影片的同期录音师是 Michael Barosky，话筒操作员是 Linda Murphy）。这些片段已经经过了画面剪辑，但声音只是同期声，和素材带里的完全一样，其中包括好几场戏，既有内景又有外景，将它们和成片对比可以更好地了解同期声的特点（如表 4-3 所示）。

表 4-3　一个同期声分析案例

附赠片段场景标题	说明
饭馆里	内景。用吊杆话筒 Schoeps Mk41 拾音。全景镜头里 Robin Williams 有许多临时台词，由两位话筒操员采用两支吊杆话筒来拾音（见第 4 章的介绍）。嘶嘶的噪声来自于后期多代模拟转录，并不能代表原始同期声的情况。
时尚 vs.物质	外景。白天。皇后大道。纽约。现场环境十分嘈杂，因此采用的是无线纽扣话筒拾音。在纽约，如果警察限制交通，司机就会拼命按喇叭。这场戏的第一句话："This will make it to California, no problem." 就因为话筒位置关系声音发闷（可以通过后期均衡来补偿）。这场戏由于现场环境过于嘈杂，至少部分对白需要做 ADR。声音里有滴答声、咔咔的噪声，来源不明。
走向女王的第一步	外景。白天。安静的山区。无线纽扣话筒放在胸前拾音。大全景镜头和风的噪声限制了吊杆话筒的使用。通过加均衡处理和叠加环境声，无线话筒的声音是可以用的。
Chi Chi 的魅力	内景。小房间里的房间声。嘶嘶声可能来自后期转录。注意楼梯上的脚步声，和对话比起来过响了。
和女孩们在一起的一天	由于位置关系无线话筒的声音很闷，可以通过均衡补偿来调整。说 "Miss Noxie" 这句话的同时，出现了演员踩在碎石上的过大的脚步声。这个问题应该在拍摄前解决，现场制片和摄影选景部门应该事先提出来讨论（声音部门没有去采集，但其他采集人员应考虑这个问题）。如果路面在取景框之外，可以给路上铺些橡胶垫来解决，但如果镜头包含路面就没办法了。有些脚步声是操作斯坦尼康的摄影机操作员发出的，而不仅仅是演员的。
Salade Nicoise	内景。厨房。白天。Stockard Channing 跪在地上擦地板，吊杆话筒拾音，声音混响很大。另一支吊杆话筒录的 Patrick Swayze 的声音听起来却很近。可能需要做 ADR。随着 Stockard 走到水槽边，声音听起来要好一些。
Beatrice 的"红色与野性"	从外景到内景。白天。纽扣话筒声音发死。需要加均衡和环境声，可能需要加谷仓里的混响。声音素材本身没有问题，后期制作时可以采用。
女人的住地	外景。黄昏。展现全景镜头里的两个男人，用无线话筒拾音。这是个主镜头，如果后面还有特写镜头，特写镜头的声音可以用来替换掉这个主镜头的声音，并通过声音剪辑使声画同步。说 "Career" 时声音失真了，但也许能用 Pro Tools 里的 "pencil" 工具修正过来。这个失真可能是多代转录造成的，而不是原始素材的问题。
冒险	内景。白天。吊杆话筒拾音。声音很好。摄影机移动时有一点地板的咔咔声，也许能通过剪辑去掉。好的同期声受益于安静的环境、镜头的选择和发电机的位置等。
告别	脚步声盖住了对话："照顾好自己，亲爱的。"第一个镜头由于摄影机移动而变得复杂。无线话筒的声音需要加均衡处理。从人们目送汽车开走的全景镜头可以看出同期录音是多么有用。当三人离开时无线话筒的声音带有风的噪声和失真。

仔细听这些片段里的声音，再对比一下完成片的相应片段，就可以看出后期制作的处理

能力了。通过给无线话筒加均衡，再添加环境声或背景音乐（有时候再加上混响），大部分同期声都可以修好。另一方面，环境声过于嘈杂的场所，根本不可能只依靠同期录音。以影片中的室外停车场片段为例，它很真实，但需要做大量的声音后期处理。以前的好莱坞电影拍摄可能会选择可控的露天片厂来拍这样的场景，现在的情况是，没人有时间和金钱来支持这种工作方式，于是只能用实景拍摄，声音就成了 DVD 附赠片段里听到的样子。

4.9 话筒员的工作

吊杆话筒操作员的工作十分重要。虽然这项工作没有同期录音师的工作那么有技术性，但毫无疑问其对声轨的贡献是很大的。做好这项工作需要考虑以下问题。

- 能长时间支撑话筒杆并在需要时安静地移动话筒杆。
- 拍故事片时仔细了解演员的对白，能在演员对话过程中准确地跟上所需录的对白。在纪录片摄制时，要纵观全局，一边录好正在说的话，一边注意观察下一个要说话的人会是谁。
- 使话筒拾音的透视感和摄影镜头相匹配。这意味着需要了解正在用的镜头焦距，如果是变焦镜头，要了解镜头是怎样设置的，知道画框的边沿所在并能避免话筒进入画框，知道如何调节话筒和演员的距离来获得与镜头相一致的空间感。
- 作为第一线工作人员，是录音组里离演员最近的人，通常需要给演员安装无线话筒。
- 不要因为视线相接而分散了演员或其他拍摄对象的注意力。
- 话筒员要了解耳机监听和扬声器监听的区别。耳机夸大了背景噪声，使几乎所有的噪声都清晰可闻，但在后期制作时这些噪声降低以后可能不会有太大麻烦。掌握这些技术需要长时间的学习。不幸的是，你不能相信大多数剪辑师在合板时关于声音好坏的说法，只有到了声音后期制作阶段，在频响范围很宽的、采用标准监听电平的监听系统里，才能了解到声音的好坏，但这时候大多数话筒员都已经离开剧组了，也就无法获得那些有价值的反馈意见。

视频摄影机和胶片摄影机相比，在设计上有个问题会影响到话筒员，这就是胶片摄影机的取景器能显示出比拍下来的画面更多的区域，而视频摄影机上只能看到所拍摄的画面区域（监视器上显示的区域甚至可能小于所摄画面区域，致使话筒的穿帮镜头无法从监视器上显示出来）。这意味着采用视频摄影机拍摄时，摄影师无法发现话筒什么时候会进入镜头穿帮。有一种方法就是在话筒杆上装一台小型液晶监视器，能显示出所拍摄的画面。从摄影机的复合视频输出口²接根输出线到这台监视器，把它夹紧固定在话筒杆上，话筒操作员就能清楚地知道画框位置了。

---

2 复合视频输出口通常是一个黄色的插孔。

4.10 常见问题

常见问题包括以下几个方面。

- 高端摄影机通常在监听通路上将声道混合在一起。于是，录的时候是两个分开的声道，并且希望返回到外接调音台监听的也是两个声道，可听到的却是两个声道的混合声。有趣的是，一些中档摄影机却没有这个问题。

- 由于调音台和摄影机采用了不同类型的电平表，使电平设置变得复杂。专业摄影机采用数字峰值表，以-20dBFS 作为标准 1kHz 信号的参考电平，而消费级摄影机可能以-12dBFS 作为参考电平（详见第 3 章）。

- 音频和视频时钟没有锁定在一起的摄影机，包括几乎所有的 Mini DV 摄影机，直接用磁带重放不会有任何同步问题，甚至在剪辑的第一阶段也没有问题，但是，根据接下来的流程中如何处理音视频同步，同步问题可能会出现。如果系统是将音频和视频比特交错记录的话一般没问题，但如果将音视频文件分开，随后又将它们放在一起的话，同步问题就可能发生。确保同步的办法之一是对整个制作流程进行同步测试，从拍摄到画面剪辑，再到声音剪辑以及将声音返回到画面母带，甚至直到最后往 DVD 或蓝光碟的输出。如果在与节目等长的测试带上每分钟都记录有同步拍板的话，将这个信号贯穿整个制作流程，就能确保最后的结果同步。

4.11 声音场记单

传统电影制作中，做好声音场记单十分重要。因为画面和声音是分开记录的，在后期又要合成到一起，把声音不好的镜头也洗印下来是很浪费的。在数字影视单系统制作中，就没有如此严格的要求，但面对大量素材，了解每张闪存卡或硬盘上记录了哪些场景的声音、每个场景有多少条素材等信息总是件好事。这样不管是摄影助理、制片人还是抄写台词的人，都能很方便地找到每场戏所对应的大致时间码。

DV 制作声音场记单

作品编号：		作品名：		拍摄日期：	
摄影师：		录音师：		带号：	
□ 两声道，48kHz 采样，16bit 字长　　　□ 其他 SMPTE 时间码：□ 30 fps　□ 29.97 fps　□ 25 fps　□ 24 fps　□ 23.976 fps □ NDF　□ DF　　起始时间码：					
场景	镜头	起始时间码	结束时间码	一声道	二声道
起始彩条和千周信号				千周@-20dBFS	

续表

将好的镜头条画圈　　A.F.S.= 镜头开头出错　　TS = 尾板

看片注意 □ 不要将声道混合监听　　□ 将声道混合监听

发现这页纸，请打电话：

关于该场记单的版权声明：若使用该场记单需加上注释：Original © 2005 Tomlinson Holman，在版权许可下使用。

4.12　同期录音备件

- 声音场记单
- 固定纽扣话筒的胶带：3M 手术双面胶带（可以从服装师那里得到）或斜纹胶带
- 电工胶带，用来捆线
- 弹性绳，用来绑线
- 挂钩（登山用的夹子），用来挂线
- 用于吊杆话筒悬挂的备用机械部件
- 用于 XLR 接头的小型一字改锥（如型号 P3321 的 Xcelite 牌螺丝刀），小型调节件等
- 调节 10 段电位器用的螺丝刀
- 小型尖嘴钳
- 小型夹线钳
- 小型电烙铁和焊锡
- 急救物品

导演提示

- 拍摄任何场景时，都要让剧组的每一个人了解获得好的同期声的重要性。
- 录下不同景别的声音。也就是说，不仅要录好同期对白，还要录下一定的房间声；对于拍摄画面时无法录好的片段，只要有可能的话都应该进行现场补录。
- 最好采用吊杆话筒来拾音。无线话筒可以用但有一些缺点。
- 随机话筒也能用来录少数声音，比如环境声或某些同期音效。
- 大多数摄影机和录音机的两个声道都可以用来进行冗余备份录音，采用不同的录音电平可以获得最大的动态范围，或者用来录制两个具有不同透视感的声音。
- 有效使用减振架、防风罩和吊杆，使话筒移动时不产生噪声。
- 话筒操作员远不只是"有着强壮手臂的高中毕业大男孩"，这是一位制片人的原话。专业同期录音师都知道技术好的话筒员能给他们的工作带来怎样的便利。好的话筒员需要了解场景，懂得怎样用话筒追踪演员的表演等。

5

同期录音Ⅱ：话筒

当今世界上有许多不同类型的话筒，从用于专业电影制作和音乐录音的精密而昂贵的专业话筒，到成千上万用在电话和自动答录机上的简易话筒，应有尽有。虽然种类繁多，但只有少数话筒在影视制作中表现卓越，本章将集中讨论这些类型的话筒。

比起话筒的大小、安装方法等，有两个主要因素决定了话筒的特性。第一个是话筒将声能转换成电能的方法，体现为话筒输出随时间而改变的电信号。通常人们把话筒叫作**换能器**，指的就是将一种能量转换成另一种能量的设备，在这里就是将声能转换成电能。扬声器也是换能器，它处在音频信号链的另一端，将电能重新转换成声能。

第二个因素对使用者非常重要，就是话筒的指向特性，即话筒是对所有方向的声音同等响应，还是有方向上的倾向性，即对某些方向的声音较来自其他方向的声音更敏感。这种指向特性，被称为话筒的**极坐标特性**，很多时候这才是选择话筒的最重要依据。

还有一些其他因素对选择话筒也很重要，但以上两个因素是最重要的。其他因素包括话筒对风和手持噪声的敏感度、话筒从最低频到最高频的平直频率响应特性、其极坐标图形与频率的关系、是否需要供电、对环境温度和湿度的敏感度、承受高声压级和低声压级声音的能力，以及话筒的坚固性等。

用于影视制作的话筒主要采用**静电换能**模式，通常把它们叫作电容话筒。这种换能器的设计，是在声压的作用下，一块由轻而柔韧的像鼓膜那样的材料制成的振膜来回运动，产生非常小的位移。这块运动的振膜和一块固定极板组成了一个电容器，振膜运动时，它和固定极板之间的距离发生变化，导致电容量的变化，可以用不同的方法来测量这种变化[1]。使用静电式话筒应了解以下特点。

---

1 电容量是衡量一件设备保持电荷能力的参量。静电式话筒里，两块导体之间被绝缘体如空气隔离：一块导体就是话筒的振膜，由金属或金属包裹的塑料材料制成；另一块导体是由金属制成的固定极板。

- 所有的静电式话筒（电容话筒）都需要供电，这是由电容器的基本工作原理决定的。
- 所有的静电式话筒都要注意防潮，保持干燥。因为潮气会导致振膜和固定极板之间的绝缘介质短路，而该绝缘介质是衡量电容量变化的重要指标。绝缘介质短路会在话筒输出端产生噼啪的噪声，甚至使话筒无法工作。

5.1　供电

静电式话筒的类型不同，供电方法也不一样。嵌在摄影机机身里的话筒由摄影机电源直接供电，机身外的话筒供电方式有两种：由摄影机直接供电和由单独购买的摄影机附件供电。和摄影机一起出售的随机话筒，通常就由摄影机供电，但把话筒作为附件出售时，既可以由摄影机供电，也可以用以下方法来解决。

给外接话筒供电最直接的方式是在话筒里装电池，对纽扣话筒来说，是在与话筒相连的由制造商提供的连接配件里装电池。所采用的电池种类很多，当采用的是特殊的甚至少见的电池，又在远离电池供应地工作时，一定要注意准备备用电池。尤其是有时候会发生这样的情况，即拍摄完毕后忘了检查电池而让它们在话筒里运转了整整一夜。有些类型的电池可以支持话筒长时间工作，但如果话筒没使用时忘了关掉电源开关，那么当需要用时可能会发现电池已经耗尽。给静电式话筒供电还有一个方法，就是采用单独的装有电池的供电小盒与话筒连接，然后将小盒的输出接到摄影机或调音台的话筒输入口上。

电池在放电的同时失去电压，这一进程最开始比较慢而后越来越快，直到电量完全耗尽。电池电压不足的结果是话筒的输出可能会失真，或者是输出电平减小。失真首先影响到的是高声压级的声音，当电池电压进一步降低时，越来越多的低声压级声音也会受到影响，直到电池消耗完为止。最好先了解所用电池的最长供电时间，然后在失真可闻之前提前更换电池。令人惊奇的是，使用 1 节 5 号电池给某种立体声话筒（Sony ECM-MS5）供电，供电时间是 20 小时，而采用同样的电池给一支纽扣话筒（Sony ECM-55B）供电，供电时间可达 5000 小时，因此了解你所用话筒的电池供电时间非常重要。

另一种供电方式是采用与传输音频信号的导线分开的单独的线缆供电。比如 Canon XL 系列所用的话筒，其接头上有两个相邻的插头：一个用于传输话筒信号，插头由尖、环、套 3 部分组成，分别对应于左信号、右信号和接地端，一个用于供电，插头由尖和套两部分组成，分别对应于电源端和接地端。摄影机给话筒供电是通过第二个插头实现的，因为这不是一种常规供电方法，因此这样的话筒只能在这些型号的摄影机上使用。虽然其插头布线有些独特，但这种利用摄影机给外接话筒供电的方法为使用者带来了便利，因为使用者不必随时牢记要单独使用电池。

第三种供电方法在专业话筒领域运用很广，叫**幻象供电**，采用幻象供电的话筒通常在型号名称上带有后缀"P"，用来提示所用的供电方法。这种供电方式，是电源通过音频信号线以一种特殊模式来供电。音频信号从话筒传输到摄影机或调音台，电源则通过反方向传输，在同样的导线上从摄影机或调音台传输到话筒。和前一种方法相同，这种方法对于使用者来说很简单，因为不需要附加电池。但是，话筒输入口要能提供电源，并且要有电源打开与切断的开关，因为对其他类型的话筒采用幻象供电可能会损坏话筒。同时，幻象供电的电源电压没有标准化，最常用的是 48V，但也有用 12V 的情况。因此使用幻象供电，必须将摄影机或调音台上的幻象供电开关打开，并且将电压值调整到与话筒所需电压相匹配。例如，Sony PD-150 和 170 摄影机的话筒附件就是采用 48V 幻象供电。

还有一种类似的但不可互换的供电方法叫"T"型供电或"A-B"供电。这种供电方式比幻象供电少见得多，但它最常用的领域是电影同期录音，所以从事影视录音时可能会碰到这样的话筒。通常型号名称带有后缀"T"的话筒就是采用"T"型供电的话筒，这是一种老式设计，主要用在 Schoeps 和 Sennheiser 的某些型号话筒上，但在新的数字视频设备上很少见。不过，外接调音台如 Shure FP-33 和 Sound Devices 422 设计有内部转换开关，可以给话筒提供 T 型供电或幻象供电，使用者要注意根据所用话筒将开关设定到正确的位置。让事情变得更复杂的是，T 型供电是两极供电，通常将 XLR 插头的 2 脚作为电压正极，而将 3 脚作为电压负极。此外，如果话筒上标有一个红点，也有些可能什么也没标，这样的话筒是用于连接纳格拉（Nagra）磁带录音机的，这是多年来电影制作所采用的标准录音机，其话筒接头的 2 脚是负极，而 3 脚是正极。因此，如果遇到话筒标有红点的话，可能需要使用极性反转线缆（也叫极性反相），或者自己做一根线缆，将 2 脚和 3 脚的极性互换后接到常规的 T 型供电输入口。Shure FP-33 和 Sound Devices 422 都可以提供 12V 和 48V 的幻象供电以及标准极性的 12V T 型供电，但不提供反相的"红点"极性供电。如果一支曾经用于电影录音的话筒，接到 FP-33 或 422 之类的调音台上不工作的话，多半是由于极性问题。

5.2 动圈话筒

另一种换能模式叫电动式，采用这种模式制成的话筒就叫动圈话筒。其工作模式类似于传统的音箱，只不过工作流程与音箱相反罢了。声音驱动连接到音圈上的振膜，使振膜产生运动，而音圈放在磁场中，音圈随振膜运动切割磁力线产生电压输出，其工作原理和电动发电机相同。这类话筒不需要供电，并且可以做得很坚固，具有很强的环境适应能力。在同样的声压作用下，动圈话筒的输出电压通常比电容话筒要低，从低频到高频整个频段的频率响应一致性也没有电容话筒好。但是，有几种场合动圈话筒比电容话筒好用：新闻记者使用这种话筒，以更好地适应不同的天气状况和人们在操作上的不规范，以及作为静电式话筒的备份。尤其是在一些恶劣的拍摄条件下，当静电式话筒由于工作环境潮湿导致绝缘介质出问题，或者由于供电等原因无法正常工作时，坚固的动圈话筒几乎总是能继续工作。因此，纪录片拍摄者会携带一支动圈话筒，以确保各种情况下都能录到声音。

一般情况下，将大多数动圈话筒误接到幻象供电接口不会损坏话筒，但若接到 T 型供电接口却有可能损坏，因为这时电压是直接加在音圈上的。还有一种话筒叫铝带话筒，所采用的换能模式和动圈话筒相同，但结构不同，将铝带话筒接到幻象供电或 T 型供电接口都很可能损坏话筒，因此显然需要在摄影机的话筒输入供电部分加装电源开关。如前所述，为更多话筒设计的便携式同期调音台可能会带幻象供电和 T 型供电开关，并能提供不同的电压。当然，如果电源开关关闭的话，不管是 P 型还是 T 型静电式话筒都无法工作。如果电源开关打开，所提供的电源却不适合于所接话筒的话，可能会导致话筒损坏。

5.3　极坐标图形

极坐标图形描述的是话筒对不同方向声音的响应能力。最简单的极坐标图形是全指向形。最小型的话筒，如纽扣话筒或装在电话机上的话筒，以及大一些的能看出只有一个声入口的话筒都是典型的全指向性话筒。它们对来自各个方向的声音都同等响应，只不过在很高的频段上，根据话筒尺寸大小对来自后方的声音有一定衰减。因此，一般不需要将全指向性话筒精确地指向某个方向，但另一方面，它们也很难衰减不想要的声音。

当需要使用小型话筒时，全指向性话筒往往是唯一选择。几乎所有的纽扣话筒都是全指向性话筒，它们依靠近距离拾音而不是依靠衰减某些方向的声音来获得最大增益。后面还将讨论这两者是如何关联的。

所有其他类型的极坐标图形都表现出某种指向性。没有一种话筒能从远距离魔术般地只录下想要的声音，它们只是根据极坐标图形的差异，不同程度地衰减主轴以外的声音，同时保持对主轴方向声音的敏感度。在现实中的房间和外景拍摄地，离轴衰减能有效降低环境噪声和混响声。因此摄影机机载话筒、吊杆话筒和隐藏在现场的话筒更愿意采用指向性话筒，而不是全指向性话筒。与指向性话筒相比较，全指向性话筒的缺点就是很难降低环境噪声。

所有的指向性话筒都可以强调想要拾取的声音，也就是说，将话筒指向声源方向，使不想要的声音处在话筒的非灵敏方向或冷端。虽然每个人都能凭直觉认识到最好将话筒指向声源方向，但几乎每个人都会忽略掉另一事实——使不想要的声音处在话筒不灵敏的方向也很有价值。星期六的晚上，在洛杉矶嘈杂的日落大道拍摄一部有关音乐的纪录片，意味着要采用指向性最强的话筒，并尽可能地靠近拍摄对象，将话筒对准声源拾音，同时使话筒背对街道，来尽可能地衰减街上巡逻警车的噪声。

另一个同期录音要注意的噪声类型就是混响声。混响声是声音在空间里经过多次反射后，由各个反射声混成雾状形成的声音。混响声显然比直达声到达话筒的时间滞后，并且来自于所有的方向。少量混响声对表现声音的距离感是有帮助的，因为完全没有混响的声音，也叫作干声，听起来好像来自电影的叙事空间之外，像在一旁讲故事的人的声音。但是，如果混响声过大，会严重影响声音的可懂度，因为已经发出的声音产生的混响会掩蔽掉后面发出的声音。

与混响声相对比的就是直达声和早期反射声，这是声场里存在的另外两种声音。直达声是声源发出声音后，假设不存在任何障碍物，以直线距离传到话筒的声音。早期反射声是从墙面、地面、天花板等反射面反射的最初的几次反射声，就像击打台球时球在球台上的运动一样，声音以一定方式在边界间反射，最后到达话筒。每个反射声都以其独有的方向到达话筒，因此指向性话筒可以用来强调某些反射声，或者衰减某些反射声，这取决于话筒的位置和指向的方向。

电影《现代启示录》（*Apocalypse Now*）的第一场戏就是对室内发出的声音加适量混响以区别于画外音的一个很好的例子。首先是威拉德（Willard）上尉的画外音，我们听到的是来自他内心的声音，声音听起来是正对话筒录下的干声。当官员们来接他的时候，声音听起来是从西贡（Saigon）酒店的大堂里发出来的。他们的声音有了更多的混响，毫无疑问是现场录制的同期声，这是真实的声音。

虽然《现代启示录》里的混响声用得很恰当，但过多的噪声和混响一直是影视同期声——不管是视频还是胶片——所面临的最大问题之一。这个问题在今天越发严重，因为现在的电影拍摄大都是实景拍摄，尤其是在家具很少的现代居室里拍摄。在厨房里拍摄时一般同期声都很糟糕，因为太多的硬反射面使整个厨房的混响很大。有个典型例子是在《午夜善恶园》（*Midnight in the Garden of Good and Evil*）里，乔治亚州萨凡纳大厦那些巨大的、充满硬反射的内部空间里发出的声音。很多低成本电影中的声音受到太多混响的干扰，甚至连演员说的话都已经很难听懂。基本上，后期制作时想要将声音里已有的混响去掉是不可能的，但要添加混响的话相对容易，因此同期录音要尽量避免过多的混响，因为后期总是可以加上混响，却不能减去混响。

有两种基本方法可以避免过多的噪声和混响：将话筒正确指向声源并且尽量靠近声源；采用指向性话筒来降低离轴混响和噪声。纽扣话筒的情况后面再讨论，对吊杆话筒和固定话筒来说，基本上会采用指向性最强同时没有严重离轴声染色的话筒。话筒极坐标图形的类型如图 5-1 所示。

- **全指向性**。全指向性话筒对来自所有方向的声音都同等响应。因此，要想获得适当的直达声和混响声之比，一般是将话筒靠近声源拾音。这种话筒结构最简单，因此可以做成很小的话筒如纽扣话筒，以很近的距离靠近声源拾音。
- **双指向性**。双指向性话筒对来自前方和后方的声音都很灵敏，对来自侧面的声音不灵敏。这种话筒用在影视录音中时，主要作为单点立体声话筒中指向侧面的话筒来使用。它对来自四面八方的混响声能的响应能力是对轴向声能响应能力的 1/3。
- **心形指向性**。心形话筒对前方声源有很宽的拾音角，180° 方向是它的不灵敏区。虽然这种指向性是全世界指向性话筒中最常见的，但用于影视录音的吊杆话筒采用的是指向性更强的话筒，比如下面将要介绍的话筒。心形指向性话筒和双指向性话筒类似，对混响声能的响应能力大约也是轴向声能的 1/3。还有一种宽心形指向性话筒，其极坐标图形介于心形和全指向形之间。
- **超心形指向性**。超心形话筒对前方声源的拾音角比心形话筒要窄，在 90° 方向对声音的衰减比心形话筒要多，其后方圆锥形的指向性瓣膜两侧是话筒的非灵敏区，也就是 110° 或 126° 的方向。后方指向性瓣膜还有一定的灵敏度。这种话筒是普通形状的话筒里指向性最强的，对混响声能的响应能力是轴向声能的 1/4。因其指向性最不灵敏的方向不在话筒的正后方而是在侧后方，所以把话筒装在吊杆上指向演员拾音时，不灵敏方向正好对着摄影机，既可以衰减摄影机的机械噪声，又不会让话筒出现在摄影机的视野里。

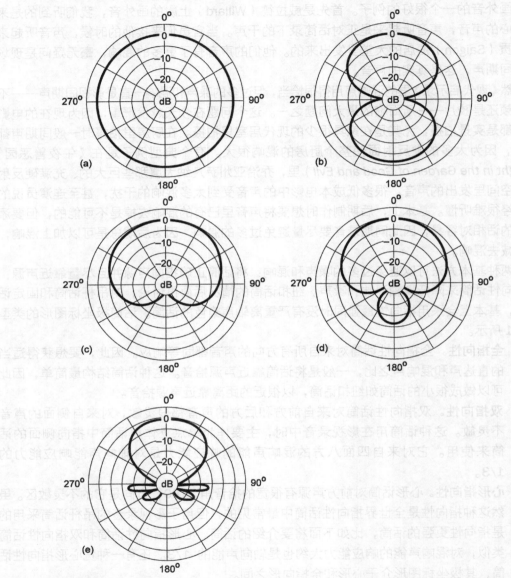

图 5-1 话筒极坐标图形。（a）全指向性；（b）双指向性；（c）心形指向性；（d）超心形指向性；（e）干涉管式指向性。以上这些图形是二维显示，实际上指向性图形是将二维图形沿着话筒主轴旋转形成的三维图形

● **枪式**。枪式话筒的指向性取决于话筒的长度，一般的短枪话筒（大概 1 英尺长）具有比较窄的拾音角（大约是轴向 ±30°的范围），而大约 3 英尺长的长枪话筒具有非

常窄的拾音角（大约是轴向 ± 10° 的范围）。它们的拾音范围如此狭窄，必须准确指向声源拾音，偏离指向轴的声音将有一定的染色。短枪话筒只对较高频段的声音有很强的指向性，而对低频到中频的声音并不比超心形话筒的指向性更强。实际上，当拾音对象移动时，短枪话筒**必须牢牢对准声源**，因此大多数时候需要吊杆操作员来控制话筒。考虑到种种因素，短枪话筒可能是影视同期录音里最常用的话筒，其次是超心形话筒。

除非是在大型的、声学特性沉寂的摄影棚（如好莱坞摄影棚）里，长枪话筒一般只在户外使用，因为这种话筒的特性会带来严重的离轴声染色——在普通房间里话筒接收到的声能中离轴声占了很大部分。另一方面，它们在户外用来跟踪移动镜头又很有效。在这样的镜头里，纽扣话筒的声音往往因距离感过近而无法与画面很好地匹配，而吊杆上的长枪话筒能拾到最好的声音。

拥有不同极坐标图形的话筒之间的差异

当其他条件都相同时，全指向性话筒对风的噪声和手持噪声的敏感度比指向性话筒要低。实际上，大多数全指向性话筒比指向性话筒的风感度低。要想使话筒获得最大防风能力，可参考第 105 页的内容。

同样的事实是全指向性话筒对爆破音的敏感度也比指向性话筒低。试试这个：裸露手臂皮肤并将手掌垂直放在离脸部 6 英寸的地方，发 "P" 的音时，你会感到一股气流冲到手掌上。然后发 "T" 的音，会感到气流冲到手腕上或者更低的地方。"P" 和 "T" 这些音在语言里称作爆破音，发音时会产生这样的气流，而话筒对这种气流的敏感度决定了话筒能否在近距离拾取讲话的声音。全指向性话筒在近距离拾音上有优势，因为它们对爆破音的敏感度较低。

指向性话筒有一个潜在的问题是在距离声源很近时会有更多的低频输出，叫**近讲效应（proximity effect）**。这会夸大声音里的低频成分，产生一种特殊的声音。

以下是对使用话筒的一些建议。

1. 使用全指向性话筒

- 当声源与话筒距离很近时，使用全指向性话筒不会产生严重问题。
- 当对演讲者拾音，话筒可以离得很近且正对演讲者时，对爆破音敏感度低以及没有近讲效应这两个优势，使我们倾向于采用全指向性话筒。
- 当风的噪声成为一个大问题时使用全指向性话筒。
- 当必须使用小型话筒时，比如使用纽扣话筒放在胸前拾音，以及将话筒固定隐藏在某个地方时，话筒尺寸必须很小，于是采用全指向性话筒。
- 使用多支拉开一定间距的全指向性话筒拾音，是立体声拾音方法的一种，在录一些大型效果（比如火车从话筒前驶过的声音）时非常有用。

2. 使用心形指向性话筒
- 在想要强调一个方向的声音而抑制与之相对的 180° 方向的声音时。比如对街道上的人拾音，可以将话筒指向说话人的同时使话筒的背面指向街道。
- 虽然心形话筒是世界上最常见的指向性话筒，它在电影制作领域却没有像在电影之外的领域（如音乐录音领域以及公共音响系统）里用得那么多。因为超心形话筒的指向性更强，因此抑制噪声和混响的能力比心形话筒更好。

3. 使用超心形/锐心形话筒
- 如果想用体积相对较小的话筒来最大限度地抑制混响，超心形/锐心形话筒是最佳选择。
- 用话筒主轴方向拾音，同时希望将噪声源置于话筒 110°～126° 的范围时。比如把话筒放在吊杆上对准演员拾音，而摄影机的位置正好位于话筒的不灵敏方向（这一问题对电影摄影机来说比对视频摄影机更重要）。
- 一般这样的话筒是放在吊杆上使用的。

4. 使用短枪话筒
- 如果需要在高频段比超心形/锐心形话筒对混响和噪声的抑制能力更强，可以使用短枪话筒，但这两者在低频到中频的范围内对混响和噪声的抑制能力是相同的。
- 演员或拍摄对象移动时，吊杆操作员要控制短枪话筒准确地指向拾音对象，一旦离轴，声音是很糟糕的。
- 是用得最多的吊杆话筒。

5. 使用长枪话筒
- 对离轴的声音在很宽的频率范围内比短枪话筒衰减得厉害。
- 在户外拍摄全景镜头，以及移动镜头时使用。
- 一般不推荐在室内使用，因为这种话筒复杂的极坐标图形与房间声学特性的相互作用会带来声染色。

以下也是一些话筒使用建议，但不是针对指向性进行的，而是针对不同的话筒技术。

1. 使用吊杆话筒
- 有条件时就用吊杆话筒，因为它们比纽扣话筒的音色和透视感都要好得多。

2. 使用固定悬吊话筒
- 这是一种不能灵活移动的吊杆话筒模式，一般用在固定场景中，比如电视情景剧的拍摄现场。它对于一些镜头的拾音很有用，比如在舞台深处某个明确位置上的声源，一般的吊杆话筒很难拾取，而固定悬吊在声源上方的话筒就能很好地拾音。

3. 使用随机话筒
- 录环境声或空镜头里的同期声。
- 没有吊杆话筒时录近景镜头的声音。
- 抓拍镜头时采用的最后一个录音手段。

4. 使用隐藏固定话筒
- 拍车内戏时常用，将话筒固定在车内顶上对准演员拾音，使声音和画面的感觉相匹配。

- 当设计好的镜头里没有吊杆话筒的位置，而演员的位置又很明确时，可以在演员的位置使用固定隐藏话筒，比如影片《欢呼》（*Cheers*）里，对坐在酒吧深处的演员 Norm 的拾音。

5. 使用无线话筒

- 当无法使用吊杆话筒，而对无线话筒的问题已经考虑好如何解决时。
- 如果需要演员或其他拍摄对象走来走去的话，有线纽扣话筒将无法使用，这时可以采用无线话筒。

无线话筒的问题有以下几点。

- 声音透视感无法与画面透视感相匹配。如果演员将脸转向偏离摄影机的方向，声音听起来却没有任何变化，这不符合与画面相配的原则。这个问题有时候不成为问题，比如拍摄新闻播音员不会采用多角度镜头，但对大多数故事片和纪录片来说，这个问题就很重要了。
- 衣服之间的摩擦以及话筒与衣服接触产生的噪声是个大麻烦。
- 话筒所处的位置对拾音不利——话筒看不到嘴。很多纽扣话筒在自身的频响设计上都会提升高频，以补偿所处位置的高频缺失，但将话筒放在胸前而不是放在说话人前方一定距离处，所导致的结果是声音将以复杂的方式被染色，这不是靠简单的高频提升就能补偿过来。声音听起来胸腔音很重，缺乏从中频到高频的一些频率，又过分强调了其他一些频率。处理纽扣话筒声音的方法会在第 10 章里谈到，但总的说来，不管程度深浅，用纽扣话筒拾音都只是一种折中选择。
- 故事片拍摄时为了不让话筒出现在画面里，将话筒藏在演员的衣服里面拾音，导致声音发闷。
- 纪录片拍摄时，给拍摄对象安放无线话筒会侵犯拍摄对象的私人空间。在小型摄制组一般由导演来做这件事。把话筒线缆直接放在衣服外面看上去会很糟糕，即使新闻拍摄也不该这样处理。正确的做法是把线缆藏在衣服底下。对演员来说，他们大多习惯于让化妆师、发型师、服装师在自己身上做各种各样的事，因此再加上录音师去安放无线话筒也不会觉得太麻烦，但对纪录片拍摄对象来说，他们可能会对安放无线话筒的操作不太适应。

虽然无线话筒有这样那样的问题，但有时候对于给定镜头只能采用一支或多支无线话筒来拾音。在一个很大的空间以低角度仰拍全景镜头时，通常没有合适的位置可以安放吊杆话筒。在繁忙都市的街道外景地拍摄，如果不采用隐藏的无线话筒来拾音，吊杆话筒操作员再加上其他拍摄器材会一下子暴露出摄制组的行动，从而吸引过多的旁观者，对拍摄不利。

5.4 无线话筒的无线部件

影视录音采用的**无线话筒**，一般是指纽扣话筒加上与之相连接的腰包式发射机，以及类似尺寸的直接连到摄影机上的接收机，如图 5-2 所示。不过也有例外的情况，比如采用内置发射机或外置插接式发射机的手持无线话筒，其接收机是固定在机架上的。无线话筒的价格从 130 美元到 7000 美元不等，它们之间的差异何在呢？你可能以为是传输功率上的差别，

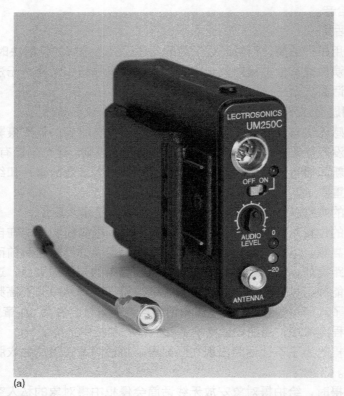

(a)

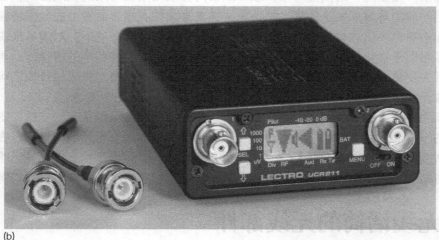

(b)

图 5-2 典型的无线话筒发射机（a）和接收机（b）

因为功率越大传输距离越远，但这并不是主要原因，因为美国联邦通信委员会（FCC-Federal Communications Commission）对传输功率有严格限制。

这些无线话筒之间最重要的差别是系统可靠性和声音质量。只要采用有线连接，任何一个无线话筒都会被打败，但演员却会失去行动的自由，而这种自由又是极其珍贵的。以下是造成无线话筒价格差异巨大的一些因素。

- **如果无线话筒的发射频率较少被其他系统占用，价格也就相应增加。** 其他系统包括电视发射系统、传呼机系统、工业用无线系统、政府部门所用的无线通路等。工作在超高频段（UHF）的无线话筒比工作在甚高频段（VHF）的无线话筒要贵，因为前者的技术更复杂。你可能愿意为这种差别多付费，因为在更高的频段上有更多的频率空闲，也会更少遇到种种不曾预料的干扰。即使在更高频段上无线电占用频率不那么拥挤，但在不同的地方不同的频率上依然可能存在干扰。市场上有竞争力的供货商都了解当地各种无线电通路的频率占用情况，而不会出售或出租与强大的 UHF 数字电视发射机处在相同频率的无线话筒。因此具备一些本地常识，了解可能遇到的障碍对无线话筒使用者来说非常重要。

- **发射机和接收机可以使用固定频率，也可以进行灵活的频率调整。** 固定频率系统最简单，也可以工作得很好，但如果在通路上发生干扰的话，频率可调系统可以转到一个新的频率上工作从而避免干扰。有些更高级的无线话筒甚至能自动扫描一定的频率范围从而找出没有干扰的可用通路。还有些无线话筒提供频谱分析功能，可以将一定频段内所有正在发射的无线频率图谱显示出来，于是可以选择没有干扰的频率。

- **价格更高的无线话筒一般能在更复杂的条件下工作。** 因为更贵的话筒里分离有用信号和无用信号的滤波器制作得更精细，能工作得更好。如果是在农村远离无线电干扰的环境里使用无线话筒，一支价格低廉的话筒也许就能胜任，但如果是在城市里靠近无线发射源的地方需要使用 10 支无线话筒，就会遇到很大的麻烦，也许在给定的预算里根本无法完成。

- **无线话筒常用的传输方法是调频（FM）法，它会受到潜在的多路接收的影响。** 也就是说，接收机从发射机接收到一个主信号，同时又接收到来自建筑物或其他反射面的反射信号。这些反射信号和直达的主信号之间有一定延时，它们和主信号叠加有可能造成输出抵消——在信号完全反相的情况下。这种效果在城市里边开车边收听 FM 广播时会遇到。瞬间嘈杂的信号失落大多是由于建筑物反射带来的多路干扰造成的。甚至你会发现当把车开到红灯底下时，广播里的信号可能失真或完全消失，而往前移动了一两英尺之后信号就恢复了，这就是多路接收的结果。

  减少多路接收问题的最好方法叫**分集接收**（diversity reception）。在物理空间上分开一定距离设置两根天线和相应的接收机，分别扫描并接收信号，系统每时每刻选择最好的信号输出。这一设计理念来源于多路接收时，在空间的某个点上可能会有信号失落现象，但这一现象很少会同时发生在空间的两个点上。正如上面所说，完全分集接收是在一个或多个接收机上使用两套完整的接收系统。天线分集接收使用一套接收系统，试图将两根天线的信号加在一起来达到类似的目标，但这种方式在输出质量上比前者受到更多限制。

另一种减少多路接收问题的方法，是使用与发射频率相适应的指向性接收天线，使其对准发射机来接收，以减小多路信号的强度。这种指向性接收天线的工作方式就像指向性话筒一样，能有效接收来自轴向的信号而衰减轴向以外的信号。在没有使用吊杆话筒的时候，吊杆操作员也可以充当天线操作员，操纵天线的方向指向发射机。这种方式有时候也会用在故事片拍摄中，但不常见。

- 鉴于 FM 系统本身有噪声，模拟发射机和接收机之间使用压扩降噪器来降噪。发射机在信号发射之前提升高频，接收机再以相反的方式衰减高频以获得原来的平衡，这样做的结果是将传输通道噪声降低到所传输的信号电平以下。无线话筒采用的压扩降噪器质量不一，因为这种降噪处理是个有机的过程，随时间而改变，有可能带来人工处理的痕迹，因此价格高的无线话筒往往降噪质量更好，当然有时候也不完全如此。

- 不同型号无线话筒的声音表现有差别。因为无线频率通道的动态范围有限，因此常规做法是将音频信号限幅，限制声音的最大输出电平。这些限幅器质量不一，有的能让信号平稳过渡，有的则限幅痕迹明显，这取决于限幅器的设计方式和限幅参数的设置。

- 最近，更昂贵的无线系统已经从 FM 调频传输方式转向了数字传输方式，声称其好处在于通道的可靠性，而这是无线话筒最重要的特性。为了做到这一点，音频信号必须被严格编码以适应通道的需要，而编码过程在听觉上能否平稳过渡是很重要的，因此在采用这种话筒之前最好先试听一下整体效果。

- 最精密的数字无线系统采用了加密处理，防止信号在传输过程中被盗用。对那些非常重要的电影，也许可以考虑这个问题，但可能大多数制片人并不在乎这一功能。

- 至今，所以已知的无线系统所采用的 FM 传输或数字传输都是分配到一个特定频率上进行的（即载频，音频信号在载频上下调制成无线信号传输）。将来，扩展频谱系统可能会走向市场。扩展频谱意味着采用一种特殊的编码方法，将音频信号在一个宽波段的频率范围上进行调制，而发射机和接收机之间保持同步——不再采用单一的载频，这样可以使系统更好地避开多路干扰，也更少被闯入者发现。有趣的是，这个技术的合作发明者是电影明星海蒂·拉玛（Hedy Lamarr）。很多年来这一直是个政府秘密，拉玛的通信方法是用某种类似自动钢琴演奏所用的钢琴卷的东西，在发射机和接收机之间同步，以在不同的时刻决定所用的载频。由于传输载频在不停地改变，因此信号传输可以隐蔽得更好。如今世界上用得最广的、与拉玛在第二次世界大战期间的这个发明相关的技术，就是全球定位系统（GPS-global positioning system）。

无线系统的电平优化，重要的是从设置发射机的电平开始，而不是首先设置接收机的电平。因为发射机上的信号增益控制能将演员的声音电平范围与通路的动态范围相匹配。过调制会导致限幅甚至是明显的失真，欠调制又会使录音噪声增大。一般发射机上会提供两个发光二极管（LED）指示灯，标有 SIG 的是信号指示灯，指示通路里是否有可察觉的信号通过；标有 OVLD 的是过载指示灯，指示信号有失真的危险。设置发射机电平的方法是使信号指示灯在有信号通过时不停地闪亮，而过载指示灯几乎不亮。要注意观察整个表演过程，因为演员喊叫时无线话筒过载的现象实在太常见了。实际上在很多电影中，发射机上过多的限幅通常最容易让人听出是无线话筒，因为这种增益改变的人工痕迹太明显。

市场上有很多种无线话筒，也许一个简单的无线话筒系统就能满足你的要求，但可能要到真正的使用场合去试一下才知道到底好不好用。了解这些话筒工作状况的一个渠道就是去咨询一下提供在大城市里所用器材的影视专业音频器材租赁公司，比如美国洛杉矶的 Coffey Sound 和 Location Sound，或者你所处地区里类似的公司。

导演提示

- 话筒有两个主要特性：它们将声能转换成电能的方式和它们的指向特性。静电式（电容）话筒需要供电，因此要考虑其中一些话筒对特殊电池的要求。它们一般比另一类话筒动圈话筒更脆弱，但通常声音质量最好。电动式（动圈）话筒不需要供电，一般来说也更坚固耐用。

- 吊杆话筒通常是超心形/锐心形话筒或枪式话筒，因为它们是指向性最强的话筒。使用吊杆话筒时，要注意在有效地拾取对白直达声的同时减小对噪声和混响的拾取，尽量将对话从背景里分离出来。

- 在大风环境下拾音，全指向性话筒表现更好。大多数纽扣话筒，其全指向的特性和放在衣服下拾音的方法，使其在对付刮风现场时有优势。

- 要用好无线话筒需要了解使用地无线电干扰的情况。

6

同期录音III：对话筒输出信号的处理

话筒其实就是一种**换能器**，它把以声音形式表现的声能，转换成以电压形式表现的电能。话筒输出电压一般比大多数音频设备的信号电压要低得多，因此要采用话筒前置放大器将信号放大到可用电平。专业话筒录 94dB SPL[1] 的声音所产生的典型输出电压是 13mV（0.013V）。这是个相当响的声音，可话筒输出电压却很低。因此，话筒必须接到所连设备的话筒输入口来放大。同样地，线路设备如 CD 播放机则必须接到线路电平输入口。如果将线路设备接到话筒输入口，其结果通常是过载或严重的失真。如果将话筒接到线路输入口，必须将增益提得很高才能获得合适的电平，结果就产生了严重的噪声或嘶嘶声。有些复杂的摄影机上有话筒衰减（MIC ATT）开关，可以使高电平的话筒输出（当遇到很响的声音时）与低电平（更敏感）的话筒输入接口相匹配。

本章将讨论一些具体细节，来衡量话筒输出电压与摄影机或外接调音台上的话筒放大器所能接受的输入电压之间的关系。在讨论这个问题之前，有个重要情况需要说明，即数字信号过载是件很糟糕的事，一旦信号超过最大电平就立刻产生可闻失真。在数字峰值表上，无失真的最大录音电平是 0dBFS。图 6-1 显示的是比较合适的对白录音电平，该机型电平表上的条形柱显示出当前的峰值电平，而条形柱上端分开的小条显示的是最近的最大峰值电平。由表上可知当前左声道信号占主导地位，造成这一现象有 3 种可能：（1）声源偏向摄影机左侧；（2）左声道输入端的话筒接收到的信号更强；（3）摄影机电平旋钮的左声道增益设置得

---

1 SPL 是 Sound Pressure Level 的简称，即声压级。其 dB 值是与人耳听阈相比较获得的相对值，人耳的听阈是 $20\mu N/m^2$。

比右声道高。图 6-1（b）显示了一种常见的录音电平设置技巧，当一支话简接入两个声道时，

(a)

(b)

图 6-1 （a）大多数数字摄影机上的声音电平表显示出左右声道的峰值电平，既有当前电平（条形柱），又有最近电平（分开的小条）。目前所显示的电平用来录制对白很合适；（b）通常使用摄影机侧面或背面的电平控制旋钮对每个声道的电平进行调整

其中一个声道通常会采用降低录音电平的方法获得备份录音，以防止主声道录制的信号过载[2]。如果电平表包含刻度标记，确保正常对话的峰值电平不超过-12dBFS，给可能的大声压级声音留出 12dB 的峰值余量。

人们提到"喊叫和低语"（*Cries and Whispers*）时，通常指的是导演伯格曼（Bergman）的同名电影。在声音上我们用这两个词来描述录音设备不失真地录下很强的声音和没有过多噪声地录下很弱的声音的能力——至少没有过多的电子噪声。其实这就是声源的动态范围与录音机的动态范围如何匹配的问题。

声音本身有很宽的动态范围。从人耳能听到的最弱的声音到一般还能忍受的最强的声音，之间的跨度是 120dB。即使是完美的 16bit 录音，也只能达到 93dB 的动态范围[3]，而实际上摄影机设置成 16bit 录音时动态范围还要小一些。对 Panasonic AG-DVX100Ap 摄影机从话筒输入口到模拟音频输出口进行测量，动态范围是 58dB，而从话筒输入口到火线输出口的动态范围是 69dB[4]。用于大量电影录音的模拟 Nagra 4.2 录音机，以相同方式测量，动态范围是 72dB。那么实际上，当电影制作从胶片转向 DV 时，DV 摄影机比它所取代的单声道 Nagra 录音机在动态范围上还要差那么一点点。

6.1　录音电平与早期摄影的对比

电影工业早期，测光表还没有发明。摄影师通过调节照到被摄物上的光线，调整摄影机的光圈、帧率和摄影机叶子板开角来获得正确的曝光，以完整再现从黑到白的所有层次。直到 20 世纪 30 年代晚期测光表才出现，并从那时起延用至今。

安塞尔·亚当斯（Ansel Adams）拍摄的照片《月出赫尔南德斯》（*Moonrise over Hernandez*），是摄影史上最有名的静物照之一，就是在没有曝光表的条件下拍摄的——当时的天气情况快速变化，根本没有时间测光。亚当斯所知道的就是控制光圈和曝光时间，由此获得他想要的底片。

今天的录音师就像 1935 年前的摄影师，或者说像 1941 年的安塞尔·亚当斯一样，没有仪表的参考，没有过多时间考虑，匆忙之中就要做出决定。我们要学会了解录下来的声音电平应该是怎样的，一旦对电平有了准确的判断，就能利用本章介绍的各种方法在将声音记录到媒介上时，使它符合媒介所能容纳的动态范围。但是，要了解什么是合适的录音电平需要花时间学习。表 6-1 给出了一些日常生活中的声音电平，你可以据此训练一下自己的耳朵，

---

2 为确保备份声道能够录到干净的声音，必须在录音链条的正确环节进行电平调整，本章后面将详细讲述。如果话筒直接接到摄影机上，可以通过摄影机上的音频增益控制来调整电平，如果话筒先接入了调音台或录音机，则最好在录音链条的最前端进行电平调整：一旦前端出现信号失真，将无法通过减小后端电平录制到合格的声音。

3 DV 发烧友注意，动态范围达不到 96dB 的原因是需要加入抖动噪声（dither）来使量化过程更加平滑。抖动噪声是一种故意加上去的低电平噪声，用来抹平信号在量化等级之间的跳跃。

4 专业人士注意，这一测量结果是将 1kHz 信号进行本底噪声加权后的结果，加权由一个 400Hz 的高通滤波器和一个 22kHz 的低通滤波器组成。这样处理是因为摄影机有大量低频噪声，但一般可以接受，因为它们比中频到高频的噪声较少被人耳察觉。

从而知道什么时候可能遇到麻烦，并需要凭借一些特殊手段来处理。该表列出了两种不同的测量值：L_{Aeq} 平均电平和峰值电平。

表 6-1 在不同拍摄场合可能遇到的声音电平

条目	dB SPL*	
	L_{Aeq}	平直频率响应，峰值检测，脉冲时间响应
适合录音的安静房间，没有外来干扰	20	68
很安静的房间，但在声音剪辑和混录时需要小心控制背景声	28	62
苹果 G5 计算机主机放在地上时，从使用者头顶测到的声音	36	60
相当安静的好莱坞大街，峰值电平是汽车和卡车开过时的情况；至少拍摄近景镜头是没有问题的，尤其在可以控制交通的时候	48	65（汽车通过） 93（卡车通过）
在 1 米外测量的静音型洗碗机的声音	51	63
在 3 米外听电视新闻的声音	55	82
在 0.5m 外典型的近处吊杆话筒位置上测量的正常说话声	65	86
嘈杂的好莱坞大街：日落大道 7900 号美国导演公会所在地，星期六下午测量。峰值电平是城市公共汽车驶过的情况	65	105
午餐时间洛杉矶快餐店里的声音	70	104
在纽扣话筒位置测量的正常说话声	75	95
在街边长凳处测量的有公共汽车驶过的城市街道声	82	107
演员在 0.5m 外喊叫的声音	无法测量	128

* 0dB SPL 的参考声压是 20μN/m²。

注意表 6-1 中显示的两列数据相差很大。仅是电视声在平均电平和峰值电平之间就有 27dB 的电平差，这是个很大的变化范围。

测量声压级的 L_{Aeq} 方法首先包括了频率计权。也就是说，像调整低频和高频的音调控制器那样改变频率响应，但是以一种特殊的方法来改变，使其更符合人耳的听音感觉（削减低频和极端的高频成分，因为人耳对这些频率的敏感度与中频比起来要差很多）。在这个过程中损失了一些峰值电平，因为有些信号被衰减掉了。其次，采用某种类型的交流-直流（AC-DC）转换器，称为均方根（rms）转换器，使用 1s 的时间常数。这个过程也会损失一些短周期内的峰值电平，因为转换器的反应时间可能比这些短信号的持续时间要长。声音信号的持续时间越短，读数就会越小于原来的信号。最后，术语里的 eq 部分指的是等效值（equivalent），也就是说，测量的是长周期内的平均值，其中包括了电平大于或小于所测得数值的信号。以上三方面都导致最后的读数比瞬间峰值要小，将三者结合起来，所得数值与瞬间峰值的差距就很大了。"平直响应、峰值检测、脉冲时间响应"的测量方法意味着不采用频率计权（频率响应是平直的，比如将音调控制设在居中的位置），检测器捕捉的是信号峰值（最大值），而脉冲时间常数是 35ms。人耳在 2ms 的时间内就能听出失真，因此必须留出一定的峰值储备，预留给电平超出表头显示值的信号。

注意，人们一般喜欢标示平均电平，但峰值电平才是导致失真的原因，因此录音时应该对峰值电平予以关注。另一个要注意的是平均电平和峰值电平之间的差值不是固定值：它取决于现场的情况。例如，看表 6-1 中的前两行，两个房间都可以录音，但我们更倾向于前者。虽然它在平直频响快速测量时比后者噪声要大 6dB，但其计权平均值比后者要小 8dB！快速测量的噪声值虽大，却几乎听不出来，因为安静房间里的噪声主要是很低频段的噪声，人耳对这些频段没有对中频段那么敏感。

有人据此放弃测量，认为测量没有什么意义，任何测量都不如人的听力来得准确。这种观点是错误的。我们可以在勘景的时候，充分利用 L_{Aeq} 值来衡量一个地点的背景噪声水平，虽然必须采用快速测量法（甚至还要为短周期信号留出一定的峰值储备），也能确定输入电平在话筒和录音系统上会达到怎样的峰值。这些峰值需要特别留意，因为它们会导致失真。在现场很少会拥有如此专业的声级计，但哪怕从经验上了解各个场景的背景噪声电平和峰值电平，对录音也是很有用的。

幸运的是，录制各种节目时很少遇到现实生活中那么宽动态范围的声音。以采访为例：声音一般都不会太大，但将背景噪声控制在很低的水平仍然很重要。因为在安静环境里录语音时，语言的音节与音节——更确切地说是音素，即语言的基本组成单位——之间的空隙会暴露出背景噪声。安静环境里的噪声既可能是空间的声学底噪，也可能是电流引起的嘶嘶声。在这里我们主要讨论后者，而对声学底噪，可以通过对拍摄地点的选择，对话筒指向性、摆放位置以及拾音方向的选择来降低。

拍摄演员或纪录片里人物说话的近景镜头时，吊杆话筒的正常位置平均声压级是 65dB SPL，但必须给偶尔的大音量声音留出峰值储备，这种声音一般会达到 86dB[5]的峰值电平[6]。为了防止任何可闻的削波失真，要考虑到超出 90dB 的瞬间峰值，用纽扣话筒放在胸前拾音时电平甚至会更大。那么摄影机记录这些声音能保证不失真吗？到底需要为偶尔的激烈的表演预留多少峰值储备？

要了解这一点，我们需要进行测量。通过调节菜单上的选项，将松下摄影机的输入灵敏度设在–50dB 的标准值，将一台正弦波信号发生器接到输入端，给摄影机输入一个单一频率的中频信号，比如 500Hz 信号。从低电平开始，逐步增大信号发生器的输出电平，直到从监听里听到突然的失真。（必须确保通路里没有别的因素会首先导致失真，要正确设置摄影机的主录音电平控制旋钮，使信号处在摄影机可容纳的范围，也就是说表头上的电平显示不会到达红区，同时把监听电平设得足够小，以保证不是由于监听电平过大引起的失真。）

于是我们来测量比导致明显失真的信号稍微小一点的输入信号电压，测出来是 48mV

---

5 dB 用在这里以及本书其他一些地方只是一种简化的说法。严格地说，dB 本身只表明一种比值，如果不做进一步说明的话是不清楚的。任何时候谈到声学电平时，dB 都是指 dB SPL。

6 这些数据是对本书作者说话的声音在距离 0.5m 远的地方测量的结果。采用 B&K 2230 声级计，测量 L_{Aeq} 值（测量出的平均电平是 65dB SPL）和脉冲峰值（时间常数是 35ms）。

（0.048V）。因此，必须将话筒的最大输出电压控制在 48mV 以内，否则信号在摄影机的话筒输入端就已经失真了，即使减小摄影机的录音电平也没有用：**如果声音在输入端已经失真，那么所有处在后级的电平控制都无法解决这个问题**。这一事实困扰了许多人，尤其是电子新闻采集（ENG）工作人员。发言人的声音通常会严重失真，而我们假定工作人员已经做好了电平设置。问题就出在无线话筒上，发言人所用的无线话筒输出电压相对较高，这些信号在摄影机的话筒输入端已经过载，因此摄影机上的主电平控制是无法解决这一问题的。实际上，常用的 ENG 无线话筒输出电平大约在-20dBu，而摄影机的话筒输入端所设计的输入电平大约是-50dBu！

要解决以上问题，先要挑选话筒，一支好的话筒。（以下例子将某种具体的常用话筒和摄影机结合起来加以说明，该方法适用于所有的组合）以 Schoeps MK41 超心形话筒为例，其话筒极头连接到同色系的极头放大器——CMC6U 上，它的参数可以从 SCHOEPS 官网上找到。该话筒的灵敏度是 13mV/Pa，最大不失真电平是 132dB SPL，本底噪声是 16dBA。电影《几乎成名》（*Almost Famous*）里有一场戏就是用这种话筒录到了非常好的同期声[7]。

这些数据和各种奇怪的单位乍看起来非常复杂，但把它们弄清楚有助于避免峰值失真，因此最好先来了解一下。从这组数据能得出的最简单结论就是话筒的动态范围，也就是用 132dB 减去 16dB，得到 116dB，这是从输入过载的临界点到计权本底噪声[8]之间的范围。我们会立刻注意到，116dB 的动态范围比摄影机所能容纳的动态范围要大得多，后者经过测量是 69dB。因此所能做的，就是将真实世界中声音的"加仑级"动态范围，调整到话筒"半加仑级"的动态范围，再容纳进"夸脱级"的记录媒介动态范围里，来完成声音的记录工作。

对 1Pa 信号该话筒灵敏度是 13mV。Pa 是声压的单位，1Pa 相当于 94dB 声压级。话筒过载电平在 132dB SPL，我们得出：

$$132dB-94dB = 38dB（峰值储备）$$

比参考电平高 38dB，因此我们要计算出 13mV 加 38dB 等于多少，现在计算单位混成一团了。术语 dB 只代表一种比值，在这里它指的是与电压的比值。我们既可以换算成电压来计算，也可以通过比较得出结果。让我们来试用一下比较的方法，因为这样算起来更快一些：38dB 比 40dB 少 2dB。而 40dB 是 100 倍，少 2dB 是减少 20%（数值小的 dB 很接近线性变化）。那么 13mV 的 100 倍再减去 20%的结果是 1.04V。（如果我们看话筒参数时仔细一点，就会发现上面已经标明其过载电压是 1V，那么我们压根儿就不需要计算了！）

为了归纳这个方法，我们需要一些实际数学运算。要将 dB 数解回到取对数之前的值，需要以下几个步骤。

---

7 话筒操作员是 Don Coufal，同期录音师是 Jeff Wexler，对白剪辑师是 Laura Harris，混音师是 Rick Kline、Paul Massey 和 Doug Hemphill。梦工厂（Dreamworks）DVD 87818 号，第 23 章。

8 计权本底噪声意味着把噪声测量与人耳听音的频率响应曲线结合以来，就像音调控制器对高频和低频的调整一样，使其多少符合人耳听音对低电平信号所具有的特征。

（1）将 dB 的值除以 20。

（2）所得的值 x 作为 10 的次方数求值：10^x。

（3）以上结果就是该 dB 所代表的比值。

要得到电压值，只需将这比值与测量的起始值相乘就可以了。

对以上例子来说：

（1）38 dB ÷ 20 = 1.9

（2）$10^{1.9}$ = 79.4

（3）79.4 × 0.013V = 1.0326V

话筒能输出略大于 1V 的信号，但摄影机的最大不过载输入电压是 48mV（0.048V）。显然这两者之间存在矛盾，至少有可能出问题。首先来看一下话筒前置放大器不失真时，我们所能录的最大声压级是多少，那么需要比较一下话筒的灵敏度和输入端最大不过载电压值。

（1）48mV ÷ 13mV = 3.692

于是得出，话筒输出电压可以是 3.692 倍的标准 94dB SPL 信号输出电压。换算成 dB 等于多少呢？

（2）电压比的 dB 数 = 20lg 3.692 = 11.3dB

（3）94dB SPL，即 13mV 的声压级，加上 11.3dB，就是摄影机话筒输入口最大不失真输入声压级，等于 105dB SPL。

很多场景的声音都不会大于 105dB SPL，这样大多数时候可以直接将话筒接到摄影机上录音。例如，普通的说话电平很容易容纳进这个范围，大概还有 19dB 的峰值储备，甚至短时间的峰值信号也不会过载。方便的是，松下摄影机有幻象供电功能，那么只需要有一支话筒和一根 XLR 线就可以了，可能还需要准备吊杆、减振架和防风罩等附属设备，以备不时之需。但是，如果演员突然大叫的话，几乎肯定会导致严重的失真，甚至将摄影机的主电平控制迅速衰减也无济于事。再次重申一下，失真发生在前级，用摄影机的主电平控制去衰减是没有用的。

6.2　喊叫

用以上这种简单的连接方式录音，必须留意大于 105dB SPL 的信号——它们会导致失真。因为话筒能容纳 132dB 的信号，但摄影机的输入端只能容纳 105dB 的信号，将两者直接连接就可能发生问题，因此我们需要给声音提供一种类似摄影所采用的中灰密度镜的东西。中灰密度镜是一块玻璃灰片，放在通往镜头的光路上，用来衰减太强的光，使之处在摄影机的光感器所能容纳的范围内。同样的，**垫整衰减**是用来衰减话筒输出电平的器件，使高声压级的声音也可以不失真地录下来。

我们所需要的东西很简单：如果想要最大限度地利用系统的能力，使话筒的最大不失真输出电平与摄影机的最大不失真输入电平相匹配，需要 27dB 的垫整衰减。但不幸的是，事情并不像到商店里去买一个垫整衰减器安上去那么简单。我们也许能找到一个 20dB 的垫整衰减器，却找不到一个 27dB 甚至 30dB 的（大多数音频工作人员从来没有听说过这么大数值的垫整衰减器！），因此需要自己做一个，如图 6-2 所示。

首先需要了解的是，在话筒输出端和摄影机输入端之间加入垫整衰减器，也就放弃了摄影机给话筒提供幻象供电的功能，我们必须从外部给话筒供电。可以用外接供电盒来供电，比如专业音频公司（PSC——Professional Sound Corporation）的 48PH 幻象供电盒。采用供电盒后，再在信号到达摄影机之前使用 27dB 的垫整衰减，就能达到我们的目的了。

为平衡线路如话筒线路所设计的垫整衰减器由 3 个电阻组成，如图 6-3 所示[9]。卡侬头的 1 脚接地端和屏蔽端，两个 1 脚对接起来（公头的 1 脚接到母头的 1 脚）并且与该连接件的外壳相连。2 脚和 3 脚在输入端和输出端之间接上电阻，然后在连接件末端公头的 2 脚和 3 脚之间接上一个平行电阻。于是，这 3 个电阻组成了一个分压电路，以下是具体的计算方式。

图 6-2　用户自制的垫整衰减器外观

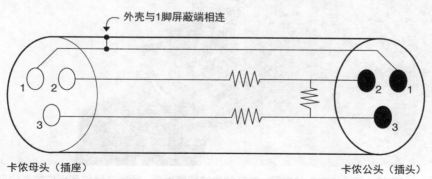

外壳与1脚屏蔽端相连

1　2

3

卡侬母头（插座）

2　1

3

卡侬公头（插头）

图 6-3　垫整衰减器示意图，注意卡侬（XLR）头上的数字

9　这是当今的设计。老式的垫整衰减器需要考虑源阻抗和负载阻抗的匹配，比如采用 600Ω 的阻抗。现在不需要担心这一问题了，因为源阻抗很低而负载阻抗很高，即使将源阻抗和负载阻抗的影响计算在内，得到的数据也只有一点点微小的差别。

　　我们需要一个 **27dB** 的垫整衰减器。首先选择一个 **1kΩ** 电阻与摄影机输入端平行放置[10]，如图 **6-4** 所示，现在来计算一下另外两个电阻的值。把它们看成一个整体，平行电阻代表了这个电压除法器的分子部分。计算公式见下页。

图 6-4a　在我们的例子中，先将一个 **1kΩ** 的电阻连在卡侬公头的 **2** 脚和 **3** 脚之间

图 6-4b　然后，如图接上两个 **10kΩ** 的电阻。其开放端被剪短之后，通过连线接到相应的卡侬母头的 **2** 脚和 **3** 脚上，同时卡侬公头和母头的 **1** 脚即接地端相连

---

10 因为这样能提供足够低的源阻抗，以便能使用足够长的线缆。

$$-27dB=1k\Omega \div (x+1k\Omega)$$

将 −27 dB 换算成比值，除以 20，将结果作为 10 的次方数求值，即 10^x：

$$-27dB \div 20 = -1.35$$

$$10^{-1.35}=0.044668$$

这样，我们所希望得到的电阻值是：

$$0.044668 = 1k\Omega \div (x + 1k\Omega)$$

只要做一下中学数学运算，就不难求出 x 的值：

$$0.044668 \ (x + 1000\Omega) = 1000\Omega$$

$$0.044668x + 44.668\Omega = 1000\Omega$$

$$x = (1000\Omega - 44.668\Omega\Omega) \div 0.044668 = 21.4 \ k\Omega$$

将这个值除以 2 用到平衡式垫整衰减器上，就得到 10.7kΩ 的值。查一查电子工业标准电阻值表，会发现其中 E96 表上允差 1%的电阻值中，正好包含有 10.7kΩ（对任何垫整衰减量来说，1%的误差几乎可以忽略不计）。

在系统里接入这个垫整衰减器后，就可以清楚地记录 132dB SPL 的声音了。而这个声压级是大多数人没有听到过的声压级（毕竟，120dB 已经是人耳的痛阈了，不是吗？），那么去录 132dB 的声音是不是有点发狂？其实不是这样。在 0.5m 距离外测量演员喊叫的声音，产生的峰值是 128dB SPL，而 Lewis Fielder 曾经在 36 场现场音乐会中，在观众席里录到高达 129dB 的峰值电平[11]，这已经很接近 132dB 了，因此掌握一种不失真地拾取大声压级声音的方法，来对付一些特殊情况，无疑是有好处的。例如，我（Holman）在 20 世纪 70 年代早期曾经测过 REO Speedwagon 乐队的贝斯鼓内部鼓槌敲击处的峰值电平，竟然达到了 138dB！

使用上述话筒或类似话筒时，有一种方法可以不失真地录下超过 132dB 的高电平声音：在话筒内部电路前端再加一个垫整衰减器。该衰减器插在拾音振膜和话筒自身的电路之间，在失真产生之前先衰减电平，于是相应的峰值余量得以提升。在有些型号的话筒上，该垫整衰减器已经嵌在里面，可以通过开关来切换。比如 Schoeps 的拧入式衰减器 DZC 10 和 DZC 20，分别能预衰减 10dB 和 20dB。有一次我在给南加州大学军乐团录音时，就使用了 DZC 10，做了 10dB 的预衰减，因为军乐团会产生很高的峰值电平。用 Schoeps 的这两种话筒来录音，分别能拾取高达 142dB SPL 和 150dB SPL 的声音。注意超出 140dB 的声音会瞬间导致听力损伤，因此一定要小心对待。对于演员的喊叫声，前面提到的 27dB 的垫整衰减也许刚刚够用，但已经没有更多的峰值储备留给瞬间峰值，那么当吊杆话筒靠近演员拾音时，也许再加一个 10dB 的垫整衰减就能确保声音不失真，同时最好让吊杆话筒员使用耳塞！同样地，有了这些垫整衰减，就能在近距离清楚地拾取枪声，但最好注意保护好听力，而且在一些极端情况下，近距离的枪声有可能使话筒振膜的运动超出弹性范围，造成永久损坏。

---

11 Fielder, L.D.，《录音系统的前后加重技术》（Pre-and Post-Emphasis Techniques as Applied to Audio Recording Systems），AES 会刊，第 33 期，第 649~658 页（1985 年 9 月）。

人们很少见到 135dB～140dB 范围的声压级的原因是，在大多数出版物里，对许多日常活动所给出的声压级表是用一段时间内的平均电平来表示的。那些比说话声更响的声音，在很短的周期内测量时，相应地会产生更高的声压级。例如，在城市里公共汽车站的座椅位置测量公共汽车开过的声音，其峰值是 107dB。如果不加垫整衰减的话，对这个相当常见的场景拾音，Schoeps 话筒和松下摄影机的组合将导致失真。

6.3　低语

动态范围的另一端是非常弱的声音。这些声音包括安静的房间环境声、拟音时的衣服摩擦声、伯格曼的电影《喊叫和低语》里用来强调环境安静的钟的滴答声等。这并不是声音设计时忽略掉的声音：**安静**的声音不代表真正的无声。这样想一想：等同于无声的画面是黑场，而不是一个空空的房间。对于安静的场所可以用一只苍蝇的飞舞声、一只蟋蟀的叫声，或者其他类似声音来表现，但几乎不会用单纯的寂静无声来表现。

拾取这类很弱的声音需要本底噪声很小的话筒和放大电路。松下摄影机在最大不失真输入电压 48mV 以下有 69dB 的动态范围。如果将 Schoeps 话筒直接（不加任何垫整处理）接到摄影机的话筒输入端来录很弱的声音，能有效录下的声音到底有多弱呢？最简单的方法就是计算比前面算过的 105dB SPL 低 69dB 的声音。为什么呢？因为这是不加垫整处理将话筒和摄影机直接相连时，摄影机最大不失真输入电平减去动态范围的值。这个值就是摄影机前置放大器的等效噪声级，等于 36dB SPL，主观听感上大约为人耳听阈的 16 倍。这个值也比话筒的技术参数给出的本底噪声高出 20dB，于是摄影机前置放大器噪声将**掩蔽掉**话筒的本底噪声。这一组合对普通场景的拾音是足够的，但要拾取更弱的声音时，就需要采用噪声更低的外接前置放大器了。

Sound Devices 442 是一款用电池供电的同期调音台，其话筒输入端提供 115 dB 的动态范围[12]——这是说明书上标明的数值。将其动态范围和摄影机的进行比较，115dB-69dB=46dB，每 10dB 代表主观听感上动态范围相差 2 倍，因此，该专业调音台比摄影机电路至少安静 24 倍。此外，通过更多的计算，可得出 442 调音台的等效输入噪声电平比话筒要低 12.5dB，使得它的本底噪声可以忽略不计。

采用这样的调音台来接话筒，将输出设到线路电平，所接摄影机输入口也应该设置成线路电平。一定要确保调音台的输出和摄影机的输入都设在线路挡，如果误将线路信号接到话筒输入口，即使可以正确地校准千周信号，也会导致严重的失真。设置正确的情况下，采用 Schoeps 话筒和调音台的组合与将该话筒与摄影机话筒输入口直接相连的方式相比，能大大减小录音时的本底噪声。

如果准备录更弱的声音，可能需要本底噪声更低的话筒，如 Neumann TLM-103。由于其

12　115dB 的动态范围不是实际使用时的动态范围，因为这一数值是在两种极端情况下测出来的：测噪声时增益提到最大作为输入参考，测峰值时余量时又将增益降到最低以获得最大峰值储备，实际上这两种设置不可能同时采用。

大膜片的设计，它比 Schoeps 话筒的本底噪声要低，代价是离轴频响有更多的改变。因此，我们可能不会将 Neumann 话筒用作吊杆话筒，同时它也比其他话筒更大、更重，但它擅长于拾取某些拟音的动效声。它的本底噪声等效声压级是 7dB SPL（A 计权），几乎是录音话筒里最低的了，但它的灵敏度使其输出噪声仍然高于典型同期调音台的本底噪声。

对 Schoeps 话筒和 Neumann 话筒与调音台的组合来说，在动态范围的另一端，对最强声音的拾取又如何呢？Schoeps 话筒最大能产生 1V 的输出电压，但 Shure FP-33 调音台在输入电平比之还小 10dB 时就过载了，因此需要加入一个 10dB 的垫整衰减器以容纳 132dB SPL 的声音。不幸的是，加入这样一个垫整衰减器会切断调音台对话筒的幻象供电，因此需要采用外接供电设备，就像前面讨论松下摄影机时提到的那样。如果没有外接供电设备和垫整衰减器的话，由 Shure 调音台直接提供幻象供电，这种组合的最大不失真电平是 122dB SPL，对大多数日常拍摄来说是足够的，但无法不失真地拾取演员喊叫时的高电平声音。

Neumann 话筒的最大输出电压是 3.5V，与 Shure 调音台配合使用时，一个 21dB 的垫整衰减器能使最大不失真电平达到 138dB SPL。或者换个方式来看，没有垫整衰减器，这一组合能达到的电平是 117dB SPL。

6.4　喊叫和低语

前面我们分别讨论了录强的声音和弱的声音的情况，如果在一场戏里这两者同时发生会怎样呢？这是有可能的，比如演员在一个安静的房间里，先是喃喃自语然后突然大叫。

数字过载，就像话筒预置放大器的失真一样，会使声音突然变得非常可怕。最明显的是声音的元音部分。声音中的辅音是更尖锐、更硬且更快的声音，它们占据了较宽的频率范围，因此也就容易掩盖住失真。而元音呢，其波形更有规律，一个周期到一个周期地重复，有明显的基频和两次、三次以及更多次的谐频。这种频谱结构意味着一旦失真，就会贯穿其波形覆盖到很宽的频率范围，而无法掩蔽或隐藏。因此表现出失真现象的首先是元音。

对付一场戏中宽动态范围声音的最普通方法是控制增益；也就是说，调节话筒输入通路的电平大小，使录下来的强的声音不失真而弱的声音不被电路噪声所掩蔽。当然，这种做法只有当失真是由记录媒介录音电平过大所引起时才有效，而对话筒输入端的失真无效，这一点前面已经讨论过了。如果信号在话筒预放器**输入端**就已经失真或产生噪声的话，调节话筒输入通路的增益并不能解决问题。摄影机或调音台上的主录音电平控制都是位于话筒预放器之后，因此用它只能调节话筒预放器输出信号的动态范围，使之符合记录媒介动态范围的要求。

这里有两个互相矛盾的因素。不断调节增益意味着对于给定镜头来说，录音电平在上下变动，处于前景的声音——通常是对话——能很好地记录下来，但背景声却在不断变化，给剪辑带来麻烦，使得两个录音片段连在一起时可能暴露出背景声的跳变。因此对同期录音师来说，这种情况下有两个相互冲突的目标。

（1）对于前景的声音，声音强时衰减录音电平以避免失真，声音弱时提升录音电平使信号电平高于记录媒介的噪声电平，以避免信号被电路噪声淹没。

（2）对整个场景，包括其中一个个不同的镜头，要保持一个最佳录音电平来录音，不改变增益的结果是获得最易于剪辑的声音。

怎么解决这个进退两难的问题呢？首先，这两个要求的差别有多大取决于录音机的动态范围。早期电影光学声轨动态范围很小，当时为了使声音听起来响，唯一能做的就是将响的声音到来之前的声音做得很弱——也就是说只有通过与弱的声音对比才能获得响的感觉。这一点被称作"电影混音师的诀窍"。当时确实没有什么动态范围可以安排。

现代录音系统有很强的技术能力，动态范围很大，很少需要靠增益调节去适应动态范围。但是，这并不意味着不用去控制强的声音以避免失真——必须要控制，只不过通过训练和经验积累，录音师要了解什么样的增益控制是可以接受的。亲手剪辑自己录的声音尤其有帮助，因为在剪辑中获得的经验将使你成为一个更好的同期录音师。除了以下几点需要考虑之外，没有什么万能的方法可以提供。

- 采用手动混音，而不是用限幅器和压缩器的自动增益或音量控制功能，这样能事先预见表演的过程，尤其拍故事片时，录音师可以根据排练中表演的变化**提前不露痕迹的改变增益**。
- 话筒操作员对演员的电平控制很有帮助，采用超心形话筒而不是短枪话筒拾音时尤其如此。因为超心形话筒一般有很好的离轴频响，听起来就像是对轴向上的声音进行衰减一样，在音色上没有大的变化。于是对说话声音大的演员，可以采用稍微离轴的角度去拾音，而同时对声音小的演员采用主轴方向去拾音。如果这种方法用在短枪话筒上，离轴声染色会使声音难以接受。
- 有些声音可以以失真的状态来收录，反正它们已经失真了。比如枪声：在一个包括其他声音的场景里把枪声控制在不失真范围，可能需要大范围地改变背景声才能获得好的录音电平。那还不如让枪声暂时失真来得容易一些，如果需要的话，后期制作时再剪辑上清楚的枪声以替换掉失真的枪声。
- 如果可以提供很宽的动态范围来记录的话——采用外接调音台，对两个声道采用错位电平来记录，设置好一定的录音电平之后可以不用再调节增益。也就是说，我们只针对场景里最强的声音来设定录音电平以确保声音不失真，然后就不再调节增益了，这样能获得最易于剪辑的声音。出于表演需要和可懂度需要的任何增益控制都可以放到后期来进行，那时有更多的时间根据需要一遍遍地调整。

另一个将"1加仑"的声源动态范围容纳进"半加仑"的摄影机动态范围的方法，是将"1加仑"分解成两个"半加仑"。比如，可以在话筒的电池供电线路之后，加上一根Y型线，将一个信号分解成两部分送入摄影机，对其中一部分采用垫整衰减，另一部分不用。通过这个方法，采用垫整衰减的部分能清楚地录下大音量的声音，但对低电平声音噪声较大，而另一个通路在大信号下可能失真，但对小信号有更低的噪声。这种方法需要在前期录音和后期制作之间进行大量协调——毕竟，其中的一轨信号有时候可能会失真，但这是只用一支吊杆话筒拾音时，采用两轨来记录更宽动态范围声音的方法。

在Schoeps话筒和松下摄影机的组合中使用这种方法，理论上能将录音动态范围从**69dB**

增加到 69+27dB=96dB。这是个很大的进步，相当于可以录下 36dB ~ 132dB SPL 的声音。下一部分将介绍怎样对这一组合设置录音电平。

6.5 通路里的多个电平控制环节

由话筒和两个可能设置的垫整衰减器组成的通路前面已经介绍过了。现实情况是当使用外接调音台和摄影机的组合时，系统里有多个控制环节会对电平造成影响。例如，在信号流通过程中会遇到以下环节。

- 话筒上的电路前垫整衰减，前面已经提到。
- 话筒输出与后级设备之间的垫整衰减，前面已经提到。它可以作为话筒外接供电设备的一部分，也可以单独放在话筒与后级设备之间。如果是单独器件的话，它会切断后级设备给话筒提供的幻象电源或 T 型电源，于是需要在垫整衰减器之前给话筒供电（通常和垫整衰减器放在同一个盒子里）。
- 调音台的输入灵敏度挡位选择：是话筒电平还是线路电平，以及是多大的话筒电平或线路电平。例如，将输入挡位从 48V 幻象供电挡（为电容话筒所用）转变到动圈（DYN）话筒挡（为动圈话筒所用）时，将改变调音台的输入灵敏度。因为电容话筒一般比动圈话筒的灵敏度要高（对同样声压级的声音输出电压更大）20dB 左右。
- 调音台输入口子电平（垫整电平）调节。它可以在调音台上提供可变的输入增益和垫整衰减，可以替代外接的话筒电平垫整衰减器。这一功能只在一些更大也更贵的调音台上才有。
- 调音台通路电平控制。
- 调音台主电平控制。
- 调音台输出电平选择：是话筒电平还是线路电平。提供该选择是因为有些摄影机只有话筒电平输入口，若调音台输出线路信号会导致摄影机输入端过载。如果调音台输出口和摄影机输入口都能在话筒电平和线路电平之间选择的话，应该采用线路电平，因为高电平信号较少受到外来电子干扰。
- 摄影机输入电平选择：是话筒电平还是线路电平。与调音台输出端的设置相同。
- 摄影机输入电平控制。
- 摄影机监听电平控制。同样，通常有一个开关用来选择是监听 1 声道还是 2 声道，还是 1、2 声道的混合信号。
- 调音台监听返回电平控制。
- 调音台耳机监听电平控制。
- 单独的耳机电平控制。比如提供给同期录音师和话筒员的监听小盒上（一般是分开的），设置有调节耳机电平的旋钮。

这么多电平控制环节乍一看复杂得让人绝望，其实设计这么多环节的主要原因在于信号流通过程中的每一部分都得事先考虑周到，以应付各种各样的情况。比如，调音台上的话筒电平输出，就是为了后级设备只有话筒电平输入口时准备的，以期简化通路的电平设置。首先要了解信号流通过程，这样当信号有问题时可以找出是哪个环节的问题。其次要了解各个环节正常的电平设置是怎样的，这样就知道目前的设置是否偏离了正常范围。再次是校准通路中各个表头所显示的电平，使调音台和摄影机被调整到相同的灵敏度，这样调音台上的读数就是摄影机上的读数，调音台就变成了摄影机的延伸。最后要了解电平设置错误会带来什么结果。下面对这几方面依次做出分析。

1. 信号流通顺序和上面列出的各个环节的顺序一样，不过这是张很全面的清单，针对每个具体的设备组合可能不会有这么多环节。可以对自己所用的系统画一张图表，标明影响电平的各个环节，这样就清楚了其间的逻辑关系。图 6-5 所示是采用单系统录音时，话筒通过外接调音台再到摄影机的典型例子。

2. 我们已经讨论过话筒和记录媒介的动态范围。正确设置电平能帮助解决将"加仑级"容入"半加仑级"再容入"夸脱级"动态范围的问题，前面在话筒输入部分已经讨论了一些解决方法。对整个系统来说，要了解常用的设置。例如，电平控制旋钮在满刻度是 10 的时候一般放在刻度 7 的位置上，在范围是−∞到+15 的时候一般放在接近 0dB（初始增益）的位置上，而摄影机上的耳机监听电平控制通常要调到最大值等。

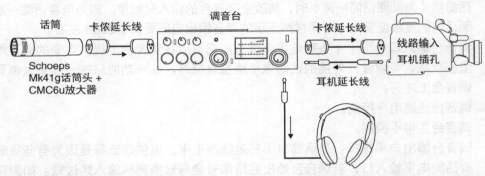

话筒　　卡侬延长线　　　　调音台　　　　　　卡侬延长线　　　线路输入
　　　　　　　　　　　　　　　　　　　　　　　　　　　　　耳机插孔
Schoeps
Mk41g话筒头 +
CMC6u放大器　　　　　　　　　　　　　　　　　耳机延长线

图 6-5　使用外接调音台时的单系统图解。耳机监听的信号是从摄影机返回调音台的信号，用这种方式监听，以确保信号录到了摄影机上

3. 调音台和摄影机之间要进行电平表校准。从调音台送出千周信号，将其设置成标准电平如 0 VU，然后将调音台的输出选择设在线路挡，将摄影机输入灵敏度选择也设在线路挡，调节摄影机输入电平控制旋钮，使电平表的读数处在标准−20dBFS 的位置。因为调音台和摄影机采用的是两种不同类型的电平表，分别是 VU 表和数字峰值表，因此校对千周信号时两者的读数也不一样。

4. 如果在信号流通的某个环节电平设置有误，又在随后的环节将电平调整过来的话，会导致噪声增大或信号失真。这可能是个小问题，也可能很严重，一切取决于电平设置的错误程度。如果前面误将电平减小了 10dB，后面又把它恢复到正常电平，这两个环节之间加到信号上的噪声就被夸大了 10dB。更糟糕的情况是通路前端信号已经失真，必须试图在后面修复。实际上信号一旦失真就会一直失真，不管后面再怎样处理都无济于事。

6.6 过载失真的另一种类型以及如何避免

到现在为止我们讨论了削波型的过载失真，以及怎样在话筒自身的电路前和/或电路后加入垫整衰减来增加峰值储备。还有一种看不见的过载失真，尤其是指向性话筒更容易受到它的影响，这就是次声过载失真。所有的指向性话筒都比全指向性话筒对风的噪声、吊杆话筒移动的噪声和其他频率很低的噪声更敏感，但大多数影视录音又必须使用指向性话筒，以便强调直达声并且抑制噪声和混响。唯一的例外是纽扣话筒，大多数纽扣话筒是全指向性的，也正因如此，其风感度要小于其他话筒。

由风或话筒移动引起的次声过载会使录下的声音产生摇晃——在很短的瞬间声音听起来被压缩甚至消失。一旦你听过这样的声音，就能立刻认出它来。电路的次声过载有可能发生在整个通路的两个地方：在话筒内部的前置放大器上或者调音台的话筒前置放大器上。如果在话筒的拾音振膜和话筒体之间加一个前置电路低频滤波器（又叫低切或高通滤波器），以上两处过载都可以避免。就 Schoeps 话筒而言，可以在上面拧进一个叫 CUT-1 的器件，它能以很大的斜率切除低频来调节低频响应。在一些其他型号的话筒里，低切功能是嵌入话筒内部的，这样就不一定清楚低切是发生在电路前还是电路后。把它放在话筒自身的电路前能最大限度地增加峰值余量，如果放在电路后的话能保护后面的通路——尤其是摄影机或调音台上的话筒前置放大器——免受次声过载的侵害。

一般来说，如果是录对话，采用 60Hz 或 80Hz 的高通（低切）滤波器很少甚至根本不会对声音带来损害，却能戏剧性地减小风的噪声和话筒移动的噪声。在采用斜率很大的滤波器时尤其明显，比如 Schoeps 的 CUT-1，对 60Hz 以下的信号有 24dB/倍频程的衰减[13]。

6.7 组合哪些特征能获得最大防风能力

能获得最低风感度的特征包括采用全指向性拾音振膜、给话筒加上防风罩、使电路避免低频和宽频过载、避免将过大的信号输入摄影机和调音台的话筒输入口等，如图 6-6 所示。由 Schoeps MK2 全指向性话筒、DZC20 垫整衰减器、CUT-1 滤波器、CMC 话筒电路，再加上BBG 带防风毛衣的防风罩所组成的系统能最大程度地衰减风的噪声。话筒的输出电平要与调音台输入端的电平容纳范围相匹配，可能需要加上垫整衰减器和高通滤波器来使电平处在合适的范围，如表 6-2 及表 6-3 所示。全指向性振膜要求尽可能地采用近距离拾音，但它风感度低的优势克服了其工作距离的问题。

---

13 在 Schoeps 话筒上使用 CUT-1 时，还有一些问题需要考虑：它在增加 5dB 灵敏度的同时减小了 5dB 的峰值储备。如果同时使用垫整衰减器，一般先将衰减器放在拾音振膜之后，然后才是 CUT-1。

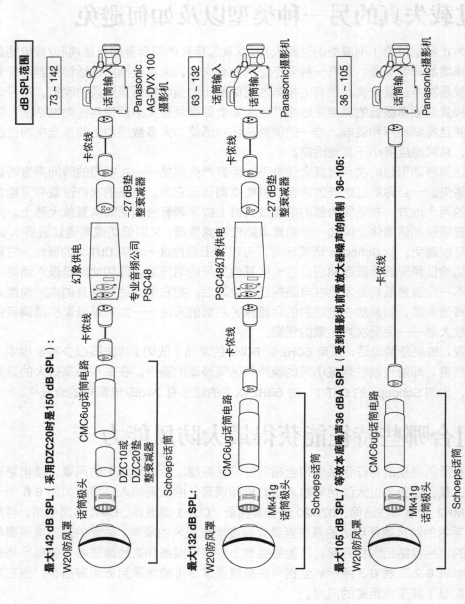

图 6-6 为不同声压级和风的噪声设计的话筒、整套衰减器、供电器件、调音台和摄影机的不同组合。所需要的减振架和吊杆图中没有画出。（话筒和防风罩的其他有效组合参见 SCHOEPS 官网内相关内容）

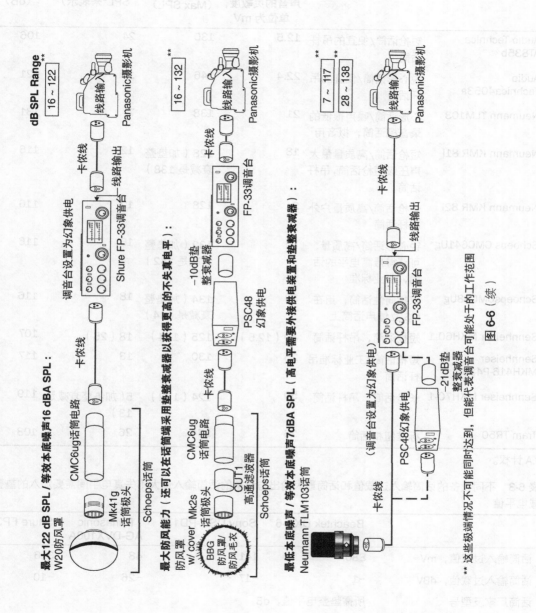

dB SPL Range

16～122

Panasonic摄影机

线路输入

卡侬线

Shure FP-33调音台
线路输出

调音台设置为幻象供电

CMC6ug话筒电路

卡侬线

Mk41g
话筒极头

Schoeps话筒

最大122 dB SPL / 等效本底噪声16 dBA SPL：
W20防风罩

16～132

Panasonic摄影机

线路输入

卡侬线

FP-33调音台

−10dB垫
整装减衰器

PSC48
幻象供电

卡侬线

CMC6ug
话筒电路

CUT1
高通滤波器

Schoeps话筒

BBG
防风罩/
防风毛衣

防风罩
w/ cover Mk2s
话筒极头

最大防风能力（还可以在话筒端采用垫整装减衰器以获得更高的不失真电平）：

7～117

28～138

Panasonic摄影机

线路输入

卡侬线

FP-33调音台
线路输出

−21dB垫
整装减衰器

PSC48幻象供电

卡侬线

Neumann TLM103话筒

调音台设置为幻象供电

最低本底噪声 / 等效本底噪声7dBA SPL（高电平需要外接供电装置和垫整装减衰器）：

图6-6（续）

** 这些极端情况不可能同时达到，但能代表调音台可能处于的工作范围

** 最大输入电平，mV
** 的输入电平，dBV

表 6-2　　一些常用的话筒参数

型号	说明/使用场合	对 94dB SPL 声音的灵敏度，单位为 mV	最大声压级（Max SPL）	等效噪声级（以 SPL*来表示）	动态范围（dB）
Audio Technica AT835b	短枪话筒/便宜的吊杆话筒	12.5	130	24	106
Audio Technica4053a	锐心形话筒/便宜的吊杆话筒	22.4	146	19	121
Neumann TLM103	心形话筒/噪声很低的录音棚话筒，拟音用	21	138	7	131
Neumann KMR 81i	短枪话筒/高质量最大声压级短枪话筒，吊杆话筒	18	128（加垫整衰减是 138）	12	116
Neumann KMR 82i	长枪话筒/高质量户外吊杆话筒	21	128	12	116
Schoeps CMC641Ug	锐心形话筒/高质量、可获得最高电平的话筒，工业标准	13	132（加垫整衰减是 142）	16	116
SchoepsCMC68Ug	双指向性话筒，用在 MS 立体声话筒上	10	134（加垫整衰减是 144）	18	116
Sennheiser MKH60-1	短枪话筒，吊杆话筒	40（12.5）	125（134）	18（25）	107
Sennheiser MKH416-P48U3	短枪话筒/工业标准吊杆话筒	25	130	13	117
Sennheiser MKH70-1	长枪话筒，吊杆话筒	50	124（132）	5（加垫整衰减是 13）	119
Tram TR50	标准纽扣话筒	16	134	26	108

＊A 计权。

表 6-3　　不同设备的话筒输入过载值和话筒最大输出与设备的话筒输入最大不失真电平间需要加入的垫整衰减电平值

	Beachtek DXA-6	Sony DSR-PD170	Panasonic AG-DVX100A	Shure FP33
话筒输入过载值，mV	880	141	48	316
话筒输入过载值，dBV	−1	−17	−26	−10
话筒厂家及型号	所需垫整电平值，dB			
Audio Technica AT835b	无	−15	−24	−8
Audio Technica4053a	−20	−36	−45	−29
Neumann TLM103	−12	−28	−37	−21

续表

	Beachtek DXA-6	Sony DSR-PD170	Panasonic AG-DVX100A	Shure FP33
Neumann KMR 81i	无	−16	−25	−9
Neumann KMR 82i	−2	−18	−27	−11
Sanken CSS-5	无	−13	−22	−6
Schoeps CMC641Ug	−2	−18	−27	−11
Sennheiser ME66	−4	−22	−31	−15
Sennheiser MKH60-1	−4	−20	−29	−13
Sennheiser MKH416-P48U3	−5	−21	−30	−14
Sennheiser MKH70-1	−5	−21	−30	−14
Tram TR50	−5	−21	−30	−14

导演提示

- 话筒输出信号可能有很宽的动态范围，根据所录的场景能输出很小的电压到很大的电压。该范围可以通过垫整衰减器的使用来改变，其工作性质类似于中灰密度镜。
- 如果话筒输出电压超过了话筒前置放大器的输入承受能力，**不管后级电平怎样设置**声音都会失真。这时需要采用垫整衰减器来使话筒的最大输出电平不超过前置放大器所能承受的最大输入电平。
- 设置录音电平是录音师最重要的工作。因为数字录音一旦过载就立刻失真，因此宁可让录音电平小一些，也不要冒失真的风险。
- 在录非常弱的声音（比如拟音的动效声和一些环境声）时，摄影机上的话筒前置放大器可能噪声过大，这时必须使用性能优良的外接调音台或前置放大器来避免嘶嘶的噪声。
- 通路里多个电平控制环节容易让人混淆，最好的工作方法是了解所有影响电平的控制器和旋钮所处的常规位置，以这样的位置作为开始。
- 使用全指向性话筒、高通滤波器和有效的防风罩能避免风的噪声。

7

音频媒介管理

本章内容涵盖文件管理以及物理意义上的媒介管理（存储卡、磁带、硬盘和光盘等）。由于不断有新的音频格式进入市场，对存储音频及备份文件的媒介进行管理是一个越来越复杂的过程。事实上，在一些独立电影（特别是多机位拍摄的电影）的制作中，通常剧组中有一名专职人员负责从摄影机记录卡中将录音素材导入剪辑系统，同时将所有素材在一个或多个硬盘中备份。如今，存储卡在制作过程中会不断被使用、转录、删除、再利用，因此备份的重要性不言而喻。本章，我们将阐述在单系统（使用摄影机录音）和双系统（使用单独设备录音）的制作过程中，如何有效地在存储卡、磁带和硬盘系统中进行媒介管理和文件传输。

7.1　什么是备份

如今的节目录制已从磁带录制模式转变为存储卡录制模式，即从过去的将磁带作为主要备份记录媒介，且每盘磁带只使用一次的模式，转变为使用存储卡进行录制，并且将视频素材转移到剪辑系统中后，存储卡将被再次使用的模式。这一转变使文件备份不再像过去那样安全，因此，在格式化存储卡之前，务必要确保已经对文件进行了安全备份。使用磁带或一次性光盘来记录时，原始记录媒介类似于胶片拍摄时的摄影机负片：记录下的内容具有完全分辨率且未经任何加工，用来为在线工程文件提供素材。即使文件已经被编辑过，它仍然能作为原始影像的档案备份[1]。因此使用 Mini DV、DVCAM、HDCAM 和其他格式的摄影机来拍摄，相当于提供了"免费"的主备份媒介，因为制作中总会使用新磁带来录制。其缺点是必须购买足够多的磁带来录下所有的素材，所用磁带数量可能非常惊人，尤其对于纪录片而言。根

---

1 由于光盘的使用寿命具有不确定性，因此磁带通常比光盘更适合用于档案备份，封装得更好的专业格式磁带又比消费级 DV 磁带更适合于档案备份。

据所使用的磁带格式，购买磁带的花费可能很高，于是这一工艺中"免费"存档的优势随着花掉相当比例的制作预算而消失。

基于文件的非线性录制有一个优势，就是一旦文件被转录到硬盘中备份，以及将其导入剪辑系统中确认没问题后，存储卡是可以重复利用的。和将磁带复制进剪辑系统，磁带通常作为原始备份素材保留下来不同，将存储卡的内容复制入剪辑系统，然后对其格式化后重新使用，存储卡中将不再存有原始文件。通常，会在将存储卡的内容擦掉并重新使用之前，通过另外的离线备份，将文件备份到第二块移动硬盘或系统中，制作方甚至会整晚把当天拍摄的所有素材再次备份到另一块硬盘里。于是一块备份盘连接到系统上，另一块备份盘保持离线随用随取。不同剧组对备份的要求各有不同，取决于所拍摄的素材类型和重新获得丢失素材所需的费用；但是通常来说，至少留存两份拍摄素材的备份是比较明智的，特别是在没有原始磁带作为备份存档的情况下，因为在最糟糕的时候，硬盘也有可能出现意外。

尽管可重复使用的存储卡为制作过程中的文件备份提出了更多要求，基于文件格式的非线性录制还是有很多不易察觉的优势，例如无需倒带就能够直接通过监视器看回放，并且不会在接下来的录制中将上一个镜头的结尾抹掉。存储卡的存储方式被设计为将每个录制片段存成一个新文件，直到卡被填满需要换新卡或重新格式化，而不存在磁带系统倒带后不小心将前面的素材抹掉的风险。要想覆盖掉某个镜头的素材，在大多数摄影机上都需要操作人员进入菜单，专门删除文件或对存储卡再次格式化。此外，从存储卡上传输音视频文件与在硬盘或便携式设备之间复制其他格式的文件一样简单。录在磁带上的内容只能线性读取，进行实时流传输，存储卡或硬盘上的文件传输和备份比实时传输快得多。流传输和文件传输的特性将在本章后面部分详细讨论。

利用可重复使用的媒介来录制数字影像的主要风险在于：如果摄影师不能在格式化存储卡之前确保素材已经妥善备份，所有的素材将会丢失。除非有专人在现场确认存储卡已经备份并且素材已经完整导出，否则丢失素材的风险将显著增加。在小型团队中，这个人可能是导演或者摄影师——只要他们有时间对文件传输和备份进行有效监督。需要注意的是在数字视频制作中用到多张存储卡是非常常见的。即使是最小的制作团队也至少需要两张卡：一张用于传输和备份时，另一张在摄影机里继续拍摄，这样拍摄就能够持续进行而不必等第一张卡完成文件传输。设置一个对卡片使用情况进行标记的系统非常有用，能够标记哪张卡正在使用（目前正在录制），哪张卡正在备份或等待数据传输，以及哪张卡已经完成传输准备格式化。如果不使用物理手段对卡片进行标记，例如粘贴彩色胶带，或者将准备再次使用的卡和刚刚从摄影机里拿出来的卡分开保存，通常没有办法将未备份和已备份的卡区分开，除非回到硬盘中逐个镜头比较卡片上的素材和硬盘中的素材。正在使用的存储卡和备份完成的存储卡外观完全相同，非常容易混淆[2]。这一事实也体现出确保卡片进入摄影机被重新使用之前完

---

2 将已经完成内容备份的卡片中的文件删除能够有效地将不同状态的存储卡区分开，但通常还是会将卡片放在摄影机中进行格式化，这样能够确保新的拍摄是在一个新初始化的文件系统中进行，也能够避免操作员在删除备份完成的存储卡上的文件时，误删了用来现场备份的硬盘上的文件。存储卡备份完成后暂时保留一段时间，直到转录文件的完整性得到确认后再删除，也是确保卡片被再次格式化之前已经准确完成离线备份的好办法。

成备份的重要性。应该建立一个系统对正在使用的、等待备份的、备份完成的存储卡和空白的/已格式化的存储卡进行标记，这将省去很多令人头疼的麻烦。这就是为什么在足够大的制作团队中要设置专人负责传输和备份素材，这能够有效提高工作效率。这份工作类似于胶片拍摄中的装片员，在换片袋中装载和卸载胶片，确保胶片不要曝光。而他要确保所有的素材没有丢失，同时拍摄不会因等待录制媒介而暂时中止。

在小型节目或纪录片制作中，通常由摄影机操机员或摄影指导（也可能同时操作摄影机）来承担将存储卡内容导入硬盘或计算机剪辑系统的工作，因为他（她）是团队中最熟悉文件系统和文件格式的人，了解文件传输协议，能正确地将素材导入剪辑系统，并且正确地使用摄影机菜单对存储卡进行格式化。将素材导入剪辑系统检查音视频是否能够正确读取时，可能会出现一种情况，就是部分摄影机录制的素材品质有所不同——全分辨率影像和用于即时回放的低分辨率缩略图或 Quicktime 预览——因此正确设置剪辑系统非常重要，这样才能保证将全分辨率版本导入视频剪辑系统后，能够在在线/离线设置下正确查看和使用。

7.2　媒介类型

如今的数字影像记录媒介包括存储卡、磁带、光盘和硬盘。在某些情况下，摄影机和录音机可能使用多种媒介进行记录，甚至同时录在多种媒介上。虽然在消费领域，硬盘和光盘仍然比较流行，但在较新的数字视频摄影机上，包括准专业级摄影机和能够拍摄视频的数码单反相机中，使用固态媒介已逐渐占据主导地位。上述 4 种媒介类型，包括数字磁带格式，在比较老的设备上仍在使用。

对于固态系统，不同设备制造商的摄影机通常使用不同类型的存储卡，有时候同一制造商针对不同系列也使用不同类型的存储卡。很多松下摄影机例如 HVX200 和 HPX170 使用的是 P2 卡，而另一些型号例如 AF100、HMC40 和 AC7 及相似系列则使用标准 SD 卡，还有一些型号可以结合固态媒介使用或单独使用 DV 或 DVCPRO HD 磁带进行记录[3]。索尼的专业数字摄影机例如 F3 和 EX-3 使用 SxS 卡，而一些低端索尼便携式摄影机使用的是硬盘、SD 卡或 CF 卡，在 HDV[4]或 DVCAM 模式下还可以使用 DV 带进行录制。

如今 Canon 和 JVC 的消费级和专业级产品同样采用 SD 卡、CF 卡或数字磁带进行记录。带有影片拍摄模式的数码单反相机大都使用行业标准的固态媒介进行记录，例如 CF 卡（佳能 5D 和 7D 相机使用）、SD 卡（尼康 D3200 等机型使用），它们录制视频和拍摄图片使用的是相同的媒介类型。表 7-1 列出了数字视频拍摄常用的媒介类型，并对使用每种类型的设备进行举例。

3　松下 HVX200 是早期使用 P2 卡进行高清记录之外还能够使用 DV 带进行标清记录的准专业机型之一。

4　HDV 是一种视频记录格式，能将高清 MPEG-2 视频记录在标准 DV 或 Mini DV 磁带上。

表 7-1 不同媒介容量及常用录制格式列表

媒介类型	容量（常用的）	常用视频格式	代表性摄影机
SD、SDHC、SDXC	2GB(SD)～2TB(SDXC)	MPEG-2、MPEG-4、AVC	佳能 VIXIA、松下 HDC 系列
CF	8～256GB	MPEG-2、MPEG-4、AVC	佳能 5D 和 7D（数码相机）、XF100
索尼 SxS 卡	32～64GB	MPEG-2、DVCAM	索尼 F3、EX-3、EX-1（XDCAM 系列）
松下 P2 卡	4～64GB	DV、DVCPRO、DVCPRO-HD、AVC	松下 HVX200、HPX170
DV/DVCPRO 磁带	1 小时	DV、DVCPRO、DVCPRO-HD、DVCAM	松下 HVX200
Mini DV 磁带	1 小时	DV、HDV*	佳能、索尼、松下、JVC 便携式摄影机
Mini(8cm)DVD-R/RW	1.4GB	MPEG-2*、MPEG-4、AVC	佳能、索尼、松下便携式摄影机
内置硬盘	32～64GB	MPEG-4、AVC	佳能 XA10、佳能 VIXIA、松下 HDC 系列

* HDV 和 Mini-DVD 便携式摄影机通常仅限于使用 MPEG 或 AC-3（杜比数字）编码格式进行录制，而不能使用未经压缩的 PCM 音频格式（关于录音格式的讨论参见第 1 章）。

7.3 流传输和文件传输

在数字视频剪辑发展初期，视频回放是实时的，并且使用在线/离线工作流程以较低的分辨率将视频数字化后导入剪辑系统，这在本书第 2 章有描述。随着存储能力的提升以及 Mini DV、DVCAM 和 DVCPRO 逐渐成为主流，火线[5]的引入使数字视频可以不经过压缩，以全分辨率导入剪辑系统，然后进行剪辑，再以数字格式重新写入磁带，整个过程都是在数字域中进行。然而，视频在一些系统中仍然通过火线以 DV 标准数据率 25Mbit/s（3.125MB/s）[6]进行实时**流传输**，特别是使用 DV 磁带格式的系统，而在较新的不使用磁带的工作流程中，则更多的使用**文件传输**。

7.3.1 流传输

流传输是单向进行的（即磁带到计算机或计算机到磁带，不能双向同时进行），并且是实时的。音视频实际上在磁带或剪辑系统中回放时通过接口进行传输，同时能够通过视频监

---

5 也叫 IEEE1394 标准或 iLink。

6 一些 DVCAM 和 DVCPRO 格式使用 50Mbit/s 和 100Mbit/s 这样较高的数据率传输。

视器和扬声器进行监看和监听。电影胶片到视频磁带的转换（胶转磁）是全数字工作模式形成之前流传输的一个例子：胶转磁时，胶片和与之同步的音频下转成 NTSC 制的速度后实时录制到 NTSC 制视频磁带中。通过火线进行数字视频传输是数字视频流传输的一种方法，也可以使用其他接口，尤其在传输音频时，例如使用 AES3 和 S/PDIF 接口，还包括使用模拟接口来实时导入并对音频进行数字化。

关于接口的第一个问题是该接口传输的是数字信号还是模拟信号。由于通常采用相同类型的接口来传输这两种信号，甚至在同一设备上同时存在，使得分辨模拟接口和数字接口的工作变得困难。声音在模拟和数字之间来回转换需要通过模-数转换器（ADC）和数-模转换器（DAC），通常这些转换器是和设备的其他部分结合在一起的（比如把它设计在摄影机内部，使用者无法直接看到），有时候在高端应用中也会把它们设计在单独的小盒中。便携式摄影机包含两种转换器，如图 7-1 所示：进入话筒或线路输入口的模拟信号转换成数字信号进行记录，然后转换回模拟信号用于监听，同时也可以通过火线或串行数字接口（SDI）以数字形式传输，甚至在录制过程中实时传输。

过去使用模拟视频接口来导入音视频，并通过连接到剪辑系统的模-数转换器进行数字化，便携式数字摄影机主要使用火线来完成音视频流的传输。火线接口在早期使用数字磁带的 DV 摄影机上非常常见，使用基于磁带的摄影机来拍摄时，由于在磁带上的录制和重放是一个线性过程，因此最可能继续依靠火线接口来完成音视频流的传输。火线是将数据在摄影机和计算机之间来回传输的一种固有的数字传输方法。它也可以用来在外接硬盘上实时记录，把外接硬盘通过火线连接到摄影机上，可以同时记录音视频，也可以在双系统设置中在专业外景录音机上记录数字音频。图 7-2 所示是一根典型的火线线缆，用于将摄影机与计算机相连以完成音视频流的传输。

如果只考虑音频，如上所述，火线的作用之一就是将录下来的数据传输到外置硬盘中。但是，在数字音频录音机（DAT）、CD 机或者话筒前置放大器和编辑系统等设备之间，通常使用专用的音频接口进行音频传输。音频流传输最常见的数字接口是 AES3，这是一种专业接口，还有一种消费级接口叫 S/PDIF，也用于数字影像制作。

正确识别接口中所携带的是模拟信号还是数字信号，这一点非常重要，因为和火线的视频传输不同，音频流传输所用的接口也广泛用于模拟音频信号的传输。专业数字音频接口 AES-3，采用的是卡侬头（XLR），如图 7-3 所示，同时专业模拟音频接口一般也用卡侬头，因此了解某台设备上的卡侬头是模拟接口还是数字接口的唯一方式是看上面的标记。把数字接口的输出直接与模拟接口的输入相连，会导致监听扬声器的高音单元损坏，以及/或者功放的失效。因为数字信号的频率范围很宽，远远超出了可听声的频率范围，如果不把它们先转换成模拟信号就直接连到后级音频设备，它们会成为很强的超声波信号，导致设备损坏。反过来，将模拟信号直接连到数字接口，虽然不会导致设备损坏，但通常会听不到声音。

在专业音频制作室里，对数字音频信号的连接，用卡侬头来传输 AES3 标准的信号最为

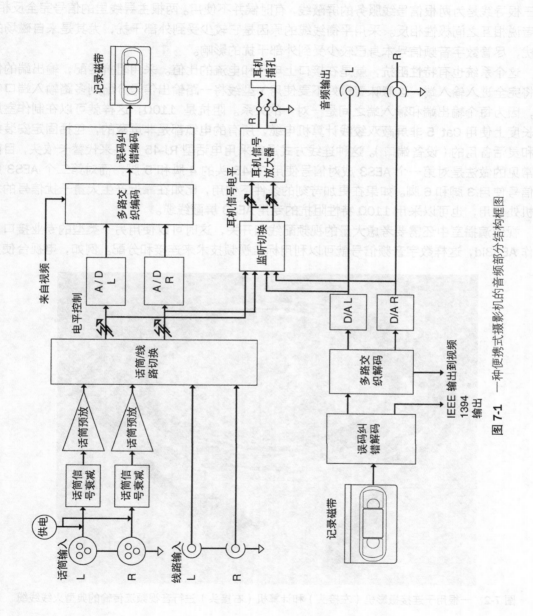

图 7-1　一种便携式摄影机的音频部分结构框图

常见[7]。卡侬头有性别之分：由插头组成的公头用于信号输出，由插座组成的母头用于信号输入。每一个三针接头搭载的都是交叉编织成一路数字信号的两路音频信号，采用的是平衡式接线方式，也就是说，两根信号导线搭载的信号是完全相同的，只不过两者之间成镜像对称。第三根导线是为两根信号线服务的屏蔽线，有时候并不使用。两根主导线里的信号完全反相，或者说相互之间极性相反。采用平衡线缆的原因是它较少受到外部干扰，尤其是来自磁场的干扰，尽管数字音频信号本身已较少受到外部干扰的影响。

　　这个系统也有**特性阻抗**，就是在接口上电压和电流的比值。采用阻抗匹配，输出端的信号将完全进入输入端，这意味着最好不要使用 Y 型线将一路输出信号分配到多路输入端口中去，因为每个输出端和输入端之间是一对一的关系。阻抗是 110Ω，这样就可以在制作室所需长度上使用 Cat 5 非屏蔽双绞线计算机电缆，所有的电缆都是非屏蔽的，包括固定安装好的和灵活备用的（设备端口）。这种连线方式通常采用电话型 RJ-45 接头来代替卡侬头，目前最常见的做法是对第一个 AES3 成对信号使用 RJ-45 头的 4 脚和 5 脚，而对第二个 AES3 成对信号使用 3 脚和 6 脚。如果在更加苛刻的条件下使用，比如在靠近产生大量干扰信号的发射机处使用，也可以采用 110Ω 特性阻抗的专用 AES3 屏蔽线缆。

　　视频演播室中还需要考虑大量的视频配线和开关，这时可以使用另一类型的专业接口，叫作 **AES3id**，这样数字音频信号就可以利用标准视频技术来连接和分配。例如，电视台使用

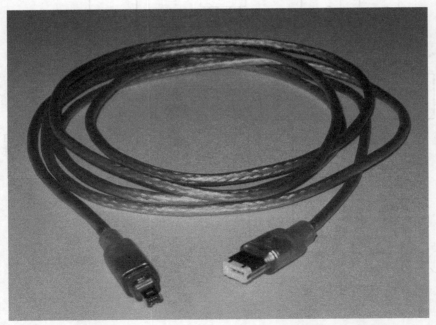

图 7-2　一根用于连接摄影机（左接头）和计算机（右接头）进行音视频流传输的典型火线线缆

7　AES3 标准参见 Audio Engineering Society 官网。

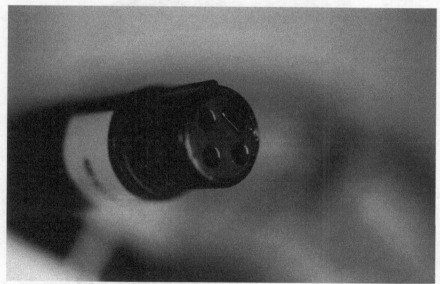

图 7-3 一对卡侬接头，既可用于模拟信号连接，又可用于专业数字信号连接

的 AES3 标准的 75Ω 非平衡式接口。在这种情况下，视频和音频使用的是同样的线缆（RG-59/U）和接头（BNC）。BNC 接头不分公母头，因此无法通过接头区分输入端和输出端，连接时必须确认是将输出端的信号接到了输入端。

AES3 和 AES3id 的接线，每根线缆中都包含有一对音频信号，比如左-右对信号。这两种信号被及时交叉编织在一起，在接收设备上按正确的时间解码为原先的对信号。

在消费级设备上，采用的是另一种不同类型的数字音频接口，叫作 S/PDIF。其信号与

AES3 类似，但不完全相同。这会带来一些困难，并且电路接口也不一样。因为该接口的输入端和输出端采用相同的接头，同样会给标记输入端和输出端带来混淆。设备上标记的"磁带输出"（Tape Out）指的是连接到磁带录音机的输出端吗？该标记容易带来这样的联想，却可能是错误的联想。更好的标记方法应该是"输出到磁带"（Out to Tape），指的是将该输出端与磁带录音机的输入端相连，但这种标记方法很少见。

可以用好几种方法来传输 S/PDIF 信号。如图 7-4 所示，可通过莲花头（RCA\phono\pin\plug）[8]来传输信号。莲花头在 CD 播放机上很常见，比如左右模拟信号输出头，以及在一根线缆里同时传输两路信号的单个数字输出头。有两种方法可以用来区分模拟头和数字头：通常左通路模拟接头的绝缘层是白色的，右通路模拟接头的绝缘层是红色的，数字头的绝缘层则会采用其他颜色。黄色一般用于复合视频信号接头。另一个区分模拟头和数字头的方法是看标记：单独标上"左"（Left）意味着这是模拟头，因为数字头是在一根导线里传送两路信号。

图 7-4a　一对 RCA 接头，常用于消费级模拟音频信号连接（左通路为白色，右通路为红色）

---

8 这 4 个词中的任何一个都可以用来表示该接头，大多数时候只用它们中的一个就可以了。

图 7-4b 一个 RCA 接头，可用于 S/PDIF 数字音频信号传输，在消费类设备上通常标记为"数字同轴"（digital coaxial）

　　另一种传输 S/PDIF 格式数据的方式是通过光纤，这是如今普遍采用的方式，如图 7-5 所示。最常见的光纤接口叫 TOSLINK，相应的线缆和接头都很普遍。它们的优势是以线缆里流经玻璃纤维的光作为媒介，不需要电的互连，从而避免了因接地不良带来的问题（如地与地之间的回路导致的嗡嗡声）。

　　数字音频互连的好处是，如果线缆两端接头类型相同，只需把它们接到设备上，接口就能正常工作。音频信号电平是以数字形式来传输的，而不是靠接口处的电压。因此只要连上接头，音频信号电平就不会有问题，这是数字互连较之模拟互连的一个优势。

图 7-5 一种光纤线缆和接头

如果要从一种接口类型转向另一种接口类型，比如从 AES3 转向 S/PDIF 或反之，利用变压器也许能完成电路接口电平和阻抗的匹配。然而，即使进行正确的电路互连，通常 AES3 的信号在 S/PDIF 输入端也很难识别。如果这种连接方式不工作的话，需要使用专用的 AES3 转 S/PDIF 的格式转换器[9]。通常 S/PDIF 的信号更有可能被 AES3 的输入端识别，但不能保证一定能识别。通过使用合适的转换器，使电平和阻抗问题得以解决，就可以进行不同类型接口的信号互连。

在信号互连的问题上，纯粹的数字接口还会带来另一种麻烦，即由于时钟问题产生滴声（大声的、尖锐而短促的滴声）。音频时钟就像很多手表上使用的石英晶体振荡器一样，为机器内部设定一个步调，来管理音频信号在端口的传输。但正如有着不同的石英手表，DAT 机器里的时钟和剪辑系统里的时钟在速度上可能会有微小差别。把两者连接起来时，几乎注意不到这种差别，因为速率上的小差别大多数时候被缓存所克服——以源机器的速度把数据放到存储块里，然后以接收机器的速度从存储块里取出来。但当缓存不足或过量时，问题就发生了。这时存储块发生跳跃，以补充或移除数据，结果就产生了滴声。这种滴声可能会频繁到 1 秒 1 次（很少见），也可能 20 分钟才出现 1 次，因此很难对它进行追踪。

解决这个问题有两种方法：（1）调节接收设备，使它的时钟与传输过来的数据同步，这也意味着它无法同时与制作室里的其他设备同步——为了接收数据，它将与制作室里的其他设备独立开来，单独运行。（2）通过将源设备的字时钟输入口与剪辑系统采用的时钟连接到一起，使源设备的时钟与制作室的主时钟锁定。制作室主时钟是一条高精度的时钟发生器，虽然它有多种输出模式用来满足音频和视频的需要，但在音频中最常用的是字时钟，它以音频采样率为参考，大多数情况下是 48kHz。把它分配给所有能接收字时钟的设备，然后通过硬件和/或软件切换来设置这些设备，使它们与输入的字时钟保持同步，就能克服在这些设备间传输数字音频时产生滴声的问题。顺便提一下，采用什么样的数字音频接口——铜线或光纤的 S/PDIF 或 AES3 接口——与同步没有关系，任何接口方式都可能产生滴声。

剩下的问题就是，对没有字时钟输入口的设备，如所有的 CD 播放机和价钱便宜的 DAT 机器，如何解决同步问题？有两种可能的解决方法，第一种是让接收设备以输入信号作为自己的时钟源，这可能是靠硬件和/或软件上的一个开关来设定的。这样接收设备如剪辑系统，就无法同时输出与其他设备保持同步的数字信号，但这可能并不重要。例如，可以通过剪辑系统的模拟输出来监听输出信号，而不是通过接到其他设备的数字口，因为这会使其他设备也按最初发送信号的源设备的速率来运行。第二种方法是将源设备的模拟输出信号送到接收设备的模数转换器中进行转换。

数字音频接口还会带来另一问题，这是个更基本的问题：源设备和接收设备必须以相同的采样频率运行，如果采样频率不同，可能会导致不同的结果。第一种结果是接收设备无法与源设备锁定，导致完全没有声音。第二种结果是接收设备的运行速度发生偏移。例如从

---

9 以下公司生产 AES 和 S/PDIF 之间的变压器和格式转换器：c4 Audio Systeme GmbH, Elmring 15, 38154 Koenigslutter, Germany。电话 0 53 53 94100 0，传真 0 53 53 94100 88。详情可参考 c4 Audio 官网。

48kHz 输入口接收来自 CD 播放机的 44.1kHz 的信号，当声音在剪辑系统里以正常速度还放时，音调会升高 8.8%（这是很大的量），同时时长也会缩短相应的量。有些情况下这可能没有影响，但通常会导致明显的失真。

第三种可能是系统在传输 44.1kHz 的信号时，携带其采样率信息，然后在还放时进行采样率转换，使它在 48kHz（与画面配合的音频一般采用该采样率）文件里能以正确的音调和速度还放出来。这里存在的问题是，一个好的采样率转换器会加重计算机硬件的负担，限制能同时处理的声轨数。Final Cut 和 Soundtrack Pro 工作站就是采用这种方法来使不同采样率的文件，如 48kHz 的 DV 文件和 44.1kHz 的 CD 文件能在同一个剪辑工程文件里混合使用，但要消耗计算机大量的运算能力。

7.3.2 对数据流传输的建议

总结一下数字音频互连的问题，以下是一些建议。

● 用火线互连时，第一个要注意的问题是按照不同的标准采用正确的接头和线缆，如表 7-2 所示。

注意 FireWire 400 端口也叫 iLink。

用火线互连，要注意用于同一个节目的所有源信号应采用相同的采样频率和字长，比如在 DV 拍摄时音频标准优先选择两声道、48kHz 采样、16bit 字长，而不是用更低的采样率和字长，违背这一点至少会给操作人员（把所有的文件转换成统一格式）或工作站（运行速度减慢，并且产生音频质量问题）带来额外的工作负担。对数字视频传输来说火线是最直接的连接方式，能同时包含画面和声音。不过，把它用于某些 DV 格式的非锁定音频信号时，需要考虑同步问题（详见第 2 章）。

表 7-2 火线互连

线缆一端	线缆另一端	用途	图
FireWire 400 IEEE 1394a 标准 4 针口	FireWire 400 IEEE 1394a 标准 4 针口	连接两台 DV 摄影机，用于复制数据，或者在特定模式下进行连续录音	
FireWire 400 IEEE 1394a 标准 6 针口	FireWire 400 IEEE 1394a 标准 4 针口	连接 DV 摄影机和计算机或 DV 录像机，两者都应具备 IEEE 1394 火线端口	

线缆一端	线缆另一端	用途	图
FireWire 400 IEEE 1394a 标准 6 针口	FireWire 400 IEEE 1394a 标准 6 针口	连接火线硬盘和计算机，使用 IEEE 1394a 火线 400 端口	
FireWire 800 IEEE 1394b 标准 9 针口	FireWire 400 IEEE 1394a 标准 6 针口	也叫双语线缆，能将带 6 针火线 400 端口的设备与计算机的 9 针火线 800 端口相连接，或者将计算机的 6 针火线 400 端口与带 9 针火线 800 端口的设备相连接	
FireWire 800 IEEE 1394b 标准 9 针口	FireWire 400 IEEE 1394a 标准 4 针口	连接 DV 摄影机和计算机的火线 800 端口	

- 两端都是卡侬头的 AES3 信号互连时，输入信号采样率和字长应与剪辑系统里已有的信号保持一致（优先选择 48kHz），但如果只有 44.1kHz 的信号（比如来自 CD 的信号），应作出标记说明。出现短促而尖锐的滴声通常意味着有时钟问题。听到这样的声音时，应检查源设备有没有字时钟输入口，如果有的话就接入与剪辑系统相同的时钟源。如果没有，设置剪辑系统的信号导入软件，使它的时钟与输入信号的时钟相一致，比如设置成"时钟来源于 AES 输入端"（Clock derived from AES input），或时钟菜单里类似的选项。
- 如果 AES3 信号互连时线缆两端都是 BNC 接头，需要考虑的事项和采用卡侬头时相同。
- 如果在 AES3 平衡式 110Ω 接头（XLR 头）和非平衡式 75Ω 接头（BNC 头）之间互连，需要使用转换适配器。
- 对线缆两端都是莲花头的 S/PDIF 信号互连，情况和 AES3 类似。CD 播放机的标准采样频率是 44.1kHz，像前面介绍的一样应考虑使用采样率转换器。不过，目前 CD 信号多采用文件复制的方式快速导入，而不是用实时播放并录制的方式，因此这类互连需求已经比从前少很多了。
- 把 AES 和 S/PDIF 两种系统混合使用，要采用适当的转换器。应确认软件能接受这两个系统之间少量的比特差。

7.3.3　文件传输

迄今为止，音视频信号在媒介和系统间传输的最有效方法是进行文件传输，而不是流传输。这是由于从随机存取文件系统拷贝时，只需一个步骤就可以把整个声音文件和视频片段导入剪辑系统中，比实时传输要快得多，不过有个条件就是导入的文件格式必须与系统要求的格式相匹配。如果已有的是包含同步音频的 DV 格式或 MPEG 格式的视频文件，想把 CD 里的音乐导入进去，就会在采样率的混用上出问题：DV 用的是 48kHz 而 CD 用的是 44.1kHz，这样就可能产生以下几种结果：一种可能是工程文件以新的采样率来还放 CD 信号，于是声音音调升高，时长缩短。对一些音响效果也许可以接受，但会造成人声变薄以及音乐以错误的音调还放。另一种可能是在导入时转换信号的采样率。将采样率从 44.1kHz 转换为 48kHz 需要在硬件或软件中对原始波形进行重新计算，再提高采样率采样，这一过程在许多编辑系统中能够通过设置自动完成。

关于文件传输的另一个问题是系统能否读出所导入的文件格式。音频文件有多种格式，有些只包含音频信息和最少量的关于录制方式的信息，有些则可能包含大量信息，包括声音在时间线上的位置、与其对应的淡入淡出文件等。这些文件之间的一个主要差别就是音频格式首先表现出的是最不重要的信息（叫作小字节序，如.wav 文件），还是首先表现出最重要的信息（叫作大字节序，如 AIFF 格式）。一些用于互换的文件格式如表 7-3 所示。

表 7-3 专业录音及传输常用文件格式

名称	使用领域	局限性	字节序	多通路传输特性	元数据
SDII 格式（声音设计者 2：Sound Designer II），用在计算机上，扩展名为.sd2	剪辑系统；很普遍,但由于出现时间较早而具有一定的局限性	最大采样率为 48kHz,最大文件大小为 2GB，对文件长度有限制	大字节序，因为用的是摩托罗拉（Motorola）根目录	通道交织	单声道/立体声、量化比特数、采样率
AIFF 格式（苹果互换文件格式：Apple Interchange File Format），扩展名为.aif 及.aiff	剪辑系统；很普遍,但由于出现时间较早而具有一定的局限性		大字节序，因为用的是摩托罗拉根目录，与 SDII 文件有少量差别	通道交织	通道数*（单声道/立体声是唯一可选）、量化比特数、采样率、应用程序——特殊的数据域
AIFF-C 格式（带压缩的苹果互换文件格式），扩展名为.aifc	后期制作中不常用		大字节序	通道交织	单声道/立体声、量化比特数、采样率、应用程序——特殊的数据域；-C 表示可能有降比特率（压缩）音频信号
WAV(.wav)格式，指波形数据（Waveform Data）	最早出现在 Windows 中,现广泛用于 PC 和苹果机，互换性强		小字节序，用的是 Intel 根目录	声轨交织	通道数、量化比特数、采样率；可能包括降比特率（压缩）音频信号

名称	使用领域	局限性	字节序	多通路传输特性	元数据
BWF 格式（广播用 WAV 格式，.wav）；虽然是另一种格式，但.wav 是其正确的扩展名	广播；广播工作人员开发的带扩展名的 WAV 文件	和画面之间没有特定的关联	小字节序，用的是 WAV 根目录		WAV 文件的元数据加上与制作和时长相关的元数据
OMF 1 格式					首个可以将音频信号和剪辑单（EDL）、尤其是声音和画面的剪辑点相关联的文件格式
OMF 2 格式					具备以上功能的第二种格式
AAF 格式					具备以上功能的第三种格式
AES-31 格式					广播用 WAV 文件的一种扩展；试图用于工作站间的信号交换

* 通道数从 4 跳到 6，是 6 个声道，而不是标准的 5.1，因此 AIFF 格式不能用于 5.1 声道音频文件。

7.4　音频文件格式

　　现在采用的音频文件格式是多年发展的结果，其中很多系统都借鉴了大量的旧系统。在这个过程中，每种新格式实际上都是旧有格式的延伸，通过在旧有格式外加上新的包装，使其能包含更多的信息。这样，一些音频文件格式就像俄罗斯套娃一样——打开一个玩具娃娃，发现里面嵌着另一个更小的玩具娃娃。一些新的格式因为要把旧有格式包裹在里面，于是限制了对旧有格式的可选范围。例如，.wav 文件可以包含低码率编码音频（见第 11 章），但当用作 AES 31 文件时，编码方式被限制为线性脉冲编码（PCM）。

　　这些格式中最早出现的一种叫作 IFF，是在 Amiga 计算机上发展起来的。在它的基础上产生了 WAV 格式，在 WAV 格式上产生了 BWF 格式，在 BWF 格式上产生了 AES 31 格式，每种格式都在基本的音频文件上附加了新的信息。最广泛采用的可用来互换的基本数字音频文件格式是 AIFF-C、BWF、WAV 和 SDII 格式。一些专用系统还采用大量的不同类型的文件格式，其中有些文件格式可以在专用系统间互换（例如，Akai 机器能读取 Fairlight 文件）。

　　第二种文件类型包含有音频信息和剪辑信息以及附加的元数据，或与元数据相关的数据，这些格式包括 OMF1、OMF2、AAF 和 AES31。音频文件格式如 AIFF-C、SDII、WAV 等可以被嵌入到 OMF 文件中。然而，OMF 文件也可以只包含剪辑单信息，指明每个音频块所处的位置，这种 OMF 文件叫作组织文件。要注意：不只一个剪辑助理在导出 OMF 文件时只导出了组织文件，结果发现其中并不包含音频文件。

采用 48kHz 采样、16bit 线性 PCM 编码的数字音频信号，每分钟每轨的数据量是 5.76MB（每秒 48 000 次采样，每个采样乘以 16，每分钟乘以 60 秒，得到的数字除以 8 以换算成字节单位，就等于 5 760 000 字节）。1GB 的存储量可以存储 173 分钟单声道 48kHz 采样、16bit 量化的数字音频信号。如果采用其他采样率、字长或声道数，也可以在这个基础上计算出来。

媒介的存储空间用满到什么程度取决于它们的用途。例如，用作交换的媒介可以存得相当满，而用于剪辑的媒介就得为音频信号的改变、附加剪辑文件的加入、操作余量等预留空间。用于剪辑目的时，50%的存储量是比较合适的。

7.5 对双系统的管理

在双系统中，拍摄现场的同期声与视频文件分开被单独记录在录音机上。同期录音机通常将 WAV 或 BWF 格式（广播用 WAV 格式，参见表 7-3）的音频文件录制在固态存储卡上（详细类型参见表 7-4），光盘、硬盘和磁带也在一些设备上被用作主要或次要的录音格式，但表 7-4 中列出的是最常用的类型。双系统录音中常用的录音机包括高端产品 Sound Devices 700 系列、Fostex FR-2 或 FR-2LE，以及 Tascam 和 Marantz 生产的各种产品（过去以磁带和光盘记录为主，如今以固态闪存卡记录为主），还有一些用于低成本拍摄的小型设备，例如 Zoom 系列录音机和 Sony 生产的手持录音机。

表 7-4 双系统设置中常用录音媒体列表

媒体类型	容量（典型的）	代表性录音设备	声道数
CF	2 GB ~ 32 GB 或更多	Sound Devices 702、722、744、788 Marantz PMD660、 PMD671 Tascam HD-P2	2、4、6、8 或更多
SD、SDHC	2 GB ~ 32 GB	Zoom H3N、H4 Tascam DR40、DR680（8 轨）	手持式录音机 2 声道，专业机型最多 8 声道
内置硬盘	80 GB ~ 256 GB	Sound Devices 722、744、788	2、4、6、8 或更多
外置硬盘（火线接口）	可变	Sound Devices 702、722、744、788	2、4、6、8 或更多
DAT*	15分钟~3小时	老式录音机	2

* 在非线性录音系统占领市场之后，DAT 录音机就不再广泛使用了，只在一些老式设备组合上使用。

上述录音机使用时可以选择是否搭配外接调音台，如第 3 章双系统录音设置所述。如果不使用调音台，一支到多支话筒或无线话筒接收机需要直接连到录音机上，通常使用卡侬头输入。如果使用调音台，调音台的输出端通常以线路电平接入录音机的卡侬头输入端，或者在某些情况下，通过专用多芯线缆输入。上述两种情况下，录音机的输入灵敏度必须相应地设置为话筒电平或线路电平。

还有一种新方法是使用一种叫作调音台-录音机的设备，这是一个基于调音台设计理念但集合了录音功能的设备。Sound Devices 700 系列的大部分录音机就拥有足够的混音控制功能，因此可以作为调音台-录音机使用。Sound Devices 552 是最具备调音台-录音机特点的代表性设备：作为 4 声道 442 调音台的换代产品，它增加了第五条输入通路，但仍然能够将两声道混合信号输出到 SD 卡中，可以用来补充或替代通过调音台输出的线路电平信号。

双系统中的音频媒介管理比视频媒介管理更容易，因为和高清晰度的视频文件相比，音频文件占用更少的空间，因此音频录制时几乎不需要更换存储媒介。一个 2GB 的存储卡（CF 卡或 SD 卡）能够录制超过两个半小时的双声道、48kHz、16bit 音频，大一些的存储卡能够轻松录制同样时长的 24bit 或更多声道的音频。一些使用 CF 卡的录音设备能够支持内置硬盘录音，或通过火线接口连接外接硬盘进行录制。将音频同时记录在 CF 卡和硬盘上能够为当天的录音进行备份。大容量硬盘能够存储一个节目的所有音频，而无需在每天完成素材转移后对媒介进行清空。

便携式同期录音机上火线接口的另一个用处，是通过文件传输的方式，将音频文件传输到计算机或剪辑系统中。与使用火线从 DV 摄影机中传输音视频流不同，使用火线将 Sound Devices 702 等录音机与计算机连接时，录音机以磁盘模式工作：它类似于一个简单的外接硬盘，使音频文件能够进行高速数据传输[10]。设备内部的存储媒介——CF 卡或内置硬盘——都能够以此种模式读取数据，这也可能是在不卸载驱动的情况下从内置硬盘上进行数据复制的唯一方法。

与视频文件在拍摄时只要存储卡满了就需要进行转移复制不同，双系统录音通常在一天拍摄结束后才需要进行文件转移和备份，当然也可以是半天。因为音频媒介不会像视频媒介那么快就被填满，一整天的内容往往都能存放在一张存储卡或硬盘中。从存储卡中导出录音素材时，虽然可以使用火线或 USB 连线进行传输，但通常会将存储卡从录音机中取出来放到计算机里进行复制。

使用外接硬盘时原则上不需要进行音频文件的传输，因为可以直接将硬盘插进装有剪辑系统的计算机将文件导入剪辑系统，但在实际工作中，最好将其作为原始录音的主备份离线保存起来，常见做法是在每天拍摄结束后通过计算机将其复制到一个或多个备份硬盘中。

数字音频磁带（DAT）虽然用得越来越少，但作为消费类格式在双系统录音中仍能见到。数字磁带必须在录音机或专用还音机中还放，并且使用流传输的方式将文件导入剪辑系统。

7.6 声画同步

使用双系统录音有很多优点，例如使用专业录音机保证了音频质量，录音和摄影团队的工作相互独立无需因为设备间线缆的连接互相牵制，便于记录用于后期制作的其他声音——

---

10 其他设备在通过 USB 连接时也提供类似的功能，例如 Zoom H4 和 Marantz PMD661。

包括补录对白、现场气氛声和音响效果等——而无需启动摄影机。另一方面，双系统录制为后期制作的声画同步提出了新的要求，该同步必须在视频剪辑开始之前完成，以确保剪辑画面和相应的同期声正确链接在一起，不必在声音和画面结合之后再重新剪辑。

保证声画同步的传统方法需要打板，这是电影制作的标志性画面，打板可以产生一声突出的板声，把这一声和场记板合上的第一帧进行严格的同步。当然，在数字影像制作领域还有其他同步方式，无论使用何种方法，最重要的是制定一个计划，并且提前确定所选择的方法对具体制作中用到的设备是有效的。无论如何，都应该使用场记板作为同步备用，以防其他同步方法失败；拥有一个安全的备用同步方法能够在意外发生时节省花在剪辑室里的数小时时间。

在多机位拍摄中，拥有声画同步的方法变得更加重要，因为有多个视频素材需要与音频素材同步，同时，视频素材之间也需要同步。如果每一台摄影机都能够记录一条参考声轨，或者能够对共同的时码进行时码追踪，就能够在软件中进行音视频自动同步操作。在为数字影像制作确定工作流程时，以下方法能够有效地进行声画同步。

7.6.1 时间码自动同步

如果所用录音设备能够进行时码输出，而摄影机能够与外部时码源追踪同步（jam sync），那么声画同步最简单的方法就是将录音机和摄影机的时间码都设置为自由运行模式（或当日时间），并使摄影机的时码发生器对录音机的时码进行追踪同步，或者反过来使录音机追踪摄影机的时码同步。然后，让录音机和摄影机都处于开机状态，则可以踏实地进行几个小时的拍摄而不用担心时钟不同步的问题。不过，由于两台设备的晶体振荡器通常存在微小的差异，会导致一天下来时间上出现明显差异，因此最好每隔几个小时就对时间码进行重新追踪，例如早上、中午、下午各追踪一次。在设备每次关机重开机时进行时码追踪也非常有必要，因为时间码经常在开关机过程中出现跳跃。

将音视频素材导入具备自动同步能力的剪辑系统，例如 Final Cut、Avid 或 Premiere，音视频片段能通过内嵌的、完全相同的自由运行时码实现自动同步。采用传统的同步方法，需要选择哪段音频片段和哪段视频片段进行匹配，但在这里软件会将音视频自动同步，并且生成一个包含有同步音频的新的视频片段。最好再通过肉眼检查一下几个片段的同步状况，以确认音视频保持严格的同步，或者，如果同时使用了场记板，可以先使用自动时码同步，然后查看拍板的音频波形是否与画面匹配来验证声音和画面是否正确同步。

7.6.2 PluralEyes 和 DualEyes 的自动同步

如果无法使用时间码自动同步，仍然可以将一台或多台摄影机中的视频与音频进行同步，这就需要在拍摄过程中通过随机话筒在摄影机中录制一条参考声轨。录制参考声轨是声音制作过程中为数不多的推荐使用随机话筒的地方，详见第 4 章的介绍。它除了能够为声画同步提供手动紧急备份之外（参见下文中"如果没有打板"部分的内容），录在视频媒介上的参考声轨很多时候都能用作音频同步软件的同步参考。音频同步软件对音频数据进行比较，通过数学计算来匹配各条音频达成同步。与时码同步和已经使用了几十年的人工同步相比，这一技术比较现代。它代表了数字视频制作领域浮现出来的技术应用方向，即帮助人们减轻工作负担。但是，和其他实现音视频同步的方法一样，对于具体项目来说，需要在类似的制作条件下提前测试，以确保该同步方式是可行的。

PluralEyes 和 DualEyes 就是两个这样的软件，它们通过分析一个或多个视频文件中音频参考轨的数据，将各个视频文件同步起来，或者将视频文件和一条主音频轨同步起来，而不用依赖使用者手动找到每个片段上传统拍板的同步点。DualEyes 主要用于将一台数字摄影机拍摄的视频文件与一台单独的录音机录制的音频文件同步，PluralEyes 则能够在相距不远的多机位拍摄中对每台摄影机的参考轨进行匹配，实现多台摄影机素材的同步，在双系统录音中，也能够与主录音机音频同步。为了让软件能正确工作，应该使参考声轨与主音频信号呈现出一定的相关性，这需要确保拍摄过程中摄影机和同期话筒相距不远，能够拾取到相同的对白、音响效果和环境声。

有一种情况下上述操作难以执行，就是将远距离的拾音对象通过无线话筒录到录音机上，这时摄影机距离拍摄对象太远，随机话筒无法拾到足够的声音。还有一些情况，环境中可能有太多的噪声，对一个安静的对象拾音时，随机话筒无法获得指向性吊杆话筒或无线话筒那样清晰的声音，如果参考轨和主录音素材之间区别过大，这种自动同步方法很难取得预期效果。解决方案是将双系统录音机的信号通过线缆传送给摄影机，使两个系统记录下的音频信号完全相同。主录音机上的录音可能更干净，但摄影机上的录音确保了同步。

7.6.3　使用场记板人工同步

这是进行声画同步的传统方法，即使使用了时间码自动同步，也应该尽可能打板，以防设备之间同步丢失或时间码意外未能同步。使用场记板时，需要在每个镜头拍摄的开头打板，从而为声音和画面提供一个通用的参考，能够在后期制作时进行匹配：打板时响亮的板声在声音波形上表现为一个峰值，将其与板合上的第一帧画面相匹配。双系统环境下使用场记板的完整过程见第 3 章的双系统录音部分，该部分列出了对工作步骤的建议，能够有效减小工作中发生混乱，并且在后期制作中使人工同步更简单。特别要注意的是，摄影机每次开机都应该打板，还有，即使摄影机并未停止运行，但录音停止并开始新的录音，这时候也应该打板。打板时，场记板必须处在画框中，并处在指向性话筒或演员身上无线话筒的拾音范围内，以确保板的画面和声音能够被录制下来。打板只能在摄影机和录音机都运转后进行，否则画面或声音就会失去该镜头的同步参考。

7.6.4 如果没有打板（紧急情况下怎么办）

如果拍摄时有一个或多个镜头没有打板，在声音和画面之间也没有关联时间码，那么如何往下进行取决于是否在画面拍摄过程中运用随机话筒录制了参考轨。如果有参考轨，可以参照参考轨，在工作站中观察音频波形，调整主音频的位置与参考轨同步。大多数准专业级和专业级视频剪辑软件都能沿时间线在音频轨上显示音频波形。在 Final Cut 中，这一选项叫作"显示音频波形"（show audio waveform），在 Avid 中的选项叫作"显示采样图形"（show sample plot）。在 Adobe Premiere Pro 中对音频轨进行放大也能在时间线上显示波形。Pro Tools 或 Soundtrack Pro 等声音编辑软件也能够显示音频波形，因此如果一个原始录音片段必须在声音编辑阶段与画面同步，可以采用同样的方法使用从画面剪辑师那里拿到的参考轨。一旦同期录音素材从波形上看已经与参考轨取得了同步，验证它们是否严格同步的方法就是将两条声轨同时播放，听一听是否存在"回声"或梳状滤波效应（详见第 9 章的介绍），需要时前后移动同期声轨来实现完全同步，这一移动的量可能是在小于 1 帧的范围内进行。

如果没有打板，也没有参考时间码和参考轨，完成声画同步的最好措施就是先拖动声轨，让它与画面大致同步，然后寻找短促的、容易识别的语音音节或音响效果，通过肉眼观察使声画完全同步。"T""P""D""B"等前置爆破音是使用肉眼进行对白同步时最好的参考线索，因为这些音通常比元音和其他辅音更加响亮而清晰，有更明显的同步参考元素（演员的嘴部动作）。其他可视的内容，例如拍手或演员触及坚硬的表面，也能够在声轨中找到相应的声音作为准确同步的参考。这就是为什么在寻找准确同步点之前要先对声画进行近似同步。如果没有其他同步方式，使用这种方法也可能完成同步，这是一个缓慢而烦琐的过程，在双系统拍摄中只要有任何其他可行的办法都不推荐使用，这种方法只在极端情况下使用。

7.7 声画结合时常见的数字音频文件传输问题

以下是一些数字音频文件交换时的常见问题，包括那些来自视频剪辑系统的问题。

7.7.1 文件操作问题

- 不同版本的系统软件导出数据时，在源系统和目标系统之间，或者在源系统、翻译软件和目标系统之间导出的结果和预期值有所不同。
- 在节目制作过程中改变软件版本。
- 文件命名不清或不合逻辑。将文件命名为"临时混录"（tempdub）说明不了任何问题，因为制作过程中会产生大量的类似文件。

- 文件名的结尾不带扩展名，如 **.wav**。
- 导出媒介的格式化方式不正确，包括没有从媒介的文件结构空白处开始格式化而导致的存储残片问题。
- OMF 文件在导出到音频系统之前，在不同的剪辑版本之间转移。

7.7.2　剪辑问题

- 不合逻辑的声轨安排，比如把吊杆话筒的声音和纽扣话筒的声音任意摆放，使得声音在声轨间跳跃。声轨要保持命名和记录的一致性。
- 导出之前声音与画面不完全同步；在低解析度画面上很难准确地判断同步。为检查同步，最好把仔细完成同步的同期声 A 轨用作参考。对白可以剪开来放到不同的声轨里，检查同步的方法是把剪辑轨和同期声 A 轨同时播放，仔细听声音的相位。当声音几乎同步，却没有完全同步时，会听到因梳状滤波效应产生的瑟瑟声。市场上有软件可帮助自动对齐声音，如 Synchro Arts 的软件 Vocalign。
- 视频剪辑师在插入现场补录的声音时，没有采用任何方法来同步追踪该声音的来源。这意味着如果采用这条声音，音频工作人员需要把以上工作重做一遍。例如，从 CD 里把音乐导进视频剪辑系统，是无法往回跟踪音乐来源的。替代方式是，往视频剪辑系统里导入音乐之前，将 CD 里的音乐复制到带时间码的录音机上，然后从录音机里把时间码和音乐一起导出，这样声音剪辑时就可以与原来插入的音乐准确同步。注意在视频剪辑师导出声音之后，音频剪辑师可能需要更长的长度，于是需要将声音从原素材里重新导入，这时候就有必要在声音剪辑机房里重复画面剪辑师的工作，如果有时间码作为参考，就可以使重新导入的声音与原先剪辑的声音准确同步。
- 过于依赖导出系统。由于导出系统只能导出机读式 EDL 定剪单，当导出失败时，该定剪单不如人工可读的定剪单那么准确，但却是唯一的备份。
- 在声音文件上有文本信息导致导出失败。
- 多机拍摄时编组片段/子片段导致导出失败。
- 工程文件的起始时间与节目的时间码不匹配。
- 剪辑机房监听系统较差，房间声学条件也不好，剪辑师在剪辑机房里听起来不错的声音，到了混录棚听起来可能会很糟糕。有时候因信号传输问题导致声音变差时，画面制作部门还会抱怨说"声音在 Avid 里听起来很好啊"。视频剪辑机房的监听条件通常很差，因此剪辑师无法正确判断声音的质量。有一次声音部门拿到的音频是完全失真的，当他们返回到视频剪辑机房去检查时，发现监听扬声器的高音单元烧坏了，因此听不出失真来。

7.7.3　数字音频问题

- 源系统和目标系统的采样率不一致。尤其当音乐制作人员介入时，他们总喜欢用 44.1kHz 的 CD 采样率，而大多数电影电视的音频采样率是 48kHz。如果想使 CD 里的声音在导入前后保持相同的音调和时长，必须通过采样率转换器来处理。
- 在电影胶片或真正的 24p 视频制作中，因音频下转导致采样率冲突。以 48kHz、29.97fps 标准采样率制作的音频，电视播出时会因下转出现非标准采样率。如果插入没有经过下转处理的音频文件，会有 0.1% 的不同步，使声音比画面时长要长。通过测量长度和计算两者之间的差别可以发现这一问题。如果是 0.1% 的差别，即声音拉长了 1/1 000 帧的话，很可能需要对声源进行下转处理。

7.7.4　常见音频制作问题

- 电平过低或过高。
- 声道混合到一起，或是相互交叉。

7.7.5　不正确的导出设置问题

- 不正确的信号合并：在 Avid 里，用 Audio Suite 插件进行了处理，包括编组信息、移调、时间压缩/扩展、淡入淡出、电平调节等。
- 声音剪辑师需要一些**桥段**，即画面剪辑所用音频段开始之前和结束之后的声音，以更好地进行音频段之间的过渡。根据所用音频素材、声轨上剪辑点的密度以及声音剪辑师的要求，桥段可能是几帧画面的长度，也可能是整个音频段的长度。对长故事片[11]来说，桥段应该是整个音频段的长度，这样才能提供最大的可能性以在其中找到用于剪辑点衔接的现场气氛声。

7.7.6　不正确或完全缺失的媒介标签问题

- 第 11 章中介绍的多声道后期制作媒介标签，包括节目交换所需的标签内容。

11　工业体系内的术语，指电影故事片和电视连续剧。

7.7.7　导出文件中一帧或一帧以上的同步误差问题（可能来源于软件的计算误差）

- 最好在导出文件中包含用于检查同步的信号，比如场记板信号，这样在导入之后就可以检查是否准确同步。

进行重要的文件传输之前，最好提前测试一下传输路径是否正常，而不要盲目轻信。

> **导演提示**
>
> - 为音视频素材制作多个备份，确保工作流程中对准备重新使用的媒介做好标签，例如对存储卡标出是否已将素材导出、是否进行了备份以及是否准备好在摄影机中重新格式化。
> - 使用数字接口录音时，要确保播放设备和录音设备共用同一个时钟源，或者录音机的采样时钟与输入的数据保持同步，以避免数字录音中出现"嘀"声。
> - 从录音所用的硬盘和存储卡中进行文件传输要比使用设备重放时进行流传输快得多，但流传输在基于磁带或其他线性录音的工作流程中仍在使用。
> - 在双系统录音时，即使已经使用了时间码自动同步等方法，也要进行打板同步。这样，一旦其他音视频同步方法无法使用，仍可以将其作为备用参考进行声画同步。
> - 对于同一个节目，确保拍摄现场和录音棚中录制的声音素材使用的是相同的音频格式和录音参数，这样能够节省出对音频素材进行采样率、字长和文件格式转换的时间，提高处理能力。通常，配合画面使用的音频采样率是 48kHz，量化比特率是 16bit 或 24bit。

8

声音设计

8.1　声音设计简介

声音设计是一门在恰当的时间和位置获得恰当声音的艺术，本章着重探讨什么才是恰当的声音。恰当的位置指的是声音在众多可能的声轨间的排列是否合理，这种剪辑过程中的声音组织技巧对混录有很大帮助。恰当的时间指的是声音在时间线上的位置，通常需要与画面或其他声音同步。恰当的时间和位置与剪辑细节有关，将在下一章详细介绍。

电影制作从戏剧中借用了一个概念叫作"场面调度"（mise en scene），即导演把什么东西放到一个场景里。这就是我们所看到的画框——它包含什么，排斥什么，涉及灯光、服装、演员调度——即演员的聚集和移动等。当这个概念首次用于电影时，指的是摄影机前的所有事物：背景、服装、镜头组合、明暗布局等。如今，这个术语在电影研究中的概念得到拓展，包含进了摄影效果如景深，以及剪辑、声音等。因此，声音已成为现代电影艺术评论的一个主要部分，解读一部电影意味着理解每个电影组成部分在感知上所扮演的角色，包括声音。

电影声音受到场面调度观点影响的第一个概念是，观众在电影中每时每刻听到的声音都是由某人在某个地方事先安排好的——就像任何一种创造性工作一样，存在一个作者，观众在电影里听到的声音并不是偶然的而是计划好的。它可以是摄影机以纪实方式录下来的声音，但更多时候它是一个结构化的声音，是由专业人员将各个片段组合形成的，以描绘出所需要的整体声音印象。有时候只是为了描绘出真实的声音，也可能需要在同期声的基础上加以改变。同期录制的画面之外的声音如果带有不恰当的噪声，那么重新结构或将其替换掉将更加合适。另外，即使在同一部电影里，不同的片段也可能包含有不同的声音风格，例如从现实主义到超现实主义再到蒙太奇，声音变得越来越抽象。

在很多主流影片中，固定的电影声音模式可能显得老套，但具有快速传达某种情绪的优势。在电影《夺宝奇兵》（ *Raiders of the Lost Ark* ）里"约柜被关上"这场高潮戏的结尾处，印第（Indy）和凯伦（Karen）精疲力竭但非常高兴。这时在环境声里我们听到了蟋蟀声，用这种安静平和的声音来结束一段精彩的声音片段：使用这种固定的声音模式给观众迅速传达出平静的气氛。

　　由于听过大量实例，观众已能理解电影声音的一些常规用法。不管是否意识到这一点，观众已通过观看电影受到训练。例如，画面上是恋人之间含情脉脉地相望，与之相伴的是管弦乐。当摄影机向后移动，一个在现场演奏的管弦乐队在前景中展现出来。还有什么可能性比这更大呢？这个声音玩笑很有趣，利用的就是有源音乐和无源音乐之间的混淆。这是一种电影声音惯例[1]。另一个例子是电影《歌剧红伶》（ *Diva* ）的开头，片头字幕的配乐在邮差关掉他摩托车上的收音机时被切断，音乐将在这部电影里扮演重要角色的事实通过开场几秒的这一处理得到强调。

　　另一个基本手法是在画面剪辑点间保持声音连贯，如此暗示出虽然视点发生了变化，但仍处在同一空间。提高整体连贯性的工作通常交给现场气氛声（presence）来完成［也叫房间声（room tone），或者在英国叫作空气声（atmosphere）］。现场气氛声界定为与同期声完全匹配的声音，用来填补同期对白之间的空隙而不会带来不连贯的感觉。它是画面所展现的空间里相对安静的声音，注意并不是无声，将声音切至无声会立即引起观众的注意，使观众感到听觉出现空白而不是感到安静。它可能非常、非常安静，我们通常希望它这样，因为大多数时候要想获得最好的对白可懂度，安静的背景比嘈杂的背景更有利。有时候无法获得与同期声精确匹配的现场气氛声，于是在剪辑时就会有跳点。对白剪辑师采用一些技巧，比如让剪辑点前后的声音交叉渐变，以及让声音剪辑点滞后于画面剪辑点挪到下一句话的开头等方式，来掩盖这些跳点。

　　如果对白声轨无法做到完全平滑，或者如果导演和声音设计师需要创造一个不同于拍摄现场的新的声音空间，那么如图 8-1 所示，环境声（ambience），也叫背景声（backgrounds），将起到和现场气氛声类似的作用。它能促进画面剪辑点间的连贯，以及用新的声音空间来取代原来的空间。如果同期声里的现场气氛声电平足够低的话，即使剪辑点间的现场气氛声有

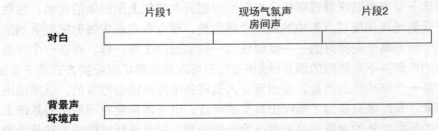

图 8-1　现场气氛声和背景声的区别：现场气氛声是穿插在对白声轨之中的，背景声则有其单独的声轨

---

1 好的玩笑容易被反复使用。梅尔·布鲁克斯（Mel Brooks）在他导演的电影《灼热的马鞍》（ *Blazing Saddles* ）里也采用了这种做法，当州长穿越西部去往新的工作地点时，镜头一摇，观众看到康特·贝西（Count Basie）管弦乐队正在演奏。

些不连贯，背景声都能掩盖掉这些不连贯，同时展现出其自身的特征。例如电影《星际迷航》（*Star Trek*）里，飞船的每一部分都有自己的背景声，在从工程室到过桥再到 10 号通道的过程中，背景声随之切换。观众被电影制作者引导着了解每个空间的声音，就像了解这些空间的面貌一样，从而通过视觉和听觉两条线索使观众感受到场景的变换。

通过对白和穿插其中的现场气氛声，可能再加上一轨或多轨背景声，一个听上去很真实的对话情景就建立起来了。无论镜头的拍摄是否在同一天或同一个地点进行，即使背景声被认为是用来创造真实感的，实际上都不是在拍摄现场录制的。下一个常用来制造真实感的声音是拟音声（Foley），它以发明者环球影视公司杰克·福利（Jack Foley）的名字来命名[2]，是在一个安静的强吸声录音棚[3]里，边看画面边制造出来的一系列声音效果。话筒通常离声源很近，用来录下脚步声、椅子嘎吱声、衣服摩擦声，以及一些细小的声音（如倒水）和较大的声音（如身体碰撞），还有如恐龙的身体蹭过树叶的声音等，都可以是拟音的范畴。在安静的房间里近距离拾音，拟音通常是对现实声音的夸大。拟音倾向于夸大声音效果，使它们听起来比现实中的声音要夸张，这种做法是必须的，因为终混时把它和其他许多声音一同播放会受到掩蔽效应的影响。在各种声音混合的情况下，要想清楚地听到拟音声，就必须采用这种方法。如今，即使是低成本电影也有能力进行拟音，因为投入的成本非常低：首先，找一个安静的吸声性能好的房间（例如一间放下所有帘幕的高中教室），然后在监视器上播放剪好的画面，需要的话戴上耳机监听同期声，把话筒放在靠近脚的位置，根据需要录下走路的声音，把它们记录在另一媒介上，用一台同期录音机、计算机音频接口甚至是一台单独的摄影机就可以录音。再按需要录下其他的声音。

适用于所有声音效果制作的一个主要概念——分层（layering），在拟音中得到了很好的体现。如果要录人群的脚步声，可以找一群人来拟音，用多支话筒同时录下他们走路的声音，我在北京电影制片厂里发现他们使用这种方法。但如果只有一个拟音人员的话，可以在每次录音时针对画面中的一个人来拟音，然后重复多次录音以对应不同的人，由此获得整个场景的声音。要完成这项工作，最好把每个人的声音录到 Pro Tools 或 Soundtrack Pro 等声音剪辑系统中单独的声轨上，这样每个人在录音时都能与画面取得同步。你可能还需要准备多双不同的鞋！如果用同期录音机或其他便携式录音设备来录音，那么需要将录下来的声轨转录到剪辑系统中去合并起来。即使采用的是多轨录音法，拟音时所有的声音都尽量与画面保持了同步，但严格的同步通常意味着需要将拟音声多多少少进行前后移位。不过在剪辑系统中，把各个拟音片段调整到几乎同步的过程在很大程度上是自动完成的。

到此为止我们已经讨论了对白，以及用于填补对白间空隙的现场气氛声、环境声或叫背景声，还有拟音。下一个主要类别是点效果声（hard effects）。点效果声可能来自同期声或资料库，也可能是为某部电影专门录制，通常和电影中的画面有一对一的关系。有件轶事很

2　源于 NPR 官网文章。

3　录音棚（stage）的概念来自好莱坞：摄影棚、动效棚、混录棚等。在其他地方，可能被称作工作室（studio）或录音工作室（recording studio）。

能说明问题：很多年前电影《塔克：其人其梦》（*Tucker*）的后期制作时间非常紧张，混录师们夜以继日地工作。混录棚里混录调音台的表桥上放着一位混录师的儿子写给爸爸的明信片，上面写道："爸爸，我知道了——看到一辆汽车的时候，我就会听到汽车的声音"。这位想念父亲的孩子给好莱坞后期声音剪辑下了最好的定义。传统好莱坞制作工艺就是，所有看到的东西都要有与之相配的声音。

有些导演赞同这种做法，即任何能发声的东西名义上都应该有声音，但也有人对此持怀疑态度。在好莱坞经常能看到，声音剪辑师在剪辑时使用了大量声音，几乎把所有能想到的声音都加进去了，然后留给导演在混录棚里挑选，剔除掉他们不想要的声音。这种方法正是声音设计所要取代的——即所有的决定都留到最后阶段交由导演来进行。例如，在电影《恐惧杀机》（*Sum Of All Fears*）里，开头有场戏是在一个炸弹掩体内的紧张场面，美国总统正在指挥部队应对危机。这时电话铃响了，是他的妻子为一些琐事打来的，于是观众意识到当前的紧张场面并非真实事件，它只是一场排练。前面营造起来的气氛被这个电话所打断。声音剪辑师为该场面提供了大量声音，既有用于前方声道的，也有用于环绕声道的，意图在于吸引观众的注意力从而增加紧张度。结果导演发现这些通信联络的嘶嘶声和嗖嗖声很容易分散注意力，尤其当它们从环绕声道里出来时，于是在混录时把它们去掉了，使得大部分声音在混录完成的版本里并没有出现。

在其他类型电影制作中，尤其当整个声音制作由一个人或一个小型团队来完成时，甚至可以在进入混录阶段之前就对声音效果做出选择。剪辑或混录所能使用的声轨数量总是有限的，当可用声轨是 n 轨时，人们总希望能有 n+1 轨。从只有几条声轨的最简单的调音台，到我所见过的拥有几百条声轨的最大型调音台，似乎都不能满足人们的需要。于是在好莱坞制片厂常常听到这样的抱怨："如果再多一条声轨就好了。"这也是声音设计要考虑的因素之一：使剪辑完成的声轨数量处在设备和软件所允许的范围内。如今当很多传统混录工作放到剪辑阶段来完成时，这个问题显得尤为重要。插件或滤波器在剪辑工作站中运行要占用一定的系统资源，但通常很难了解什么时候系统资源的使用会达到极限，以及一旦达到极限会发生什么情况。这是随着电影工业发展而产生的新问题：过去的限制在于混录师可以同时运行的声轨数量，如今则是在剪辑系统的每个通道上可以同时实时运行的插件数。

点效果声对于刻画和强调特定效果很有帮助。例如，尽管假定的是现实情景，动作电影中击打面部的声音却绝不是真实的。记得几年前参观一间好莱坞录音棚时，一个男人用他的大拳头全力击打火腿以得到这种击打面部的声音。这样录出来的声音比真实的声音更好，也更容易被接受，但它对动作-冒险片这类远大于生活的影片来说还是不够。有个办法就是把原始录音素材以慢速播放，使它比生活中的声音形象更庞大。另一个办法就是把一些声音分层组合在一起形成一个整体，以得到比各个夸张的声音更加突出的声音。其中可能包含的声音成分有：把一件旧的皮夹克扔到灭火车的金属引擎盖上的声音[4]，把完全熟透的水果扔到水泥

---

4 本·伯特（Ben Burtt）在"天行者"公司（Skywalker）为电影《夺宝奇兵》（*Raiders of the Lost Ark*）做声音时，采用了这种方法。

地上的声音进行慢放，或者在膝盖上折断芹菜杆的声音等。

把用作某个特殊效果的声音做分层组合能很好地隐藏原始声源。当很多声音从空间同一位置同时发出时，人耳对其中单个声音的辨析力会减弱。同样地，变速重放带来的移调和时移也能隐藏原始声源，这种方法在使声音形象变得比生活中更庞大时经常使用。顺便提一下，有意思的是，尤其是在比较极端的情况下，这种变速重放使用模拟录音机比数字录音机更容易实现——这就是为什么在全数字录音棚里还要装备一台具有宽范围变速功能的模拟录音机的原因。

录制这种声音效果和拟音的区别在于，点效果声在录制时不需要考虑与画面的同步，其目的在于单独录制一系列的声音成分，以供剪辑和混录时把它们组合成一个整体，成为一个完整的听觉对象，其中既可以只包括单个声音成分，也可以是多个声音成分的分层组合。

沃尔特·默奇（Walter Murch）通过将声音设计与马戏场对比得出一个重要概念。大的马戏场都设置三个环形舞台，而不是两个或五个。为什么要这样设计？这和人的大脑能同时处理的信息量有关。超过一定数量的信息会导致接收困难。我们的最终目的是完全调动观众情绪，所以刚好达到接收的临界点是最佳的。马戏场就是利用了这一点，即同时展现三场表演可以被观众接受。需要注意，三个舞台中的每一个都可能包含很多表演内容，所以实际上有比三个更多的成分包含其中，但是所有的成分被组合成三组，这样观众就能投入足够的、但其实是在不断变化的注意力。

电影中类似的情况就是对听觉流（auditory streams）的注意力。我们一次只能注意到三种声音，但注意力可以在更多种声音之间来回转移，因为我们的大脑一次只能处理这么多信息，但是可以对不同的听觉流进行切换。注意这意味着我们绝对需要多于三个的单独声轨，因为每个单独的声音事件都可以由多个不同的声音元素组成，但在任何一个时间点上所有的元素要组合成不超过三个的整体，这样观众才能跟上这些声音，注意到它们的存在。

将这个观点进一步衍生，我们可以说，如果这三种声音属于不同的类型，将更有利于观众识别。使用三轨互相交叠的对白，就好像三个舞台上都是驯狮手一样，其结果是混乱不堪。但对白、拟音声、音响效果及音乐，属于完全不同的类型，能够形成各自的听觉流使观众易于识别。

8.2 电影声音风格

电影声音有多种风格，在同一部电影中声音风格也会随时间而改变。最常见的就是现实主义风格，即声音好像就发生在摄影机前，但实际上却是采用多种声音元素组合之后形成的真实感。超现实主义打破了现实，把注意力放在一些无意识的、主观化的声音上，通常是从角色的视点出发来建构声音。蒙太奇风格则延伸到更加抽象的层面，通常在声音和画面之间拉开很大的距离。

8.2.1　现实主义风格

对于一个普通的对话场景，声音包括：

● **原始同期声中的对白**。声音剪辑师从备选镜头条（在日常回放中观看的镜头条，可能会用在最后的完成片中）和非备选镜头条（画面剪辑师可能从来没有看过的根本不准备采用的镜头条）里挑选合适的素材来组成对白声轨。

● **现场补录对白**。一般是拍摄当天在现场补录的对白，使用同样的话筒设置方式，但背景噪声被控制到最低限度。例如，拍摄时出于视觉效果的需要使用了鼓风机，那么补录对白是在关上鼓风机之后进行的。或者由于景别的限制，吊杆话筒无法靠近声源拾音，那么当拍摄完成后，重复相同的表演以单独录音。

● **现场气氛声/房间声**。用来填补把对白声轨中不想要的声音去掉之后留下的空隙，以及使对白声轨的声音更加流畅，听起来是个连贯的整体。如今通常是把话与话之间间隙的现场气氛声抓取出来，循环播放以延长到所需的长度。不过，如果导演在喊"开拍"之前稍作停顿，将给声音剪辑师留出一瞬间的现场气氛声，这段声音非常安静，并且和镜头里的现场气氛声完全吻合。

● **自动对白替换（ADR）**。一般是在安静的强吸声房间里录制。它通常伴随背景声一起使用，以得到一个完整的声音空间。它也用于画外音的录制，使用近距离拾音方式得到很紧的透视感（声音听起来很近），就像叙述者是从他内心里直接对着观众在说。有时候这种区分同期声和画外音的方法会被反过来使用（画外音带有一定的混响），就像在一些肥皂剧中，摄影机对着的是角色一动不动涂着凡士林的脸，观众却听到他们在一个充满混响的空间里说话的声音，于是观众知道自己正处在这些人又大又空的头脑中。采用 ADR 有个好处，就是所有的音响效果声、环境声和音乐都可以在一个干干净净的声音基础上进行建构。使用过这种工艺的加里·雷德斯琼姆（Gary Rydstrom）说："这就是为什么动画片的制作这么有趣，同时又这么困难，因为根本没有同期声可以用。"

● **同期效果声（PFX）**。指的是同期声中的音响效果，在剪辑时需要把它们从对白声轨中剪出来放到单独的声轨里去，因为混录时对对白和同期效果声的处理可能会有所不同。

● **环境声/背景声**。这些声音为电影营造了一个声音空间。它们可以用来表现故事发生的时间、地点，还有恐怖程度和其他用来说明故事情节以及加强故事情绪发展的内容。现场气氛声主要用来填充同期声轨中的各种间隙，以得到完全连贯的声音。在最好的情况下，现场气氛声和前景的对白及同期效果声相比应该是非常安静的声音，因为同期拍摄是在一个受到控制的环境里进行的。如果能做到这一点，且拥有了很好的对白可懂度，那么声音设计师就获得了足够的自由来设计声音，可以加入所需的环境声元素来丰富叙事。

关于以上声轨的排列方法将在剪辑一章里介绍。现实主义声音在剪辑和混录时，都尽量描绘摄影机前的真实情景。像前面提到的，如果同期声无法使用，需要用 ADR 加上环境声来替换时，出发点也是一样的——目的是让声音听起来像在摄影机前真实发生的一样。

视频制作中（但不是电影制作的惯例）用来加强真实效果的术语叫作润色（sweetening）。对声音进行润色时，音响效果和音乐将在修整完毕的对白基础上来添加。

以有源形式出现在场景中的音乐几乎不可能在拍摄现场实时录制，因为这样会丧失剪辑的可能性。任何时候只要条件允许，有源音乐比如收音机里播放的音乐，在现场都不会真的播放，而是后期制作时作为润色声加进去。只有一种情况下无法作假，比如镜头里是乐队的现场演出时。但即使这样也可以进行一定的控制，录下所需素材，提供给后期制作营造出整个现场的声音氛围。

通常需要录制的素材包括：

● 乐队在一个自然的、中近景的位置上演奏的全部音乐。

● 乐队在远景位置上演奏的全部音乐。如果后期制作时效果器齐全，比如具备所需的混响器等，这种效果是可以在后期制作出来的。但如果没有足够的效果器，最简单的方法就是在同样的节奏、同样的演奏音量下单独录下乐队处在远景位置的声音，这样后期制作时可以和近景的声音来回切换或交叉混合使用。

● 前景的表演，要求演员大声说台词，使背景有乐队演奏也能听清对白。

● 前景的表演，要求演员按照有乐队演奏时的音量说台词，背景是乐队假装演奏，只做动作不出声音。

● 当然，如果乐队的演奏不出现在镜头里，则以上这些都不需要，但要确保演员的表演是按照有乐队演奏的情况进行的，说台词的声音要大一些，这样音色听起来才像是压过嘈杂的背景声说话一样。

另一个需要仔细考虑的常见问题是在繁忙餐馆里的拍摄。故事片制作中，对这种场景的处理方式是让群众演员**看上去像**在说话，但实际上并不出声或至少是非常非常小声，这样才能很好地录下前景的对白（采用与所处环境相对应的音量说话）。在纪录片拍摄时，表 6-1 中显示出繁忙快餐店的背景噪声电平和一般交谈时的声音电平差不多，因此在这样的环境里录音会是个问题。无线话筒因其贴近演员能发挥一定的作用，但是在对白的可懂度以及之后的剪辑中仍有很多困难难以克服。例如，嘈杂的快餐店里一段安静、私密的对话基本无法录好，必须在一定程度上作假，比如控制现场的拍摄，或者用 ADR 加上快餐店的背景声来替换，可能还会用到一些同期声轨的声音来增加真实感。

为了用各种声音构建出一个真实的场景，在音响效果的录制和剪辑上有一些原则。对于移动的物体如汽车，声音剪辑指导会要求音响效果剪辑师准备不同的素材，总的来说包括以下一些声音。

● 汽车从停止到启动的声音。

● 汽车从行驶到停止的声音。

● 汽车匀速行驶的声音。这是汽车行驶中一个稳定的过程，就像话筒"跟着汽车跑"时录下的声音。这种声音可以用在摄影机追随汽车里的表演的情况，比如用车挂装置把摄影机固定在车外拍摄的镜头。匀速行驶的声音既可用于车内视点也可用于车外视点。

- 汽车驶过的声音。这是汽车驶过固定话筒时录下的声音，它来自于车外视点。构成汽车驶过效果的一个因素是多普勒效应，即当发声物体靠近听音人时，因空气中声波的挤压会导致音调升高，远离时声波扩展导致音调下降。最为典型的例子是，欧洲警车驶过观察点时那特殊的由两个音调组成的警笛声。如果在声轨中听到这样的声音，会让人迅速联想到欧洲的政府机关。

以上列举了行驶的汽车所具有的 4 种声音效果，其中每一种还会有许多变化，比如采用不同的行驶速度、在不同的路面上行驶等。不管怎样，这是一种思考方式，即考虑话筒能录到什么，以及怎样运用话筒来录音。

现实主义声音设计的一个因素是演员和声音间的互动。在电影《夺宝奇兵》（*Raiders of the Lost Ark*）的开场画面中，印第从洞穴里拿起了宝物，与此同时也让保护宝物的古老装置开始启动。在他穿过洞穴躲过这些机械装置的过程中，在一个点上他回头看了看。什么？一块巨大的石头正要向他滚来，但此时他还不知道呢。吸引他往后看的是松开锁定装置释放巨石的声音，而这个声音是后期加上去的。斯蒂文·斯皮尔伯格（Steven Spielberg）和哈里森·福特（Harrison Ford）清楚地知道这一点，想要加强紧张气氛，于是设计了往回看的镜头，使观众产生这样的疑问："他在看什么？"然后由声音给出答案。

有时候现实对于画面来说太过强烈，于是转而由声音去表现，就像收音机里播报的内容会刺激人的想象。《华氏 911》（*Fahrenheit 9/11*）在表现飞机撞击双子座的瞬间就采用了这种技巧，因为人们对画面实在是太熟悉了，于是将画面转入黑场，在一段时间内只由声音来表现当时的情景，这是种很有效的做法。声音的这种用法与画面的一种用法类似，就是在描述一件恐怖事件时，去观看人们的反应比直接看到事件本身更有震撼力，是靠人的想象来形成画面。事实上，《华氏 911》使用只有声音的黑场镜头，正是延续并拓展了想象的空间。

把画面去掉时，同样的声音听起来会很不一样——此时人们对声音会产生特别的关注。《华氏 911》充分利用了这一点，但这是很罕见的例子。另一方面，一个简单的体验方法就是关掉画面只听电影中的声音，这会展现出一个声音的世界，而在有画面时很多人并没有注意到。

将对白与现场气氛声、环境声、点效果声和可能用到的有源音乐组合在一起[5]，是为了描绘出一个真实的场景，但正如我们所看到的，这个过程实际上比它初看上去要复杂得多。我记得有一次为一场戏剧表演布光，导演要求整场戏只给剧中唯一的演员一个点光源。我揣摩导演的意思，他是不希望有大量能明显感觉到的光源，以及照明线索的变化等，削弱了只有一位演员表演的戏剧紧张度。我最终采用了 3 个基本光，一个是给演员的点光源，一个是使演员从背景中凸显出来的强烈的背景光，还有几个柔和的背景光。得到的效果是，如果观众不是有意去想的话，会感觉只有演员身上的一个点光源，但这种效果却是靠多种光源组合形成的。将所有的光源绑定在一起，同时点亮同时熄灭，大多数观众大概不会注意到有多于一

---

5 电影理论研究称其为**叙事空间的声音**（diegetic）。

个的光源存在，而演员也可以更好地从背景里分离出来，同时整个布景显得很昏暗。虽然使用了比导演要求的更多的光源——他从字面上要求只用一个点光源，却达到了导演想要的效果，即一个点光源的简单效果，这种效果用多个光源比用单个光源实现起来要好得多。

声轨的处理与此类似，声音剪辑师采用大量声轨来编辑素材，当这些声音素材最终被合成为一个整体时，观众会误以为这是一个单独的声音。将这些多轨声音素材当作一个整体来对待，例如同时淡入淡出，对于避免分辨出单个声音成分、形成整体听觉流是非常有用的。电影《荒岛余生》（Castaway）中的岛上部分就是创造现实景象的一个极好的例子，这个过程是那么困难，却又那么有效。

8.2.2 延伸的现实主义

有时候需要在现实主义的基础上做一些延伸，听到一些真实生活中无法听到的声音。这种处理一般针对对白。一个极端的例子就是电影《美国派 2》（American Pie 2）的开头，画面展现的是主人公的房子外景。接着摄影机往前推进，暗示观众将被带入房子内部，此时观众听到房子里面人物的对话，然后在一个连贯的时间里，镜头切换到房子内部。这在物理学上是不合理的，在屋外和屋内听到的声音不可能具有完全相同的透视感，但这是一种可被接受的对白处理惯例，即我们听到了真实情况下听不到的声音。这是一种电影真实。

另一个例子来自电影中电话声的演进。早期的有声电影中，当一个人打电话时观众听不到来自通话另一端的声音，于是演员被迫重复电话中听到的重要信息，借以告知观众。不久之后发明了电话滤波器，观众能够听到通话双方的声音了，而画外一方使用限制带宽滤波器使声音听起来像从电话中传出来的一样。在 20 世纪 30 年代早期，这样的惯例被人们作为现实情形所接受，但事实上现实生活中是无法听到电话另一端的声音的，这样做是为了避免演员去重复另一方的话。很多年来人们都遵循这种做法，当镜头切换更快之后这种做法也变得更复杂，任何时候只要通话的某一方不在画内，就要对他的声音进行滤波处理，于是就需要根据画面的切换不停地进行滤波的切换。如果采用分割画面，通话双方同时出现在画面两端，就不需要做滤波处理了。

近几年，对电话另一端的声音做滤波处理的惯例有所改变。滤波处理会减弱演员表演的现场感，如果想要表达某种恐怖氛围，那么滤波处理之后这种氛围会被削弱。一开始需要通过滤波处理来体现电话中的声音，然后在通话过程中，或者随着多个电话的进行，逐渐减小滤波的量（扩展滤波器的频率范围）。例如，在电影《暗夜摇篮曲》（The Deep End）中，由戈兰·维斯耶克（Goran Visnjic）扮演的黑衣邮寄人拨打多个恐吓电话给蒂尔达·斯温顿（Tilda Swinton）扮演的角色时就采用了这种做法[6]。

另一个例子是《垂直极限》（Vertical Limit）。其时，氧气已经低于登山队员能承受的极限，

---

6 声音混录指导是马克·伯杰（Mark Berger）。

他们知道救助无法及时赶到，自己即将死去。其中一名队员用步话机和她远在山下的弟弟通话[7]。在对话的开始，声音经过了滤波处理，也可能是通过真正的步话机重新录制的，但是慢慢地这种步话机效果逐渐减弱，摄影机也更加靠近片中主角。因为声音变成了全频带，观众感觉她的弟弟仿佛就在这个洞穴里，和这个行将死去的登山队员在一起，而不是在数英里之外的地方。全频带的声音听起来更亲近，和低保真步话机的声音对比起来尤其如此。观众听到的是从他姐姐的视点出发重新建构的声音，而不是真实的声音。这是种有趣的效果，这种超越现实的处理方式与画面配合使情绪达到高潮。

8.2.3　看到的和听到的：画内和画外

有时候，看不到的东西比清楚看到的东西更可怕。在电影《血染雪山堡》（*Where Eagles Dare*）的结尾处，在离开城堡的飞机上，科洛内尔·特纳（Colonel Turner）被突击队员发现是叛徒，由理查德·伯顿（Richard Burton）扮演的突击队长给了他一个机会，让他不带降落伞跳机自杀。画面是特纳站起来走向舱门，然后切到理查德·伯顿和克林特·伊斯特伍德（Clint Eastwood）身上，此时观众听到舱门打开的声音。观众不需要看到身体翻出机舱摔向地面：那是幅很难看的画面，是声音让这个场面如此恐怖。可以说这个声音是全片的高潮，因为整个搜捕的目的都是为了揭示出英国方面的泄密（顺便提一下，该电影改编自真实事件，实际情况是泄密并没有发生，但在写这个故事时并不知道）。

毫无疑问还有很多这样的例子。这里再列举两例，一例是《日瓦戈医生》（*Dr. Zhivago*）中骑兵攻击游行队伍的声音，配合奥玛·沙里夫（Omar Sharif，日瓦戈的扮演者）的反应来展现事件，而不是让观众直接看到事件本身。另一个例子是希区柯克的电影《夺魂索》（*Rope*）的结尾处，吉米·斯图尔特（Jimmy Stewart）通过向窗外开枪警告市民刚刚发生了一起谋杀案，然后观众听到画外人们对枪声的反应，以及向警察报警的声音，然后听到警察赶到的声音，而杀手的世界在这些声音中崩溃。

8.2.4　超真实

如果延伸的现实主义可以看成是将真实推到极限的话，好莱坞动作片的声音制作则走得更远，超越了所有现实的可能性而走向了超真实。关于这个概念有大量例证，尤其是每年夏季的热门档电影。要说明这个问题，最好的办法就是用反例。加里·雷德斯琼姆曾讲过他与斯蒂文·斯皮尔伯格就《拯救大兵瑞恩》（*Saving Private Ryan*）的声音制作展开的一段对话。斯皮尔伯格说他不想要"好莱坞式的声音"，雷德斯琼姆很清楚这句话的意思：他尽量不使用超真实的声音，而是使用真实的、同时又合乎心理学的声音。这就是说，虽然我们听到了实

7　哥伦比亚影视公司出品的 DVD 05066 号，第 23 节。

际战场的声音，包括从水下以及从普通角度听到的声音，同时我们也听到了从诺曼底海滩上角色的主观视点出发听到的声音，他们的听觉被周围巨大的声响所影响。通过与亲身参与过诺曼底登陆的老兵交流，雷德斯琼姆了解到老兵们至今难忘的是德国坦克发出的那种特殊的声响。由于无法找到当时所用的装甲坦克，他凭借老兵们的记忆制作出一种让他们觉得真实的德国坦克声。

8.2.5 超现实主义风格

下一种要探讨的风格是超现实主义风格，它强调的是一种无意识状态。当从对现实的表述进入到更加主观化的视角时，超现实声音能够表现出角色的视点（听觉上的）。要做到这一点有很多方法：其中一种就是抛开大部分声音元素，将注意力集中到一个或很少的声音元素上。观众知道真实的场景要嘈杂得多，但也知道当周围的声音逐渐消失时，我们是把注意力转向一个更内在化的视角。这种声音更多来自于我们的感受，它只跟随某个特定的听觉流。一个很好的例子就是电影《爵士春秋》（*All That Jazz*）开头读剧本的场景，剧中的导演心脏病即将发作，于是声音从对现实的描述逐渐转向主观视角，与画面同步的声音在慢慢消失，只听到一两声动效声，比如导演用手指敲打桌面的声音。从这种状态中摆脱出来时，真实世界的环境声又重新加入进来。

对梦境的表现也可以采用类似的方式，其特点就是声音的简单化。我们在梦里是感觉不到环境声的，而听到的声音也有些变形，比如处于不同的音调范围，多多少少带点混响，或者是音色上的变化等。单独利用其中一个因素或是同时采用，都能暗示出现实世界已被抛到脑后。当镜头切回到床上躺着的主人公脸上时，观众听到远处传来的城市环境声，于是被迅速拉回现实世界，并意识到之前所看到的只是一个梦。

另一种减少现实感，把观众引向完全电影化视点的方式是使用音乐。这里最大的问题就是：“音乐和现实世界的声音之间如何平衡？”在电影《走出非洲》（*Out of Africa*）里有一场戏，双翼飞机掠过一大群火烈鸟，这时占主导地位的是音乐。但这场戏之所以没有完全成为蒙太奇片段，是因为我们仍能听到双翼飞机的声音，尽管这个声音几乎被音乐所掩盖。远处双翼飞机传来的很小的声音吸引住了观众的眼睛，使这个场面保持了真实感。

《谍影重重》（*Bourne Supremacy*）的主人公患上了健忘症。为了进入他的大脑——他的主观世界——在一些场景中采用了一种不同类型的超现实声音，比普通的声音带有更多的音调，同时还在环绕声道中加入了比现实主义处理手法所采用的更多的声音。

处理现实主义与超现实主义、客观声音与主观声音的一个典型例子是 2002 年版的《飞向太空》（*Solaris*）[8]。当乔治·克鲁尼（George Clooney）扮演的“克里斯·凯尔文（Chris Kelvin）”第一次准备睡觉的时候，观众听到他上床的动效声和音乐声。在他入睡以后，观众

---

8 20 世纪福斯公司宽银幕版 DVD，声音剪辑指导和混录师是拉里·布莱克（Larry Blake）。这个片段在第 8 节的 20:48 处。

看到他的特写镜头，然后音乐逐渐占据主导地位。有趣的是，此时太空船中没有环境声。随着音乐继续，画面闪回到他在地球上的生活。此时的音乐，加上与之前常规的固定三脚架摄影形成对比的主观化的手持摄影，告诉观众这是他的梦境。此外，地球上的画面是暖色调的，而太空船里是冷色调的。然后，仍是在主观化的空间里，克里斯在鸡尾酒会上遇到了后来成为他妻子的女人。我们之所以知道这仍是梦境，是因为音乐一直占据主导地位，直到在一个暖色调的手持摄影镜头中，环境声以及他清嗓子的声音将音乐打断，音乐随之淡出。正是由于之前的镜头中都有持续的音乐贯穿，使我们知道所有的一切都是一个梦。而音乐在同一个镜头中持续，然后被演员的说话声打断，也帮助观众了解这仍是梦境。他与同事说了几句话，观众听到了对话和鸡尾酒会嘈杂的环境声（有意思的是，环境声仅出现在中间声道）。随着几个展示性镜头，同事让他到前面去找那个女人，这个女人早些时候他曾在火车上遇到。他走了过去，在他们交谈的过程中，镜头切回他在冷色调的太空船里睡觉的情景，再次提醒观众这是在做梦。镜头切换过程中他们的交谈一直在继续，并且在声音上没有变化。音乐在对话过程里悄悄进入，然后第一次出现他们两人在电梯里的镜头，很显然这是在对话之后发生的。于是，此时出现了 3 条混在一起的时间线，每一条都非常清晰：克里斯在太空船里睡觉，听到的是闪回的克里斯和蕾亚（Rheya）初次见面时两人的交谈，看到的是闪回镜头中他们初次接触的场景。

当他们亲热时，音乐再次处于支配地位，镜头在冷色调的太空船（等等！太空船里**这个蕾亚是从哪来的？**）和暖色调的闪回之间，在过去和现实之间切换。终于，梦境结束了，我们看到克里斯独自一人的特写镜头，音乐渐渐淡出到环境声之下，好像之前音乐一直都将环境声掩蔽掉，而此时刚刚意识到环境声的存在，就像从梦中突然惊醒。有趣的是，音乐正好在蕾亚的手进入镜头时消失：抽象被打破了，我们回到了现实。他为她的出现感到震惊（毕竟，在现实中她已经死去了——只是在这个特殊的现实世界里她还活着），这是她的鬼魂。此时的声音是环境声、克里斯快速走动的动效和他的话"见鬼！"，同时伴随着沉重的呼吸声：他被吓到了。然后他将自己拍醒，超现实的梦境被彻底打破。

有趣的是返回的这个现实比这场戏开头的现实有更突出的环境声，其功能是刻意表明此时此地。当他第一次走进卧室，关上——并且在队友的建议下锁上——房门时，音乐立即出现并马上主导了整个环境。

8.2.6　蒙太奇

如果音乐完全压倒其他声轨，观众就被带到了纯粹的蒙太奇段落里，通常表现为连续的音乐背景下一连串的镜头剪接。这是声音运用中最抽象的形式。蒙太奇能推动故事向前发展，从而减小对白的负担——它是对白重新开始之前的短暂停顿。它通常承担一定的叙事功能，为观众提供信息推动剧情发展，否则这些信息就得由对白来提供。例如电影《公民凯恩》（*Citizen Kane*）中，凯恩喜爱的女演员苏珊·亚历山大（Susan Alexander）在歌剧院里演唱时，摄影机上升到歌剧院顶部，停在对苏珊持怀疑态度的舞台成员身上。这是很好的叙事手法，它通过镜头内的对比向观众直接展示出虽然苏珊已经拥有了舞台，并且总是被凯恩的报纸所追捧，但她确实不会唱歌，所有这些都在一个叙事段落里很好地表达出来。

不过，让人们在蒙太奇段落中注入足够的情感，就像在观众与角色直接交流的段落里所注入的情感一样，通常是比较困难的。因为蒙太奇的抽象特征会使观众和角色之间产生距离感，阻碍观众去感受角色的处境。但也有例外的时候，比如最著名的蒙太奇段落之一，爱森斯坦（Eisenstein）的电影《波坦金战舰》（*Battleship Potemkin*）的敖德萨阶梯片段，当婴儿车失去控制向台阶下滚去时，人类与生俱来的情感使观众十分关注婴儿车中婴儿的命运。

与画面蒙太奇相对应的声音蒙太奇，虽然更多运用在类似广播节目这样的形式中，但它对某些电影片段也很有用。声音蒙太奇的特征是多轨声音和声音线索的相互穿插，中间使用淡入淡出过渡。除了靠电平变化，另一个运用多轨声音蒙太奇的技巧，就是改变直达声和混响声的比例，较多的混响暗示出较远的距离，于是可以制造出声音向观众靠近然后再远离的效果。运用这种声音蒙太奇的两个例子是《未来世界》（*THX 1138*）和《对话》（*The Conversation*）。

关于蒙太奇，一个值得注意的现象是，虽然有时候并没有刻意把画面和声音巧妙地结合在一起，但它们通常能互相加强。音乐有其自身的节拍，有强拍及其他一些语法。当画面剪切点正好位于强拍上，当一个人的脚步正好与音乐的节拍同步，当场景转换伴随着音乐音调的转换，所有这些都会引起观众/听众的共鸣，因为他们会对眼前的抽象事物赋予一定的含义。

8.2.7 在真实程度之间变化

电影通常开始于片头音乐和字幕的组合，以蒙太奇的形式开场。这种处理方法比较抽象，会与观众产生心理距离——我们是在**读**字幕，而不是特意关注画面背景里的故事内容，这些背景能提供很多信息，例如故事发生的时间、地点，也许还有关于角色的信息，但都处在比较抽象的水平上。电影《天堂之日》（*Days of Heaven*）就采用了这种做法，开场的旧照片交待了故事发生的时期——伍德罗•威尔逊（Woodrow Wilson）担任总统的时期——同时呈现出将与电影中的西部面貌进行对比的东部工业城市。毕竟，电影制作者希望观众在观看字幕的同时能进入电影中的场景。随着音乐结束，观众意识到故事要开始了，通常由第一个场景的环境声来取代音乐。比较少见的做法是将音乐渐隐到画外音底下，这种方法同样能帮助观众进入电影中的场景，就像在电影《真爱至上》（*Love Actually*）中一样。以上两种方法都能使观众慢慢进入剧情，然后随着同期对白出现，真正的叙事开始。在这个过程中，观众从更抽象的水平——蒙太奇和画外音——转向了更真实的水平。

同样地，在电影结尾故事圆满结束时，常常伴随着摄影机升起和音乐声变大，表明故事已经结束。电影《毁灭之路》（*Road to Perdition*）有多重结尾，音乐从第一个结尾进入，故意带来一个错误印象："好了，观众们，故事已经结束了。"有一次我坐在影院里观看该片时，有些观众受到音乐影响，以为电影已经结束，就站起来离开了！当然他们忘记了坏人还没有被绳之以法，也没有想到这是一个悲剧，不应该有这样快乐的结尾，结果这些受到音乐影响提前离场的观众错过了真正的结局。

有时候电影开场使用的音乐，会从非叙事空间的无源音乐逐渐过渡成为叙事空间的有源音乐，这可以通过将音乐做现场化（worldizing）处理，然后与无源音乐同步剪切到不同的声轨里完成。在两者转换时，混录师所需做的就是在无源音乐和有源音乐之间进行交叉渐变的过渡。

现场化处理是把声音带到现场的过程，是通过在一定的声学空间里重新录音，从而故意改变声音来实现的。其概念是我们想要的并不总是干净的声音，有时候需要把声音弄脏，使它听起来更真实。在电影《美国风情画》（*American Graffiti*）里，沃尔特·默奇（Walter Murch）希望流行歌曲的声音听上去像是在健身房中的效果，而不是干干净净的录音棚里录出来的声音。为了做到这一点，他专门在健身房中摆放了扬声器和话筒，对歌曲进行重新录制。通常这种情况只需加入混响并使声音离得远些就够了，但是，这个例子的特殊之处在于扬声器和话筒在音乐播放过程中不断移动。这样扬声器和话筒的相对位置不断发生变化，从而获得一种打旋的声音，很适合高中健身房的伴舞。有趣的是，现场化处理只有当话筒拾取的声音在听者看来过于干净时才使用。奥逊·威尔斯（Orson Welles）对其电影《历劫佳人》（*Touch of Evil*）的开头重新剪辑时，剪辑师沃尔特·默奇根据威尔斯的指示使用了现场化处理。这成为制片厂争论的主要焦点，他们想在开头采用传统的配乐方式。威尔斯在备忘录中记录了他对于此事的抗争：

> 随着摄影机在墨西哥边境小城的街道上漫游，我们的计划是要展现一系列互不相同、对比明显的拉美音乐——产生的效果是摄影机经过的是一场又一场的歌舞表演。在边境的下等酒馆区，大大小小的扬声器放在每个入口的位置，大声放着各具特色的音乐招徕游客。整个街道都充斥着这样的声音，这成为全片的基调。关于"曼波音乐"的节奏和摇滚乐的对比将在本备忘录的后面做详细介绍，其时将在一个场景一个场景、一个过渡一个过渡的基础上，对音乐的节拍、色彩和乐器细节做详细说明。
>
> 在昨天放映的版本中，您所决定的片头字幕位置还不十分清楚。对字幕位置的简短说明，将决定我在开场中对声音和音乐模式的一些旧观点是否仍有潜在的价值……[9]

同现场化处理类似的手段还有电子化处理（futzing）。电子化处理就是故意改变一个声音的频率范围和频率响应，使声音电子化，听起来像从糟糕的电子通路中传出来的一样。在电

---

[9] 奥逊·威尔斯给制片厂的备忘录，见宽银幕 DVD《历劫佳人》（*Touch of Evil*）的花絮部分。备忘录中还有很多关于声音的内容，体现出威尔斯对声音的重视。这段文字在 Orson Welles Web Resource 官网上也能找到。

影声音早期，电话滤波器通过限制频率范围得到了电话中的声音，对那个时代来说这已经足够。但在今天，我们拥有了更高的保真度，只靠限制频率范围来制造电话声就有些不足，还需要更多的处理使声音听起来更真实。于是，可以在一个装有吸声材料的小盒里放一个很小的音质很差的扬声器，用话筒来拾取扬声器的声音。通过使扬声器或放大器过载，以及操纵扬声器和话筒之间的信号通路（正对扬声器拾音、离轴拾音、在障碍物之后拾音、包裹住话筒拾音等），来得到各种不同的电子化效果。将对白做电子化处理的一个例子是电影《星球大战》（*Star Wars*）的结尾处在战壕里奔跑的场景，这里同时还使用了边带化处理（side-band processing），即通过一个失谐的无线电系统来发送和接收信号。

8.2.8 声音设计作为艺术

选择什么样的声音元素，相互之间的关系怎样，对这个问题是没有统一答案的。如果这种方法存在的话，艺术就可以被量化，就可以用计算机来实现了。事实上，正是这些有趣的对声音元素的并置和组合的实践创造出了伟大的声轨。不过，也有一些比较常用的方法可以借鉴。

- **记忆中的情感会发挥作用。**最明显的就是对已有音乐片段的使用。音乐具有一定的情感性，例如一个时期的音乐会让人产生怀旧之情。但是，由于它们有其自身的组成结构：节拍、强拍位置及音调变化等，导致使用这样的音乐也很危险。尤其是使用流行音乐及其他特定流派的音乐时，人们对这些音乐已经形成了固定联想，电影制作者无法对其进行控制：并不是每个人都对《乘着飞机离去》（*Leavin' on a Jet Plane*）抱有相同的理解，一些观众的联想可能并不是电影想要传达的，这意味着部分观众将偏离对剧情的理解。
- **含有大量低频成分的声音效果暗示着危险的存在。**这可以理解为人类的一种原始本能，雷暴或地震这类自然灾害的声音都包含有大量低频。早期声音设计中这样的例子有《神枪手与智多星》（*Butch Cassidy and the Sundance Kid*），画外远处断断续续传来的追踪的马蹄重击声传达出对片中人物的威胁[10]。需要指出的是，这类主观因素在 5.1 声道的使用中得到加强，对低频增强声道（0.1）的使用能带来更强有力的低频效果。
- **对现实的夸大处理非常有效。**《现代启示录》（*Apocalypse Now*）中的丛林场景，昆虫的声音被夸大，几乎形成了音乐式的背景。在剧中人物遇到老虎之前，极度夸大的、经过处理的蚊子嗡嗡声让剧情紧张度逐渐加剧。这种特别的声音是通过人们对它的熟悉和极度的夸张来增加紧张度的——就好像蚊子是在观众的耳朵里鸣叫一样。

需要指出的是，高水准的声音设计是经过大量尝试得到的结果，这种尝试贯穿了录音、

---

10 声音剪辑师唐·霍尔（Don Hall）。

剪辑和混录的全程。声音设计师利用上百种日常生活中的物体所发出的声音，来合成有用的声音，当这些声音与画面中的某个特殊事物同步在一起时，能体现镜头的真实感，尽管这种真实感有些牵强。在这个过程中声音制作者的创造力非常重要，好的声音设计师总能敏锐地发现有意思的声音。例如，本·伯特（Ben Burtt）到一个空军基地去录喷气式飞机的起飞和着陆声时，最有趣的声音是在途中一个廉价的汽车旅馆里遇到的，这是一个失速的空调发动机的声音，将它进行降调处理后，用在了《星球大战》（Star Wars）中作为星际驱逐舰的声音。谁能想到呢？

在电影《机械公敌》（I, Robot）里，机器人发动机的声音是声音设计师艾瑞克·埃达尔（Erik Aadahl）经过多次试验，并同导演反复商讨之后决定的。在对声音进行录制、处理并交由导演审查的几个月中，被否掉的声音包括降调后的蜂鸟鸣叫声、钢片颤动的声音、处理后的气胎放气嘶嘶声，以及电缆中的"嘶嘶"声等。"最后得到的 NS-5 机器人的声音结合了变速的水下气泡声、在'Kyma'系统里做出来的完全合成声、以及挤压电话线来模拟近景中机器人由纤维组成的肌肉移动的声音。"埃达尔如此说道[11]

《侏罗纪公园》（Jurassic Park）里恐龙的声音也是经过多次实验、将不同动物的声音叠在一起并同画面上的表演相配合得到的。其中一个主要成分是一只幼象的叫声。虽然录音人员去了好几次想录下这只幼象的叫声，但它总共只叫了一声。这个标志性的声音要用在电影里好几个地方，于是通过将它与其他声音细心剪辑在一起，以及对该声音进行变速处理产生音调变化等，使它能被反复使用，而不让观众辨认出这实际上来自于同一个声音。

8.2.9　对点

对点指的是导演、声音负责人，可能还有作曲和/或其他工作人员，通过观看画面剪辑完成的片段，就每场戏的含义交换意见，讨论如何利用声音来更好地补充画面，或甚至直接利用声音来讲故事等。术语"对点"也指给每个声音制作部门提出要求的会议，例如声音剪辑指导和拟音师之间的会议。

一个著名的声音设计师讲到他在多部电影中与一位著名导演合作的经历。他们第一次在一起对点时，导演说"哦，这有一辆汽车经过"，声音设计师回答"好"。经过这些简单的交流，当他们对彼此更了解之后，声音设计师对导演说："这些明显的点我都能看到——你能不能告诉我你想传达给观众怎样的情绪？"在他们的下一次合作中，导演问声音设计师："你能不能在这里加入一些正派的音调？"正如电影《现代启示录》中，丹尼斯·霍珀（Dennis Hopper）饰演的摄影师在影片结尾解释告示上萎缩的人头时所说："有时候他做得太过了。"

---

11 艾瑞克·埃达尔个人专访，2004 年。

> **导演提示**
>
> - 声音设计意味着，观众每时每刻听到的声音都是刻意挑选出来的，即使是非虚构的影片也不例外。
> - 常规声音模式能迅速传达信息，例如低频声意味着某种威胁，而轻柔的蟋蟀声则让人觉得平静安宁。
> - 平滑的声轨，尤其是对白声轨，有助于整体的连贯。在对白之间的空隙填充现场气氛声，以及单独加入环境声或背景声都有助于整体声音的连贯。
> - 出现在画面中的能发声的事物，通常应该发出相应的声音。这个声音可以是同期声，也可以是后期加入的音响效果，叫作点效果声。
> - 电影声音风格涵盖了从现实主义到延伸的现实主义，从超真实再到超现实主义，每一种风格都使用特定类型的音响效果和/或音乐来表现，少数时候甚至使用经过特殊处理的对白来表现。
> - 画外的声音也可能具有很强的叙事功能。
> - 运动物体的声音包括启动、停止、稳态运动以及经过的声音。

9

剪辑

基于计算机平台的工作站，包含视频工作站里的音频剪辑组件，以及专用于声音剪辑的工作站，都可称为数字音频工作站（DAWs），它的出现使得电影电视的声音剪辑在过去几十年里发生了革命性的变化。和以前对音频磁带或胶片进行的模拟线性剪辑相比，数字音频剪辑有很大的不同，工作效率也高了许多。

9.1　非线性剪辑

计算机剪辑首要的特性是非线性。这里的**非线性**意味着只要拥有了主存储设备、硬盘驱动器和剪辑软件，基本上就能工作了。它的工作原理类似于带有拾音头的电唱机，能在唱片上迅速找到并读取每个想要的部分。剪辑系统能迅速追踪存储在硬盘上的音频文件的位置，然后把要用的部分从主存储设备也就是计算机硬盘中读取，存入快速存储设备，也就是计算机中的随机存储器（RAM）里，这样就可以按照"拾音头"选取的位置进行实时播放。然后，剪辑系统将随机存储器中的数字音频信号取出来进行处理和传送，同时将其发送到数模转换器（DAC）中转换成模拟信号输出。这与盒式磁带等线性介质形成很大对比，线性介质必须通过快进快退，卷过位于中间的磁带后才能到达所需位置。传统模拟设备采用的是线性剪辑，而基于计算机平台、以硬盘为存储介质的剪辑系统是非线性的。

以上表述中提到的硬盘驱动器和随机存储器显示出非线性剪辑中高速和随机存取这两个优点，同时也显示出处理过程中存在的局限。设备所用的硬盘大小决定了所能存储的素材量，同时要把素材的格式考虑在内（比如是单声道、双声道立体声还是多声道立体声，以及采样率和字长的情况）。大致来说，可用 RAM 的大小决定了能同时播放的声轨数。另一个潜在的瓶颈是计算机能以多快的速度将文件从硬盘移到 RAM，再从 RAM 移到处理器并输出到 DAC。当工程文件从一台计算机移到另一台计算机时可能暴露出这样的问题。比如，由于一台计算机的可用资源远超过另一台计算机时，剪辑文件虽在前一个系统里能顺利播放，却会在资源较少的系统里陷入困境。

典型的数字视频大约是以 25Mbps（也就是 3.125Mbps）来记录，这是标清 DV 格式画面和声音的精确比特率。更新的格式，如采用高清编解码器的 AVCHD，能录制高清画面和声音，采用的是相近的比特率，超过了每小时 10GB（注意上述单位大小写的不同：缩写 Mbps 代表百万比特每秒；Mbps 代表兆字节每秒。二者的关系：字节数=比特数/8）。就在几年以前，存储如此庞大的数据被认为是不可能的，然而在今天却非常容易。目前而言，储存 100 小时左右的文件仅需花费 100 美元（1 美元约等于 6.94 人民币，100 美元约合人民币 694 元），这个数字几年以来一直在发生戏剧性的变化。没有画面的声音占用的空间更小，上面提到的双声道 48kHz 采样的音频文件只需要大约 7% 的数据空间。双声道、48kHz 采样、16bit 量化的音频文件每小时占用 691.2MB 的空间，存储的花费低于 0.1 美元。因此，采用该数据格式的时长为 2000 小时的立体声音效库拥有 1.4TB[1] 的数据量，存储仅需花费 100～200 美元。真正的问题已经不是存储费用，而是如何快速分类和获得这些数据。事实上，在过去 20 年里，花费下降的比率大致为 16000：1，这还没有把通货膨胀计算在内。

9.2　随机存取剪辑

非线性剪辑系统的一个显著特点就是可以随机存取。虽然有时候会带来一些麻烦，但它有很多优点。调节声画同步变得非常容易——只要抓取声音片段，把它沿着时间线移动到合适的位置就可以了。如果声音已被锁定，那么首先要做的就是把它解锁。根据剪辑软件的给定模式，声音片段能以一帧的精度甚至小到以一个采样的精度移动。"Nudge"剪辑控制方式能按照预先设定好的移动精度，将声音片段前后移动来与画面同步。可能存在的问题是，在剪辑软件的某些设定模式下，声音片段移动的范围可能比预计的要多，因此你必须弄清楚不同剪辑模式的工作方式。例如，在一些剪辑模式下，你可能在移动一个片段的同时会影响到它后面的所有片段。

9.3　无损剪辑

音频文件是存储在硬盘上的，和工程文件是分开的，由工程文件来组织、控制音频文件的实时播放，这就带来另一个好处：无损剪辑。在剪辑磁性胶片时，声音剪辑师要从头开始找到他所需要声音的起始位置，然后找到可用声音的结尾，把多余的部分剪掉。这样，胶片就被分成了 3 段：开头剪掉的部分、可用声音部分以及结尾不用的部分。为了在需要的时候能把声音延长——也就是能适应画面的修改——剪辑助理要保管好这些被剪掉的头尾部分，

1　一个千兆字节相当于一千个吉字节。一种被广泛使用的较老的算法中千兆字节和吉字节之间、吉字节和字节之间相互转换的系数是 1024。

当画面延长时要能找到它们，这是确保声音与剪辑后的画面相匹配的办法。

在计算机剪辑中，所有的声音在任何时候都保持着完整的长度[2]。剪辑过程中并没有什么是被真正剪掉的。当控制软件指向它所需要的位置时，就可以实时地从那里开始播放，改变长度时需要做的仅仅是在声音的开头或结尾处进行剪辑点的调节。这比保存和找到那些被剪掉的片段要容易得多。另一方面，对于一些特殊的导出需求——例如，从一个很大的音频文件中导出一小段声音——仅仅为了其中一小段而将整个文件导出会带来过重的负担。这种情况下，导出软件可以采用一定的设置，保留所采用音频段开头的淡入之前和最后的淡出之后一定长度的声音片段进行导出。在随后的工作中，如果需要用到未导出的文件，还可以将它们再次导入。

9.4　波形可视化剪辑

早期的电影声音剪辑是在光学声轨上进行的，声音在光学声轨上的调制是可视的，所以大多数剪辑点很容易找到。剪辑时可以通过放音头听声音，以及直接观察胶片上的声音波形，来完成精确的剪辑。20 世纪 50 年代，磁性录音成为标准，这是很多原因造成的：它不需要经过洗印厂的各项工序就可以实时听到，录制的声音可以擦去重写，从而降低了成本。但是，录制内容是不可见的，读取磁性声迹的磁头需要运用刮擦功能来完成精确的剪辑。刮擦包括将胶片在放音头前来回移动以找到声音调制的起始点，这里是剪辑的典型位置，因为随之而来的强的声音会掩盖住剪辑的痕迹（即使剪辑点正好处在强的声音到来之前也能被掩盖：这叫作反向掩蔽，即后面声音能及时掩蔽掉前面的声音）。有一个系统是用一支记号笔在胶片背面画下弯弯曲曲的线条来表现信号的调制，但由于剪辑师已经习惯于在不可见的媒介上剪辑，因此这种方法不再采用。

数字音频工作站的剪辑系统重新沿用了早期声音剪辑工艺中的波形可视化效果，这样我们就可以通过内心的感觉、视觉及听觉共同完成剪辑。然而，实时描绘出每一条声轨的波形对计算机来说是很大的负担，随着时间的推移，这项工作做得越来越好，这是出于计算机能力的增长和成本的下降。剪辑系统同时提供了一种方法，可以将每一轨的可视化波形打开或关掉，以减小计算机的工作负担。细节化的波形显示被音频块代替，这样便于计算机绘制。举个例子，如果计算机不需要绘制波形，那么就能够同时运行更多的插件程序，这些工作任务被分配到计算机的不同部分，可能在专用硬件里也可能在计算机主机里完成。

9.5　剪辑点和淡入/淡出文件

大部分音频剪辑工作并不仅仅是简单的剪接，还包含了更多内容。在声音播放过程中直接剪切会导致噼啪声。因为将两段波形连到一起时，由于振幅不同，在剪辑点处声音波形会

---

2 大多数时候是这样。不过，有时候为了节省磁盘空间，剪辑中没有用到的音频文件的剩余部分将被删除。

在垂直坐标上产生跳跃。这种情况出现在声轨上新开始的声音，在剪辑点之前波形是平直的，振幅坐标为 0，新的声音进入以后产生跳跃；也出现在把两个声音连到一起时，剪辑点前后的两段波形振幅不一致而产生跳跃。除非剪辑点前后波形的瞬间电平、相位及波形倾角完全相同，直接剪接时才有可能不产生噼啪声。很显然，这种情况并不多见。直接剪接被称作对头拼接，在某些特殊情况下可以采用，但大多数剪辑都比这个要复杂，需要加入一个简短的淡入淡出过程。在剪辑磁性胶片时，对角线拼接被限制在 1/4 帧的范围内，这也为数字剪辑提供了一条好经验——当不知道还要采取什么处理时，可以先加上一个 10ms 的淡入淡出。

在声音的头尾处采用 10ms 的淡入淡出，两段声音之间的交叉渐变也用这个时长，这仅仅是一个经验值。数字音频剪辑系统提供了比以前磁性胶片拼接时更加灵活的选择，使淡入淡出的时间长度和过渡效果都可以改变（即可以选择淡入淡出过程中声音的变化是快速的还是相对平缓的）。实际上，在磁性胶片中，如果想得到持续时间较长的淡入淡出效果，必须经过一定的化学反应，有选择地去除胶片上所需长度内的氧化薄膜。例如，有些音乐剪辑是针对平稳的弦乐片段进行的，就需要较长的淡入淡出时间，这时需要采用两条磁片同步运行，其中一条淡出的同时另一条淡入。数字音频剪辑还有另一个优势：两个声音平滑过渡时不需要使用两条声轨，它们可以在同一条声轨上完成。不过，这会带来剪辑上的一些问题，因为在这种情况下，剪辑点上被覆盖在下面的声音部分必须有足够的长度来完成所要求的淡入淡出，但由于看不见被覆盖的部分使得长度不是很清楚。

为了完成淡入、淡出或交叉渐变效果，数字音频工作站必须将淡入淡出过程中的每次采样与淡入时递增淡出时递减的系数相乘。如果淡入效果在多条声轨上同时进行，就可能超出计算机的运算能力。因此，一些数字音频工作站使用了单独的文件夹，叫作淡入淡出文件夹（fade file），在里面储存预先计算好[3]的淡入淡出文件。画面编辑中相应的术语叫作渲染（render）。播放一个完整的片段时，数字音频工作站首先播放淡入文件，然后是音频文件（在这里淡入文件和音频文件可以直接衔接，因为两者声音波形的所有条件完全相同，因而可以无缝衔接），最后是淡出文件。数字音频工作站在需要时调用淡入淡出文件，这比实时运算出淡入淡出的结果要容易得多。这就是为什么有些剪辑系统的文件包包含了音频文件夹和淡入淡出文件夹，同时也解释了为什么淡入淡出文件丢失以后可以重新恢复——因为所有用以恢复淡入淡出文件的信息都储存在音频文件和控制文件之中了。控制文件通常被称作项目文件或工程文件，它包含了所有的剪辑指令，类似于画面剪辑系统生成的定剪单。它并不储存实际的音频信号，而是告诉数字音频工作站如何播放这些音频文件。

9.6 文件管理

之前我们已经讨论了 3 种文件：项目/工程文件、音频文件和淡入淡出文件。了解这些不

---

3 也就是说，在淡入淡出长度内的音频文件按照淡入淡出系数处理后，生成一个新的、专门的音频文件叫作淡入淡出文件。

同类型的文件如何工作非常重要，因为曾经发生过在导出文件时仅仅导出了项目/工程文件，而没有导出相应的音频文件的情况，结果白费了很多个小时的后期制作时间。数字音频工作站控制软件需要知道音频文件和淡入淡出文件的位置，如果在硬盘上移动这些文件而破坏了它们与控制软件之间的关联，控制软件就会失去对音频文件的追踪。至少当文件被移动后，需要将被破坏掉的链接重新建立。3 种文件中，项目/工程文件和音频文件是最基本的，淡入淡出文件相对不重要，因为在 Pro Tools 等系统中，如果需要的话，丢失的淡入淡出文件是可以通过工程文件和音频文件重新生成的。

　　从 Avid 工作站或其他采用 OMF、AAF 格式的画面剪辑系统中导出音频文件需要使用合并（consolidation）功能。在这个过程中，只导出音频文件中需要用到的部分（通过一定的设置，可以在所用片段的头尾留出一部分长度一起导出，以方便剪辑师在剪辑点上的过渡），而不导出那些没有用到的长的片段，因此有些情况下实际导出量与原文件相比大大减少，这样就加快了运行速度。在这种情况下要注意的是，如果要把画面剪辑时没有用到的音频文件用于声音剪辑——例如现场背景声或某句对白的替条，就必须将这些声音重新导入，根据所使用数字音频工作站的情况，通过手动或利用元数据来完成同步。

9.7　如何剪辑

　　前面介绍了数字音频技术在最近 20 年甚至更久的时间里给声音剪辑带来的诸多益处。在这些背景下，我们面临的真正问题是：如何剪辑。当然并没有一个放之四海而皆准的方法，这毕竟是艺术创作。但有一些经过时间检验的方法，可以帮助我们更清楚地了解声音剪辑的概念和过程。并非所有的节目都可以进行整齐的分类，但其中不乏一些可以描绘出剪辑概况的例子。

　　后期制作的完整工作流程从画面剪辑开始，并同时剪辑与画面内容一致的声音。一般在这个阶段，声音剪辑与画面剪辑是一一对应的。一旦画面定剪，画面剪辑师会继续做一些简单的声音剪辑，比如加入画外音，提供一些简单的音响效果，以及加入临时音乐。在这个阶段，剪辑师不需要考虑镜头与镜头之间声音的平滑过渡，只需要考虑如何更有效地表达剧情。例如，他们会用一些技术手段进行画面转场，这些将在下面讨论，但他们不会使用所有的对白润色技巧，因为后者是声音剪辑师的工作范畴。

　　在什么位置进行画面剪接？沃尔特·默奇（Walter Murch）在他的书《眨眼之间》（*In the Blink of an Eye*）中提到，画面剪辑师一遍遍地观看画面，然后在感觉合适的瞬间实时按下切入键——他们靠的是感觉。然后他们重新实时观看剪辑过的画面，可能会对剪辑点进行逐帧调整，直到它们完全合适。有时候可以用演员的眨眼作为剪辑线索。这个剪辑过程类似于电视实况转播时的镜头切换。通过将声音与画面编组在一起，剪辑点上声音与画面就可以同步剪接，每一次剪接都会针对两者同时进行。以上讨论是基于对白的剪辑，而在制造剪辑蒙太奇的早期阶段，还有一个可能性是先把音乐剪好，然后按照音乐而不是按照其他因素来剪画面。

　　完成这项工作时，剪辑师通常使用 2～4 轨同期声。如果提供的只有摄影机声轨的素材，那么就是 1～2 轨。用两轨的话可以将不同的素材重叠在一起而不需要使用交叉渐变功能。在这个时候使用交叉渐变功能会覆盖住太多的声音，而这些声音可能在后面是要分开的。4 轨同期声允许对两组立体声素材进行剪辑和交叉渐变处理。另外如果风格需要，还可以加上一些声轨用来剪辑点效果声（hard effect）。音响效果能驱动剧情发展，例如为演员的行为提供动机等。这种情况下，为了更好地讲述剧情，在声音剪辑的早期阶段需要加入专门的效果声轨（有可能在后面被替换掉）。

下一项工作是加音乐。一开始会使用临时音乐，从现有的音乐里挑选，一方面可能并未获得音乐的版权，另一方面可能因为音乐太为人熟知而分散了剧情对观众的吸引力。为电影专门写的音乐一旦完成，就会将临时音乐替换掉。不过，为了找到恰当的剪辑节奏，音乐是需要先加上去的。关掉声音来看电影《星球大战》（*Star Wars*）开头的字幕爬行，你会发现音乐对画面的相对速度产生了多么大的影响——音乐加快了画面的速度。同样地，对着小监视器剪辑和看着大屏幕上的画面剪辑也有很大差别。同样的剪辑片段在大屏幕上看起来比在小监视器上看起来节奏更快，甚至会有些狂乱。

从同期声到点效果声再到音乐这一系列声轨的建立，足以用来做出临时混音给制片人看个大概。在将声音输出到另一个系统，或者在同一个系统上进行声音精剪之前，最好能将画面锁定下来。声音剪辑工作是十分精细的，如果在声音剪辑完成之后修改画面，会极大地挫伤声音剪辑师的积极性，因为他不得不针对变化了的情况再次努力完成艰苦的工作。有些节目类型，比如谈话类电视节目，画面锁定下来之后不会有富裕的时间去修改，其工作流程是很干脆的，从画面剪辑到声音剪辑再到混录。而对电影故事片来说，在整个过程中有许多反复，比如，试映之后发现必须修改某些画面，就会波及声音剪辑及混录。通常画面定剪后，留给声音剪辑的工作包括对白润色，加环境声/背景声，加更加细节化的点效果声，以及音乐剪辑。

迄今为止，声轨的布局已经很清楚了，因为它们是按照剪辑的顺序建立的：同期声 A 轨，这是最基本的声轨。可能还有同期声 B 轨，用来与 A 轨的声音相重叠。还有就是音响轨和音乐轨。不过，在剪辑更加丰富的声音时，要使用大量声轨来完成，这样才能在不断加入新的声音元素时更好地对其进行剪辑控制。把全世界所有的声轨都用上，剪辑师可以在一条声轨上只放一条声音素材，对素材的处理可以针对整条声轨进行，让其贯穿声轨的头尾，因为任何处理（比如均衡处理）都只作用到那一条声音素材上。不过，在硬件上这种方式是不现实的，再说，自动化功能的运用极大地增加了单条声轨上所能完成的工作，可以在一条声轨上做很多精细的调整。因此，实际上每条声轨会安排多个声音片段，如何合理地分布这些片段，有如下几个基本原则。

● **将相似的声音放在同一轨。**如果声轨上的素材是任意安排的，比如在同一条声轨上先是大声的狗叫，紧接着是室外环境声，这会给混录师的工作带来极大困难。这两种声音除了都属于音响效果之外，从内容到作用上都不相同。前者属于点效果声，能够为画面增加紧张气氛，因为狗叫声会引发这样一个问题："狗为什么叫？"环境声则能增加画面的连贯性，将剪辑点连贯起来，这样即使改变了视点，观众仍会下意识地了解到依然处在同一个场景中。因此，以上两种声音应该放在不同的声轨里。

- **如果一个带同期声的场景，所有的声音都录得很好，那么就把这些声音都放在同一条声轨里**（或者，如果摄影机现场录制的是立体声同期声的话，就放在两条声轨里），混录时的均衡等处理只需要针对整条声轨来进行。用兰迪·汤姆（Randy Thom）的话来说，"如果声音听起来很好，那它就是很好"，意思是如果没有明显的理由需要分轨，就不要将声音分轨摆放。

　　还有一种做法是根据角色来分轨，但只有当某个角色由于偏离传声器或是表演上的原因需要将声音替换掉时才会这样做。将同期声与后期补录的对白相匹配是件非常困难的事情，所以通常的做法是，不要只替换演员在一场戏里的一句话，而是将他/她在整场戏里的对白都替换掉。这时就需要将这位演员的声音放在单独的声轨里，用来作为参考轨，并采用 ADR 来替换。

- **对同期声分轨时，将同期效果声单独分离出来会很有用。**这针对的是任何出现在同期声轨中类似音响效果的声音。将其分离的理由是可以采用其他的点效果声将它替换掉，以简化后面的工作。另一个理由是要在混录时处理好对白与同期效果声的平衡，在同期录制时这种平衡通常是错误的，因为效果声的比例难以控制。还有就是剪辑同期效果声时，可能会用点效果声和同期效果声重叠使用来增强它的效果，使声音变得更大。因此需要调整不同层次的声音比例来达到平衡，将同期效果声从同期声轨中分离出来将使操作变得简单。

- **将相似的声音放在一起意味着将不同的声音分开。**如果对一声突然的巨响进行剪辑，一般需要将这个声音与前后声音分开，放到不同的声轨里，以方便混录师调节声音的强度。如果这个声音和其他声音处在同一轨的话，混录师也许没有足够的时间在声音到来之前预先调整好推子的位置，而需要在声音到达的一瞬间猛拉推子获得合适的强度。除了分轨放置之外，还有一种方法是微调声轨上的音量线，但重点是将最终的电平控制留在混录阶段进行，而不是使混录师无事可做。

9.8　同期声精剪

　　进行同期声精剪之前，演员的台词应该已经没有问题，并且已经挑出了最好的镜头条。另一方面，由于剧情片声音剪辑师有大量素材可用，可以将对白处理得更连贯，口型更准确，因此在精剪之前，同期声细节处理可能还未完成。结构同期对白时可以采用以下声音来源。

- **说话演员的近景镜头，无论镜头是否对准演员的脸，演员的对白都可以用于声音剪辑。**只有面对摄影机的演员要求严格的声画同步，过肩镜头中背对摄影机的演员是看不见口型的。可以通过几种方法来获得连贯的表演，最简单的方法是在演员说话的近景镜头和听话人的反应镜头里，都使用说话演员近景镜头的声音。实际上没有人会抱怨这样的处理与演员面对镜头或背对镜头的画面切换不匹配。通常保持连贯性比死板地遵循合理的画面视角更重要。

- **替换条。**没有采用的镜头条对画面是无用的，但可以作为声音替换素材来使用，也许可以从中挑出某个音节，正好补上所用对话里犹豫的部分。

● **现场补录对白。**如果制作人了解后期制作的要求，那么当现场有过多的噪声或混响而无法获得干净的对白时，就会计划留出时间来进行现场补录。如果噪声是摄制组可以控制的，比如鼓风机的声音，那么只要把它关掉，让演员以拍摄时相同的情绪、尽可能按照实拍时的情形重新表演，就可以录到干净的声音了。

● **自动对白替换。**有些情况下只能进行 ADR 录音，比如在繁忙的布鲁克林大街二手汽车经销店拍摄时，因噪声过大无法录到干净的同期声，一般就采用 ADR 方式来补录对白。声音剪辑师在为 ADR 补录做准备时，会给每位演员一张提示单，演员一般是一个一个地补录，要注意确保所有的对白都已补录，不要遗漏。好的 ADR 录音与镜头的视角相一致，使它听起来很像同期声，但没有同期声中的背景噪声。

ADR 录音需要一个强吸声录音棚，一支接到剪辑系统输入端的话筒及话筒放大器，以及能将已有的同期声通过耳机放给演员监听，同时在新的声轨上录音的能力。在普通剪辑系统上做到这一点并不难，但专业 ADR 录音棚有更多的便利条件，比如有录音准备功能，可以通过耳机与演员对讲，可以在台词出来之前设置 3 声 "滴——滴——滴" 的提示音给演员打点，使演员通过耳机掌握说话的起始点。数字画面可以在剪辑软件里循环播放，极大地提高了工作效率。

另一个关于两人对话场景的问题是对白重叠。如果我们拍摄的是过肩镜头，而两位演员的对白重叠的话，录下的声音可能一个正对话筒一个偏离话筒。这样就很难将画面切换给偏离话筒的演员，因为在切换点声音的透视感将发生跳变，与画面不符。解决这个问题的办法就是在同期录音时，让演员注意不要让对白重叠，如果影片需要对白重叠可以通过后期剪辑来完成，这很考验演员的功力。另一个方法就是在同期录音时控制好话筒拾音的透视关系，使画面在不同视点间剪接时声音上不会有大的跳变。

从上面提到的所有素材中找出最合适的素材之后，声音剪辑师就要从听前景的对白声转向听现场气氛声，即处在对白之下的声音，因为剪辑点前后现场气氛声的平滑过渡决定了能否成功掩盖住剪辑的痕迹。隐藏剪辑点是工作的重点，听到剪辑的痕迹会让观众出戏。如果剪辑点前后现场气氛声不一致，可以采用一些处理办法。

● 一个缓慢的交叉渐变比直接硬切更容易隐藏现场气氛声的变化。

● 使声音剪辑点滞后于画面剪辑点，在对白出来前 1/4 帧的位置处剪辑，能有效地隐藏剪辑点。这是及时的反向掩蔽在起作用。对白掩蔽住了现场气氛声，之后当现场气氛声重新出现时，就算在电平和音色上与剪辑点之前的气氛声有所不同，也不会被注意到。当然，这有一个程度问题，现场气氛声变化很大的话是无法用这种方法来掩蔽的。

● 如果剪辑点之前的现场气氛声比剪辑点之后的现场气氛声弱的话，将前面的声音 "弄脏" 比将后面的声音 "弄干净" 更有效。例如在一天的黄金时间[4]拍摄时，一个特写镜头里的蟋蟀声比一小时前拍摄的另一个镜头里的蟋蟀声多。要想使两个镜头平滑

---

4 指日落前的黄昏时分，这时的自然光效能够很好地呈现天色渐暗的景象。

过渡而不让观众有所察觉，在前一个镜头里加入特写镜头的蟋蟀声会更有效，即使这样做会对一些镜头的声音质量造成损害也是值得的。

9.9　"偷来"现场气氛声

去哪里获得现场气氛声呢？在一个镜头的头尾部分、话与话的间隙、未采用的镜头条里，以及专门录制的房间声里，都可以挑选出相应的现场气氛声。很多使用者把现场气氛声叫房间声（room tone），或者在英国叫作环境气氛（atmosphere，或 atmos）。在这里我们采用**现场气氛声**这个术语是因为它能包含室内声和室外声，这两者都需要经过处理从而得到连贯的现场气氛。

如果能找出一段短且非常平稳的现场气氛声，可以将其循环播放获得较长时间的现场气氛声。其实，剪辑师会花费相当长的时间来仔细倾听并找出这种中性的现场气氛声，其间不能包含细小的噪声，否则循环播放的话会让人听出重复感。如果找出的片段里包含有一定的音调，那么循环播放的时候要仔细剪辑，使剪辑点间的波形相匹配。如果这个工作做得很仔细的话，是不需要采用交叉渐变来过渡的。否则如果循环的头和尾之间不能很好地衔接，或者声音里噪声成分较多，就要在每个片段之间采用交叉过渡了。如果选择的片段里包含有上升的音调，那么将该片段从头到尾播放与从尾到头播放相连接，可以使剪辑点的位置不产生音调上突然的跳变——声音听起来是起伏的，而不像直接循环产生的那种锯齿形的跳变。现场气氛声在循环使用时也可以在每次循环时采用不同的长度，这样也可以掩盖住循环痕迹。以上所有方法的目的就是掩盖住循环这一事实。

9.10　在哪里使用现场气氛声

如果只针对一条单声道轨或一条立体声轨，现场气氛声的使用是很清楚的：同一场景内的现场气氛声应该是连贯的。如果转场的话，现场气氛声自然也应该改变，不能将前一场的声音用到完全不同的后一场景里。然而，如果将不同演员的对白放在不同声轨上，事情就变得稍微有点复杂。如果在一条声轨上的话与话之间的空隙里填补上现场气氛声，然后对另一条声轨也如此处理的话，其结果就是增加了噪声的量：如果两条现场气氛声电平相同，则叠加后的电平提升了 **3dB**。但是，如果每个角色的声轨里包含着明显的现场气氛声，当其中一个角色的台词间隙填充了完整的现场气氛声，另一个角色台词间隙的现场气氛声去掉的话，又能听出未填充的声轨里台词间隙现场气氛声的跳变。这两种极端情况表现出声音剪辑师在剪辑对白时面临的两难选择，也证明了当对白之间现场气氛声差别不大时并不需要分轨。

但有时候分轨又是必须的。设想一下，演员在一个嘈杂环境的全景镜头中处于偏离摄影机的位置。我们可能发现处于前景的演员信噪比是没问题的，但偏离摄影机的演员的声音却无法接受。为了解决这个问题，可以将偏离摄影机演员的声音从同期声轨中剪掉，用现场气氛声来填补中间的空隙，然后对这些剪掉的对白进行 ADR 录音，放到另一条声轨里。好的

ADR 制作不需要在 ADR 声轨里再加入现场气氛声，因为同期声轨的现场气氛声将掩盖掉 ADR 声轨里细小的背景噪声。ADR 录音时良好的话筒拾音透视感能加强声音与镜头的匹配。

9.11　纪录片要考虑的问题

　　纪录片一般是通过采访来提供叙事线索。但是，看着一个人在摄影机前接受采访总是不够精彩，因此至少需要拍一些补充镜头，用来与采访片段交叉剪辑以便压缩采访的长度。实际上这里所做的是用画面来支持声音，而不是用声音来支持画面。声音是从多段采访中选出来的，不同时间段的采访，会被剪接到一起形成完整的叙事线索。但是，这可能会给声音剪辑带来困难。纪录片创作的常用方式，是面对大量可供选择的素材时，将这些素材提供的信息打印下来，并附上相应的时间码，再在纸面上对人物语言进行编辑。几乎所有的受访者都不会提供电影制作者需要的那种直接了当的、线性的叙述，因此需要对不同时间的不同采访材料进行交叉剪辑，来支撑整个故事并将故事讲好。虽然在纪录片里重新结构人物采访会带来伦理上的争议，但事实上这种做法每天都在采用，我们希望通过整理人物的采访来更好地表现人物，使影片更精彩。

　　在脚本上进行编辑会给声音带来麻烦。一个拍摄现场和另一个拍摄现场的声音是很难匹配的。画面剪辑师在专注于故事时，会忽略掉声音在频率、混响、电平等方面的不平衡，即使声音上存在严重的不匹配问题，剪辑时也会讲故事在先，声音匹配在后，这样就给声音剪辑留下了繁重的修对白的任务。

9.12　修正声音之间的跳点

　　无论是在故事片剪辑还是纪录片剪辑中，各剪辑片段之间声音上的某些差别如电平差别可以通过画面剪辑师的调整来改善，但对于更微妙的差别，则要留给声音剪辑师来处理。这可能是同一个人的两种不同身份，因为声音精剪通常是在画面剪辑完成之后进行的，这时故事已经建立起来了。实际上通过恰当的、通常是很微小的调整可以修正声音之间的跳点。这种调整是一个片段一个片段地进行的，可能会用到非实时插件，如 Pro Tools 里的 Audio Suite 插件。使用这样的插件，在非实时处理之后，会生成新的片段以替换掉原来的片段。做图形处理的人把这个过程叫作"渲染"（ rendered ）。它的好处在于已完成了相应的运算，这样在播放整个文件时，不会增加计算机实时处理信号的负担。处理后的片段自动取代了原来的片段，而原来的片段并没有丢失，需要时还可以替换回来。

　　对白剪辑中常用的处理如下：

- **电平匹配**。可以通过电平标准化（ normalization ）或增益（ gain ）插件来处理，或者用音量线来修正电平，所有的方法结果都是相同的，不同的只是针对给定情况，某种方法多少会比其他方法更笨拙或更便捷些而已。
- **音色匹配**。包括使用均衡器和/或滤波器，将在下一章中详细讲解。全面的均衡通常留在混录阶段完成，但在剪辑阶段，对一个单独插入的声音片段进行均衡处理，使其与插入点前后的声音相匹配，往往是很有效的。

● **移调**。有时候，将声音片段从一个句子中剪出来插入到另一个句子中去时，进行移调，通常是少量的移调，能修正两个句子之间声音音调上的差别。

● **加混响或现场化处理**。有时候，插入的声音片段明显比周围声音的混响要少，这种情况下，可以采用混响插件来处理，或者通过将声音在房间里的扬声器中播放并用话筒重新拾取的方法，来让声音具有某个现场的空间特征。

对白剪辑通常使用的剪辑界面如图 9-1 所示。

图 9-1a　画面剪辑中的对白轨

9.13　音响效果

一般概念上，当得到平滑连贯的对白声轨之后，接下来需要剪辑的是点效果声（hard effects）。因为这类声音为演员的特定行为提供动机，并且直接参与剧情，即使是在剪辑的早期阶段，也能够帮助观看者解开疑惑。例如："他在看什么？"通过提供音响效果，我们就能说明他正在看什么。

图 9-1b 为使对白连贯，将声轨重组并分割；如果同一声轨中画面剪辑点间声音能匹配的话，用一个简单的交叉渐变就可以了；如果声音不匹配，就要将声音分到不同的声轨上去

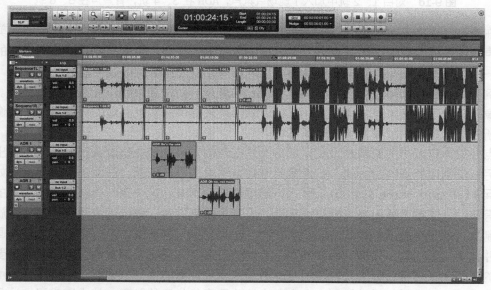

图 9-1c 声轨间夹杂着现场气氛声（房间声），通过交叉渐变来使过渡平滑。ADR 声轨中一般不需要加入现场气氛声

　　安排音响效果轨的基本原则与前面讲过的一致：将相似的声音放在同一声轨，不同的声音放在不同声轨。要记住在这个阶段处理的零碎声音片段只是整体中的一部分——应尽量将所有的鸡蛋放在同一个篮子里，也就是将所有类似的音响效果放在同一声轨中，只做最低限

度的声轨布局调整。可以将不同类型的效果声分开，然后放到不同的声轨中。

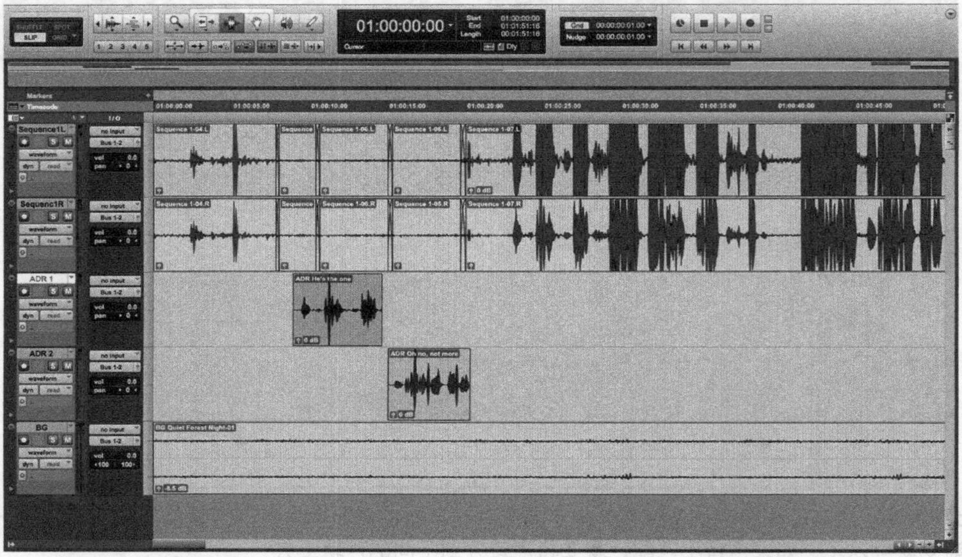

图 9-1d　对白 1、2 轨中加入了现场气氛声，ADR 在 3、4 轨，背景声在 5、6 轨

在录制和选择点效果声时，一般我们希望可以将它们和背景声分开，这样就能只剪辑点效果声。而同期声里的现场气氛声，或者环境声轨里的声音，将掩盖掉剪辑点间细微的不连贯——效果声轨里固有的低电平背景噪声被掩蔽掉，从而只听到效果声。

例如点效果声和环境声或叫背景声（BGs），就是一对需要放到不同声轨去的声音。环境声就像人工的现场气氛声或房间声：它被剪辑师用来提供故事发生地的环境线索。就像置景人员所做的，是提供故事发生的现场环境。

点效果声可以分成两种基本类型：一类是有源的，多少是在仿效看到的东西所发出的声音；另一类则以更间接的方式，从更宽的声音范围里选取出来配合画面。前一类例子如《夺宝奇兵》（*Raiders of the Lost Ark*）里飞行器推进器的声音。这个飞行器是美术师设计的，从来没有飞过。其推进器由电力发动机带动，声音听起来不对。取代这个声音的是从螺旋桨下方录制的直升机螺旋桨的声音（用了强力防风罩），然后将声音叠加在一起，剪辑成与画面同步，并体现出不同镜头里推进器在画面中所处的位置。这意味着随着画面剪辑，声音要放到不同的声轨上，这样各个声音片段就可以通过声像电位器的控制被分配进不同声道，而如果要靠混录师在混录时，手动控制声音在各个镜头里声像位置的跳变，就太困难了。这是个有趣的例子，在画面剪辑点间通常保持声音不变的平滑过渡，被故意打断进行硬切，却让声音听起来更真实。通过录制不同速度的直升机螺旋桨声，以不同角度和距离来录制，所获得的大量声音素材可以用来配合不同镜头里的声音透视感。这里更体现出声音作为"效果"的字面含义，将飞行器推进器的声音用直升机螺旋桨声来取代。

其他的点效果声，与画面上所看到的事物之间更缺乏类似关系。有成百上千这样的声音，找出合适声音的基本方法是一个个地试用不同的声音效果，看它们如何发挥作用，直到找出最合适的声音。典型例子就是《侏罗纪公园》（*Jurassic Park*）里恐龙的声音。加里·雷德斯琼姆（Gary Rydstrom）用现有动物的声音仔细地结构出恐龙声，因为他不可能到动物园里去录真正的雷龙，即使是专家对恐龙声音到底怎样也意见不一，因为通过化石只能了解恐龙的骨骼，而无法从中还原出有血有肉的动物叫声。加里通过将各种声音层叠在一起，进行移调处理，同时在周围环境里加上动物叫声，用大树倒地的声音组合出脚步声，从而模拟出恐龙在森林里穿越的声音，一个真实的声音世界就此诞生。

有时候声音创作的目的并不在于构建一个真实的世界，而是使声音随着角色进入画面，更多由角色的视点来推动，这是一种主观真实。达到这个目的的方法之一就是处理音效，比如《现代启示录》（*Apocalypse Now*）里丛林中昆虫的声音，就描绘出一种超真实。到现在为止，最常用的手法是使用音乐，将观众从线性叙事中带入蒙太奇，正如本书第 8 章中所介绍的那样。

有很多存储于硬盘、CD 和 DVD 里的音效库，如"The Hollywood Edge"和"Sound Ideas"等，包含了数以千计的音响效果。如今通过将音效库保存在声音剪辑网络的中央服务器上，甚至保存在互联网网站如 sounddogs 官网和 findsounds 官网以及很多其他网站上，对音效的搜索变得更加快捷。恐怕最大的问题在于音效素材是如此之多，只依靠对它们的文字描述来找出恰当的声音是很困难的，于是必须进行大量的试听。针对这个问题，comparisonics 网站试图按照声音的相似性来编制目录，采用色彩增强这样的搜索项来描述声音的频率范围，同时以波形高度显示出动态范围。就在写这本书的同时，在 Google 网站的搜索项中输入"音效资料库"，能得到数百万条结果，其中的一个资料库就包含有超出 300 种"身体碰撞"的声音。Amazon 网站上出售数百种音效碟，还有大量的独立网站出售单独的音效甚至完整的音效库。因此，我们有很多途径可以获得音效，甚至能在其中找到《星际迷航》（*Star Trek*）电视剧的原始素材，以及其他来自制片厂音效库里的素材。

尽管有如此多的音效资料库，但最有效的办法，还是摄制组为所拍摄的影片专门录制的声音效果。如果你在为《壮志凌云》（*Top Gun*）做声音，想从资料库里找音效的话，你可能找不到足够的 F-14 雄猫战机起飞和降落的声音用来表现电影中多种可能的变化。没有哪个音效库会大到这种程度。因此需要派一组人员去现场录制声音资料，不仅要录下飞机声，还要录下与飞机相关的其他各种声音。重点是获得相互分离的声音，因为不同声音里的背景声不一定适用。如果能找出中性的背景声片段，就可以将其不断循环以得到足够长的现场背景声用来搭桥。

在纪录片《执着的梦想》（*The Dream Is Alive*）中，宇航员们遇到的最大问题就是如何在航天飞机内录制单独的声音。尽管宇航员们能很快进入状态，也不能解决航天飞机内有太多制造噪声的设备这个问题，因此单独录制它们中的任何一个声音都是不可能的。

其他声音效果，如飞机起飞时加强机械压簧、装载及点火的活塞声，都可以作为声音素材录制下来，然后分成片段单独使用。只要底下的背景声电平足够低，这些单独的声音在使用时，就能掩蔽掉不同片段间背景声的跳变，也可以利用另外加入的完整环境声来掩蔽，或者将声音素材里的环境声通过循环获得长的完整环境声。

声音效果在画面剪辑点间通常都是保持连贯的，用声音效果尤其是环境声来衔接剪辑点，这样做的目的是使观众停留在同一场景中，避免没有任何特定含义的不连贯，除非摄影机的视点发生了改变。有时候在画面剪辑点间可以通过音色上的细微变化，来帮助观众了解事件发生的地点。例如，获得奥斯卡最佳音效奖[5]的电影《黑鹰坠落》（Black Hawk Down）的 DVD 里，第一章节的 10:07～10:56 是两架直升机相互靠近再擦身而过的片段。其中有发自飞机内和飞机外的射击声。两架直升机的射击声在音色上有细微差别，正是这种差别帮助我们分辨出射击过程中镜头所处的位置。

9.14   环境声/背景声

环境声能够使各个声轨的声音融为一体。它们为画面提供基本透视感，制造内景与外景的对比，以及更为明确地说明画面中出现的是紧邻交通要道的内景还是安静农舍的内景等。一般说来，环境声比较中性化，在整个声音组成中不会引起特别的注意。大多数人都不会注意到环境声的存在，但缺乏它却会使场景显得不真实。环境声自身也能成为叙事的一部分。在电影《街区男孩》（Boys'N the Hood）中，约翰·辛格顿（John Singleton）使用了一个高中教室的内景，由于这里是洛杉矶南部中心，直接处在洛杉矶国际机场飞机起降的航线上。在这样的教室里拍摄时进行同期录音有很大困难，因为飞机从头顶飞过的声音必须被完整地录下来。如果只考虑前景的对话而从飞机飞行中间切断的话，剪辑时会有很大麻烦。解决这个问题的办法是，最好在一间普通的安静教室里拍摄并录下对话，然后将飞机从头顶飞过的声音加在背景声轨里，两种声音分开录制后再合成。

表现天气状况的声音（如雷声或雨声）也是环境声的一部分，可以预示事情并不像画面里看到的那样。对于环境声，人们更多是去考虑其空间特性，其实即使是早期的单声道声音，也会致力于表现出声音的空间感。通过加入所需的混响，银幕后的空间从二维平面空间向纵深处延伸。从画面来说，会聚的线条制造出消失在纵深处的点的幻象，于是二维空间通过暗示第三个维度的存在来表现出三维空间。同样地，对声音来说，表现空间感的基本方法，至少是表现室内空间以及许多室外空间的基本方法，是给声音加入混响。环境声制作所采用的原始素材，如果不是多声道的话，至少也是双声道立体声的，比一般的点效果声更具有空间感。在本书第 11 章将要介绍的矩阵编解码技术，带来的一个副产品就是根据双声道立体声素材的录制方式，可以将双声道素材扩展到银幕前方声道和环绕声道中。有时候在立体声录音和矩阵编解码过程中会得到一些意想不到的结果，因此在剪辑立体声素材时直接监听环绕声解码后的效果，将有助于了解最终的效果会是怎样的。我们可以通过一台简单的消费级环绕声接收装置来监听。

---

5 获奖人是迈克尔·明克勒（Michael Minkler）、克里斯·芒罗（Chris Munro）和迈伦·内廷加（Myron Nettinga）。

9.15 拟音

电影里日常生活中各种细小的声音通常是在拟音棚里重新录下来的，就像第 8 章 "声音设计" 里介绍的那样。它的操作类似于 ADR 录音工序，为拟音人员提供画面，连同很多拟音中可能用到的小道具。拟音通常是超真实的声音创作，在一个安静的、声学特性沉寂的空间里，用近距离拾音的方式来录音。拟音必须对声音予以夸张，否则与电影里的其他声音混在一起时，就会被完全掩蔽。

9.16 音乐剪辑

专门为电影写作的音乐是与画面配合来录制的，应该很容易剪辑。然而，很多时候并非如此，因为实际工作流程中**画面锁定**这个术语往往不如**画面拟定**来得贴切。作曲家要花费很多时间来作曲和录音，而在这个过程中，剪辑好的画面经常被修改，于是音乐剪辑成了一项艰巨的任务。要想达到无缝剪辑，需要考虑很多因素的配合：节奏、配器、音调等。

选音乐，即从现成的音乐库里选出合适的音乐来使用，也是一种办法，但很难获得版权。音乐版权涉及好几个相关部门：作曲者、演奏者、出品公司等。音乐播出机构如 ASCAP 和 BMI 等，与版权所有者之间签的播出许可合同，并不包含对音乐的额外使用。将音乐与画面结合以后会形成一个全新的整体，需要不同的版权许可。我们可以通过向音效资料库和音乐资料库的供应商购买使用许可来使用这些资料。

9.17 转场

前面的讨论主要集中在单一场景的情况。对给定场景来说，保持连贯是基本原则，但转场就会改变其连贯性，从硬切（"注意，场景变了"）到柔和过渡（例如用音乐来衔接转场）都有可能。另外，画面转场和声音转场的剪辑点可以不同，下一个场景的声音可以在画面切换之前或之后进入。

画面转场允许重新设定我们听到的声音，于是在一个场景里采用一种录音方法拾取的声音（比如用一支吊杆话筒拾取的声音），在转场时改变为用另一种录音方法拾取的声音（比如用纽扣话筒拾取的声音）就会相对容易一些，而只要在同一场景里保持声音一致就可以了。当把这些不同方法拾取的声音（包括 ADR 的声音）在同一场景里混合时，连贯性上会遇到很多困难。转场就像擦黑板———一切重新开始。当然这并不是说对同一个演员拾音时，对不同的场景要采用不同的拾音方法或场景与场景之间的声音不能相同，这只是说明转场比处在同一场景里时，对声音连贯性的要求要更少一些。

转场的方法多种多样，英国喜剧电影《真爱至上》（*Love Actually*）里采用了大量不同的转场方法。这部影片包含在几个不同角色的故事之间的交叉剪接（到影片最后这些故事联结到了一起）。从影片的 DVD 里引证出来的转场方式，总结如下。

- **直接过渡。**当环境发生改变时，剪辑点前后的电平保持连贯。如章节 3 的 15:07 处，从一处对话场景切到另一个场景。
- **硬切。**打断当前的场景进入下一个场景。比如章节 4 的 24:49 处，镜头切换到汽车里的金发男子和黑人男子的转场，先是外景伴随着车内收音机的音乐，然后迅速切到车内。这场戏的结尾也是用这种方法。
- **用音乐动机搭桥转场。**这种方法与硬切形成对比，随着时间流逝慢慢转到下一场景，如章节 4 的 23:30 及 26:33 处。
- **淡出/淡入。**比简单的场景切换更能强调出场景的改变，用作一种标志，暗示一个时间段或一段表演的结束。在《真爱至上》里，影片开头希思罗机场爱意融融的片段，伴随着音乐和画外音，通过淡出/淡入转到影片叙事的开始部分，即录音棚里的片段。转换的过程很短，因为前面没有剪辑点来打断画面的流动。这里也可以用交叉渐变来转场，但淡出后再淡入更有表现力。见章节 1 的 2:02 处。
- **声音提前，**画面剪辑师也把它称为 J-cut（字母 "J" 的形状暗示声音早于画面出现）。下一个场景的声音在转场之前先出来，这比直接剪切更有助于推动故事发展。它给人们带来对画面的期待，如章节 2 的 9:45 处，婚礼上宣誓的声音在画面出现之前观众就已经听到了。又比如章节 3 的 20:28 处画面转场之前的那个 "所以"。
- **声音滞后，**也叫 L-cut。前一个场景的声音一直延续到下一场景，如章节 2 的 11:22 处，婚礼上的音乐一直伴随着片中的角色出其不意地回到家中，音乐贯穿于室外的环境交代镜头和室内镜头。
- **有源音乐变成无源音乐。**通过将管弦乐改变成现场化的音乐，有源音乐和无源音乐可以相互转换。在《真爱至上》章节 1 的 4:00 处，录音棚里的有源音乐通过以下几方面变化转成了无源音乐：场景从内景转到外景；人声退出；弦乐声部增强。
- **以相同的有源音乐转场，但采用不同的透视感。**葬礼场景中，连姆·尼森（Liam Neeson）按照他已故妻子的要求，在她的葬礼上播放 Bay City Rollers 的《Bye Bye Baby》。歌曲进行中，镜头切换到婚礼场面，音乐也衔接过来。虽然音乐在两个场景里都是现场播放的效果，但其现场感是不同的，于是声音听起来也有所不同，这就标志着场景的转换。同样，章节 3 的 20:07 处，在办公室听到收音机的广播，最后一个句子是："那是什么歌曲？" 画面随即切换到正在直播的电台演播室，紧接着的声音带有演播室空间感，播音员说道："那是……"

表 9-1 总结了《真爱至上》中运用到的上述方法。

表 9-1　电影《真爱至上》的场景过渡

场景过渡的章节/时间	声音过渡/所用技术	内容	备注
1/0:50	音乐，然后出现画外音	蒙太奇：希思罗机场的问候，然后画外音解释 "真爱无处不在"	只有音乐和画外音，没有对话或环境声，这种处理加强了蒙太奇效果

续表

场景过渡的章节/时间	声音过渡/所用技术	内容	备注
1/2:03	淡出/淡入，由无源音乐过渡到有源音乐	音乐录音棚里，歌手和伴唱正在录音	同步的声音使这场戏更加写实，不再是蒙太奇效果。当制作人通过对讲系统说话时，首先听到声反馈，进一步明确了所处的环境
1/4:00	音乐声增大，人声退出——由有源音乐向无源音乐过渡	切换到外景，环境交代镜头，然后出现字幕"距圣诞节还有 5 周"	连续切换，多个蒙太奇镜头组接，交代了故事发生的时间段
1/4:18	音乐继续，但开始听到同步的声音	切换到内景	音乐慢慢减弱到对话以下，但仍在继续
1/4:53	同样的音乐继续，但也能听到同步的声音	切换到外景，环境交代镜头，新的地点	音乐和同步的声音一起使用，比单独使用音乐要写实，而较少蒙太奇效果
1/4:57	音乐在转场间和电话交谈间继续	切换到内景，连姆·尼森坐在计算机前	
1/5:15	音乐在电话交谈间继续	镜头切换到接电话的一端	
1/5:33	音乐在对话间继续	通过镜头来回切换，我们看到爱玛·汤普森（Emma Thompson）在她的厨房里	场景切换没有与对话切换同步进行，但也是来回切换的，最终结束在接电话的一端
1/5:50	音乐继续	办公室外景。环境交代镜头，金发男子走进大门	
1/5:54	音乐继续	办公室内，时间接上	音乐的连贯强调了时间的连贯
1/6:20	音乐继续	内景，片中片拍摄现场，白天	
1/6:49	音乐继续	内景，教堂，白天	
1/7:24	音乐继续	外景，唐宁街 10 号，白天。首相抵达，摄影机跟进室内	
1/8:06	音乐慢慢淡出，没有画面转场		这是影片开始后第一次没有音乐，感觉上放松下来，表明已经进入故事主体
1/9:10	暗示性音乐随着剧情淡入		暗示性音乐强调了刚才所发生事情的重要性
1/9:42	下一场景的同步声提前进入	内景，教堂，白天。回到结婚典礼现场	"在上帝面前"这句话，提前出现在上一场景的结尾处
2/10:00	有源音乐，由管风琴演奏的婚礼进行曲，过渡到甲壳虫乐队的歌曲《All You Need Is Love》	演唱者、独奏者和乐队成员从四面八方站起来	注意每组乐手所演奏乐器的声像位置和画面是一致的

续表

场景过渡的章节/时间	声音过渡/所用技术	内容	备注
2/11:22	镜头剪接的同时，有源音乐继续	外景，环境交代镜头，一位参加婚礼的客人回家照看生病的妻子	镜头剪接之前是有源音乐，之后变成无源音乐
2/11:25	音乐继续，然后淡出	内景，白天，时间继续	她根本没有生病
2/12:06	硬切	婚礼招待会，内景，白天	
2/13:15	硬切	婚礼招待会食物准备区，白天，一段时间以后	科林（Colin）从困窘中脱身到与伙伴聊天的这段时间被压缩
2/13:55	硬切	灯光布景下的全景镜头，等等	
3/15:07	直接过渡	内景，白天，葬礼，安静的现场，然后连姆发言	
3/16:07	Bay City Rollers 的《Bye Bye Baby》作为有源音乐		他流泪之后音乐进入
3/16:48	有源音乐持续，画面切换到另一场景	内景，婚礼招待会，时间继续	随着场景改变，有源音乐的音色发生了变化——两个场景播放的是同样的歌曲
3/18:02	有源音乐随着画面剪接继续，变成无源音乐	外景，环境交代镜头，河上的人行桥	
3/18:05	音乐继续，然后淡出	内景，办公室，白天	
3/18:48-19:22 19:24-19:36	暗示性音乐进入：无源音乐		强调的重点：她爱上卡尔（Carl）并且每个人都知道了；这段音乐被分成两部分，这可能比连成一段更有效
3/19:48	收音机中播放的歌曲		这段音乐我们之前听过
3/19:51		她那讨厌的电话又响了	
3/20:04		"那是什么歌曲？"	
3/20:07	音乐持续，但音色有所变化；前后两场都用的有源音乐，但现在转到了电台直播间	"那是……"用一种非常滑稽的方式回答了前面提到的问题	
3/20:22	硬切：主持人的声音继续，但处理成了收音机里的声音	内景，白天，时间继续；流行歌星和制作人在电台直播间外等候	
3/20:25	硬切	回到直播间，主持人正在播音	

续表

场景过渡的章节/时间	声音过渡/所用技术	内容	备注
3/20:28	"那么"提前进入	内景,白天,另一个直播间,采访	时间通过剪辑被压缩
4/22:40	有源音乐在转场间继续,然后很快淡出	内景,白天,内阁会议室	严肃的内阁会议没有使用音乐。发言人说道:"我们的新首相已经遇到麻烦了吗?"
4/23:24	暗示性音乐进入		首相的爱已经很明显——她进来了
4/23:32	音乐在转场间继续	内景,首相办公室,白天,晚些时候	时间被压缩
4/24:10	硬切	内景,白天,片中片拍摄现场	
4/24:40	暗示性音乐进入		即使是在最让人难堪的情形下,人们仍能相互沟通
4/24:49	直接硬切	车外,白天	车内收音机的音乐声盖过了街道嘈杂声
4/24:52	硬切,时间继续	车内,白天	车内收音机的音乐在对话下继续,但比在车外时音量小
4/25:42	硬切	办公室,内景,白天	
4/26:20	暗示性音乐进入		"希望有人来吻我"
4/26:32	转场时音乐继续,然后淡出	内景,连姆的家中,白天	
4/26:49-27:32	暗示性音乐进入	摄影机随着连姆进屋,一直摇到男孩的房间门口,然后切回起居室	神秘音乐:"他怎么了?"
4/28:08	暗示性音乐,与上段音乐采用同一主题	时间继续	这场戏结束在他们开始享用美食
4/28:15-28:55	场景转换,背景音乐继续	外景,白天,泰晤士河边的长凳处	连姆和继子有一番深入的对话
4/29:04-29:37	新的音乐进入	时间继续	"事实上,我恋爱了"到"比恋爱中的痛苦还要糟糕?"
5/29:44	新的音乐进入	时间继续,回到全景	帮助结束这场戏
5/29:46	转场时音乐继续	内景,晚上,办公室	劳拉·琳妮(Laura Linney)在工作——她在积攒勇气向卡尔表白
5/30:27	她的电话响了	时间继续	她总是被打断(是她丧失劳动能力的弟弟)——音乐听上去苦乐参半
5/30:38	转场时音乐继续		

9.18　插件/处理器

　　声音剪辑除了要具备创造性思维，还要在技术上充分发挥音频剪辑软件的作用，比如使用 Pro Tools 和 Soundtrack Pro 等音频工作站可以更有效地进行声音剪辑，它们是为这一类工作量身定制的。传统意义上，剪辑师负责剪辑工作，而混录师具体完成所有的信号处理，以确保达到好的效果。唯一的例外是在转录室里对磁片进行转录时，可能会对原始素材做一些处理，例如进行变速转录或者倒放，通常是为了使原素材变得难以辨认。剪辑师的剪辑受记录媒介的特性所限制。如今的数字音频工作站有很多实用程序用来改变声音，这些功能中有简单易操作的，也有较为复杂的。以下功能是基本剪辑功能的扩展：

- **时间压扩**（Time compression-expansion）。一个现成的声音可能在时间长度上与要求不符。通过对声音进行时间上的拉长或缩短，可以将它改为所需时长。数字音频中这个处理过程并不完美，因为有些小的声音片段被移走或插入进来，于是伸缩得越多，越可能听出人工处理的痕迹。并且，时间压扩功能并不总能和移调功能一起使用。

- **移调**（Pitch shifting）。一个与时间压扩相关的功能。移调功能在处理音效时相当有用，将原始声音的音调降低可以使声音更厚重也更有震撼力。移调功能可以选择同时间压扩一起使用，以恢复被时间压扩改变的音调。移调功能在对白剪辑时也很有用，比如对一句话里的某些字词进行替条处理，而这些替换过来的字词与原来的话音调不一，或者纪录片中的某一部分与其他部分的音调不匹配，都可以用移调来解决。使用一台带有变速功能的模拟磁带录音机能够实现移调与改变时长的结合，而且对于大幅度的变速，采用这样的设备比采用数字设备更有效，因为模拟设备不会产生人工拼接的痕迹。不过，在这里变速和移调的量是一一对应地锁定在一起的。一个极端的例子是，加里·雷德斯琼姆（Gary Rydstrom）在为电影《末世纪暴潮》（*Strange Days*）的主观视点片段制作奇怪的声音时，花了一整夜时间用一台 U-Matic 录音机将声音转录到其他机器上。这台 U-Matic 录音机被设置成所谓的暂停模式，在这种模式下，为避免过多的磁带磨损，磁带并没有真正暂停，而是以非常缓慢的速度运转，从而达到变调的目的。

- **倒放**（Reverse）。这个功能就是将一段声音的头尾倒置。它可以使声音变得不易辨认，不过如果声音里有混响的话，倒放的结果混响声会先于直达声，使声音听起来不太自然。

　　将倒放的声音与原先正常的声音交替剪辑，可以改善剪辑点上的不连贯。如果一个声音片段沿其长度方向包含一个上升的音调，剪辑时为达到延长的目的将该声音片段循环播放时，片段的结尾和开头拼接在一起，循环播放后的声音在音调上一遍遍地反复升高，使得剪辑痕迹容易被察觉。将该片段从头放到尾，然后从尾放到头，再从头放到尾地进行循环，接起来的声音就不会有音调上突然跳变的感觉。

- **发音同步（VocALign）**。这是一个来自 Synchro Arts 公司的插件，使用一条同期声轨作基准，将 ADR 声轨与之同步。它会自动对 ADR 声轨进行微调使其与原始声轨相吻合。

- **次谐波合成器（Subharmonic synthesis）**。通常用于制造声音效果，这个插件会找到一定频段内最低的频率，例如 50～100Hz 的频率，将该频率减半后和原信号一起输出，从而产生新的基频。这种功能可以用来制造更宏大更震撼的特殊声音，尤其是爆炸声、加农炮声等。一个使用该功能的例子是电影《阿拉丁》（Aladdin）开头出现的从坟墓中出来的巨人的声音。次谐波合成功能可以同慢放原始声轨以及加均衡结合使用，从而制造出巨大的低音效果。

以上功能都是针对项目/工程文件中的音频文件片段进行的，处理后产生新的音频文件，并取代原始文件的位置。如果出于某种原因该处理被取消的话，还能恢复出原来的文件。几年前，卢卡斯电影公司制作了一部电视电影《伊渥克大冒险》（The Ewok Adventure），兰迪·汤姆（Randy Thom）是该片的声音设计师，为了得到食人魔被大树卡住发出的尖叫声，他将一个音效进行了倒放处理。他认为这样得到的声音更好一些，随后他发现声音剪辑师已经对该尖叫声进行了倒放处理，而他的处理是使该音效又返回到原先录制的状态！

剪辑师也会做一些通常由混录师来做的处理，或者应该在转录过程中完成的处理。不过从这个意义上，这些功能是用于剪辑，而不是混录。

- **电平标准化（Normalize）**。这是一个电平设置功能，它能对音频段进行检测并提升增益，直到最高瞬间峰值电平达到 0dBFS。它对于调整录音电平过低的信号很有用，不过这种处理是使峰值电平标准化，而不能保证响度也达到标准。电平标准化处理一般是针对单独的音频段进行的，而不是对整条声轨进行处理，因为该功能的作用是在混录之前得到平滑连贯的声音。

- **增益（Gain）**。这是针对音频段的电平控制功能。经过增益处理的音频段将替代原来的音频段。该功能非常适用于处理单独加入的声音与周围声音在电平上的不平衡。该功能的另一个作用是提升录音电平过低的信号，而不像电平标准化那样将电平推到最大值，后者可能使声音丧失美感。一些使用数字音频工作站的剪辑师在混录模式下于单位增益上下只有 6dB 的增益调节量——单位增益指的是输入电平与输出电平相一致的位置——事实上对一些录音电平过低的信号来说，可能需要更大的增益。

- **音量线（Volume graphing）**。这是一个自动控制功能，允许剪辑师为不同的点选取一定的播放电平并将其绘制出来。可能会有一个类似调音台的界面，带自动化功能，操作人员通过控制调音台上的增益来获得平滑的音量过渡，或者剪辑师可以实时看到某条声轨上的播放电平，并用绘制的方法进行剪辑。从这个意义上说，音量线不同于增益，因为它是动态的，可以在音频段内部或段与段之间变化。虽然音量线做的工作与调音台推子做的工作类似，但针对某些声音需要绘制音量线，而不是将所有的音量处理都留给混录是有道理的。

其中一个原因就是使用音量线能使插入的声音在电平上与周围的声音相匹配，这一点类似于增益的作用。另一个主要原因是用来控制对话中一些突兀的声音，比如咳嗽声或喷嚏声。剪辑师通过绘制音量线来控制咳嗽声比混录师在混录时控制更有效，因为剪辑过程不是实时进行的，而混录师必须实时准确地对咳嗽声进行控制，或者在咳嗽声到来之前突然降低增益，这样一来，增益的变化容易被听出来。

- **噪声门（Noise gate）**。噪声门的开关是由信号来控制的，当信号电平大于设定的门限电平时让其通过，反之则将其哑音。噪声门能够用来减小对白中的背景噪声。一旦有了一条干净的对白声轨和单独的背景声轨，对白声轨中剪辑点之间不平坦的部分就可以被掩盖掉。

- **降噪（Noise reduction）**。该功能比噪声门更复杂。市面上有大量的降噪插件，能够将对白等前景的声音从背景噪声中分离出来并对背景噪声进行抑制。降噪的方法多种多样，价格也各不相同。有些降噪器可以通过对频率的逐段分析得到本底噪声，然后针对本底噪声提供多频段的噪声门处理。

- **消除直流偏移噪声（DC offset removal）**。将不同来源的声音片段剪接到一起可能产生咔嗒声，因为位于两条通路上两个不同的转换器其直流电平也不同。实际上这是个相当普遍的问题，因为在 16bit 音频文件中，在整个量化范围内最小的量化等级是 1/65 000，使直流电压适应这么小的变化是很困难的。因此，如果在剪辑点的位置产生咔嗒声或砰砰声，一个直流偏移噪声滤波器就显得非常必要了（如果采用了交叉渐变，可能不需要做这个处理——交叉渐变通常就是用来解决直流偏移问题的）。

- **消除削波失真（Clip removal）**。（注意这里的 clip 与数字音频工作站音频文件包中的 clip 含义不同，前者是指削波失真，后者是指剪下来的音频片段。）该软件能找到削波失真的位置，然后为其绘制出一个恰当的峰值。原始声音素材中的削波失真是最糟糕的事情，使用这个插件能挽救那些有问题的削波片段。

这些功能用来使剪辑后的声音更加流畅，也就是使声音之间的电平变化相匹配。从这个意义上，剪辑阶段所做的工作是相对的，针对每个声音片段进行，而将最后的绝对电平控制留到混录阶段完成。这些功能可以用在对白、音响或音乐的早期剪辑阶段，因为它们对于声音片段之间的匹配很有用。还可以采用其他的功能，比如滤波、均衡、压缩/限幅、混响等，但这些功能一般是在混录阶段才使用，下一章里会详细介绍。市场上广泛流行着很多插件，有的来源于数字音频工作站的开发商，有的则是为整个发展起来的工业专门开发的。针对不同的硬件设备及数字音频工作站软件系统的插件如表 9-2 所示。

表 9-2　音频插件

名称	适用环境	备注
Audio Units（AU）	Mac OS X	实时本地处理*
AudioSuite	Mac OS、Windows、Pro Tools	非实时处理；在音频块上起作用，生成新的文件取代原有的文件；不能进行自动化处理

续表

名称	适用环境	备注
DirectX	支持该插件的 Windows 程序	实时本地处理
Host Time Division Multiplex（HTDM）	Pro Tools	在 Pro Tools 平台上通过主机 CPU 处理，也有一系列 DSP 芯片处理，具有自动化功能
MOTU Audio Systems（MAS）	Mac OS 软件合成程序	
Premiere	运行在 Mac 上的程序，例如 BIAS Peak，BIAS Deck，Logic Audio，Opcode 的 Studio Vision Pro	通过主机 CPU 非实时处理
Real Time Audio Suite（RTAS）	Pro Tools	通过主机 CPU 实时处理；具有自动化功能。局限包括只有 1 组输入、输出，在使用链条上也有限制
Time Division Multiplex（TDM）	带特定硬件的 Pro Tools 系统	通过 DSP 实时处理；具有自动化功能
Virtual Studio Technology（VST）	Mac 或 PC，取决于主程序	实时本地处理的插件格式

* 本地处理意味着软件通过主机的中央处理器（CPU）运行，是作为操作系统的一部分工作的。

9.19　声轨和通路

　　多路相互并联的声轨有其专门的表述方式，这是从模拟设备上沿用过来的，声轨指的是在屏幕上看到的，沿着时间线包含有各个音频块的轨。这些声轨类似于 2 英寸 24 轨模拟磁带录音机上的轨，以及剪辑好的一条条磁片。这些磁片加上填充片后相互之间的长度完全匹配，而每条磁片上散布的声音正好处在与相应画面同步的位置。声轨可以直接分配到通路上。通路可以看成是电子通道，通过它可以把特定输入信号分配到一定的声轨上，反过来也可以把声轨上的信号送往输出通路。

　　声轨也可以不直接进入输入/输出通路，而是分配到母线上。母线能从各个地方获取信号，并将信号混合在一起。一旦信号被混合，比如分别按照语言、音乐、音响的类别混合，就只能听到分别合成的语言、音乐和音响。如果因为工作流程需要，要将每类声音内部的元素分开的话，就要对这部分声音元素采用单独的母线。

9.20　母线

　　系统中可用母线的数量决定了混录所能达到的复杂程度。例如，要完成 5.1 声道的混录需要 6 条母线，但如果进行 5.1 声道混录同时保持语言、音乐、音响分离的话，就需要 18 条母线，3 类声音各占 6 条。并非所有的人都需要做如此复杂的混录，但它确实有一定的优势——如果影片需要配上其他语言进行海外发行的话，准备音乐和音响（M&E）轨就很容易了。这种类型的混录叫作**分声底混录**，就是在完成的混录声底上保持每一类声音相互分离。

母线按照不同作用分为以下 3 类。

1. **混合母线**。混合母线的作用是在终混时将所有的元素混合到一起，或者混到混录声底上。典型的混合母线分为左声道、右声道、中间声道、低频效果声道、左环绕声道及右环绕声道母线，与相对应的各个输出通路直接连接。

2. **多轨母线**。在多轨录音中，要将不同的乐器分别录到不同的声轨中，则需要使用多轨母线进行信号传输。

3. **辅助母线**。辅助母线的作用是将信号从声轨里取出来送往另一台设备或处理器，然后再返回到主信号通路上。它是主信号通路中的一个分支。这种处理包括给信号加混响，而高质量的复杂混响需要由外接混响设备来提供。比如，将多条声轨分配到一条辅助母线上，而这条母线将信号送到包含有一些常用处理器的辅助返回轨上，就可以在信号被送往输出通路之前，对所有分配过去的声轨进行相应的处理。

9.21　声像电位器

声轨的输出可以通过声像电位器来完成，这样每一轨输入信号都能在多个输出母线及通路之间定位，比如在 5.1 通路间定位。声轨里的信号既能直接分配到特定的输出通路中，也能通过声像电位器在多个输出通路间分配。

9.22　独听/哑音

独听和哑音功能是和每条单独的声轨联系在一起的。选择独听意味着将独听声轨外的其他声轨哑音。哑音功能会切断通路的输出。在大多数数字音频工作站中，这些功能是通过按钮来控制的。此外，哑音功能可以进行自动化操作。当有些声音可能有用但此刻不需要时，这个功能很实用。声音在声轨上与画面保持同步，只是被哑音了，而在需要时可以随时调用。从混音窗口或剪辑窗口都可以记录哑音的自动化文件。

9.23　声轨编组

将几条声轨结合在一起共同控制，称为编组。从一般的剪辑功能到参数设置如电平设置等都能以编组控制完成。编组控制功能可以通过开关打开或关闭。除了将整条声轨从头至尾编组之外，在剪辑软件的一些模式下，音频段落也可以编组剪辑。很多系统支持将临近的段落编组成一个整体来移动，还有一些系统在所选段落不连续的情况下仍可以进行编组。

9.24 画面剪辑系统与声音剪辑系统的区别

很多画面剪辑系统是以帧为单位来进行剪辑的，将这个思路延伸到声音（只对完整的帧进行计数），剪辑点就只能处在帧与帧的交界处，最小的可移动范围是 1 帧。很多剪辑工作可以接受这样的精度，但电影声音剪辑师希望有更高的精度。其中一个原因就是在声音的起始点和帧的边界位置之间存在着相位上的问题，也就是说，声音可能从 3/4 帧的位置开始，这时剪辑点就变得非常不明确。如果从帧的开头进行剪切，在声音进入时可能会听到突然的噪声（用淡入控制能解决这个问题）；如果从帧的结尾进行剪切，声音的音头就被剪掉了。

很多数字音频工作站可以将时间精度精确到一个采样，初看起来会觉得是个巨大的浪费。当然精确到一个采样的精度对声画同步来说没有必要，但在有些情况下却很有用。例如，由两条声轨输出的立体声信号之间有一个采样的错位，通过双扬声器监听到的声像位置就会有所偏差。如果不相信的话自己去试一下。你将听到一个采样的偏差，大约是 21μs，于是导致立体声通路间声像位置的偏移，因为人耳能听到的最小偏移量在 10μs 的范围内。

另一个可以用一个采样的剪辑和移动精度解决的问题是，如果两条相关联的声轨之间有一个采样的不同步，将它们混合到一起时，会产生频率响应上的梳状滤波效应，有些频率会被削减。这也是部分声音剪辑师大多数时候愿意采用以帧为精度的剪辑模式的原因之一，这样在所有声轨上的实时移动都是以帧为单位，避免了相互之间的错位，需要做特殊处理时再提高精度。

画面剪辑系统和声音剪辑系统的其他差别还有：声音剪辑系统能提供更多的声轨，拥有更加灵活的插件，具有更强的处理多通路环绕声格式的能力，母线能提供更强大的辅助功能等。这意味着有些节目可以在现有版本的画面剪辑系统中完成全部的声音后期制作，但如果需要做更多的声音后期处理的话，就要使用音频工作站了。

9.25 声画同步精度

尽管很多视频设备对声画同步所允许的误差值是 ±1 帧，但事实上 1 帧的不同步对声音剪辑师来说已经显而易见了，而 2 帧的不同步基本上所有的人都能察觉出来。如果将两台允许误差是 ±1 帧的视频设备串联使用，而两者恰好都发生了 +1 帧的误差的话，2 帧的声画不同步会十分明显。

声音设计师发现将声音提前 1 帧进入比推迟 1 帧要好得多，这是个很有意思的现象，因为在现实生活中，声音与画面不同步通常是因为声音的传播速度远慢于光速。在看台上观看足球比赛，你会发现声画是不同步的，因为声音每秒 1 130 英尺的传播速度是非常慢的。有趣的是，电影拷贝通常会将声音提前 1 帧印制以进行声速补偿，这样在距银幕大约 50 英尺的地方声画将同步到达。大部分应用于电视放映或小型空间播放的数字视频是不需要考虑这些的。最需要考虑的是剪辑声音时要注意查看监视器中的画面，以确保播放时声画同步。

导演提示

- 基于计算机的数字音频工作站（DAW）剪辑系统具有非线性、随机存取、非破坏性、波形可视化等特点。这些特点极大地增强了剪辑能力。剪辑声音磁片时，一个工作小时内平均能完成 4 段声音处理；使用数字音频工作站，这个速度大大加快。

- 有 2～3 种基本文件类型：音频文件本身，被称为音频文件或片段；音频文件之间可能会用到的淡入淡出文件，用来完成声音之间的平滑过渡；以及项目/工程文件。音频文件和淡入淡出文件通过工程文件来控制。以上两种或三种文件同时存在才能进行播放。

- 同期声剪辑与画面剪辑是同时进行的，但这时声轨的数量有限，画面剪辑师也不十分关注影响声音精剪的一些恶魔。因此，剪辑要分两个阶段进行，首先是对同期声的剪辑，也许加上少量音响效果，然后将声音导出到专门的声音剪辑系统，进行精剪。

- 如果混录师要对某些声音进行处理，需要将这些声音从连贯的声轨里分离出来。

- 获得平滑连贯的对白需要很多素材：同期声、现场补录声以及 ADR 的替换对白，并且还要加入现场气氛声，即所谓的房间声。

- 除了一些有针对性的特殊声音之外，硬盘、光盘或互联网上的音效资料库常被用来寻找合适的声音效果。

- 画面转场间的声音剪辑可以有多种方式，并且会带来不同的感受。这些方式包括硬切、交叉渐变、声音提前、声音滞后、音乐过渡以及通过有源音乐的恰当变化来衔接剪辑点。

- 音频插件分为两类：一类是对整个声音片段进行处理，并生成新的片段来替代原来的片段。另一类是在播放的同时实时处理。前者占用较少的计算机资源，因为它可以非实时处理，后者则带有自动化功能。

- 很多插件所进行的处理传统意义上是由混录部门来完成的，但有时候在剪辑阶段处理起来更方便一些。另外，在混录时可能没有足够的时间来进行这些细节处理，那么在剪辑阶段通过使用插件来完成就要好得多。

- 个别剪辑系统在信号分配、声轨编组、独听或哑音通路等功能上会有细微的差别，因此要去针对特定系统了解这些功能。

10

混录

10.1　基本注意事项

混录包括两部分基本内容：第一部分是针对各条声轨进行各种音频处理，第二部分是将声轨内部及声轨之间的处理综合到一起。随着数字音频工作站的出现，插件能提供多种不同类型的音频处理，以前混录师的很多工作如今剪辑师就可以完成，于是如何分工成了新问题：例如，剪辑时的均衡处理应该达到怎样的程度？应该留出多少余地来给混录师完成？

剪辑和混录工作的主要区别有以下几点：

- **剪辑师和混录师所接受的训练和工作经验是不同的，尽管他们的工作原则是相同的。** 在最高水平的好莱坞电影制作中，两者的角色是分开的。剪辑师关注的是树木（例如，处理单条声轨内的剪辑点，保证剪辑的连贯以及使声音更加融合，安排好声轨的排列），而混录师关注的是森林（例如，整条声轨的总体均衡以及声轨之间的混合）。

- **混录时所处的环境是画面和声音都有适当规范的环境。** 这其中包括明确的标准化电平校准和频谱校准（频率范围和整个范围内每个倍频程之间的平衡）、作为事实标准的监听直混比、重放画面和扬声器的排列、环绕声布局等。在标准环境下进行混录，才能在对白电平、音色等方面使该录音作品具有交换性。

- **剪辑工作几乎属于孤立的个人行为，是为混录做准备。** 而在专业环境里，混录棚里往往会坐上制片人、导演、画面剪辑师等人。

即使剪辑师和混录师是同一个人，也要注意区分什么工作最好在剪辑阶段完成，什么工作最好留到混录阶段，这样才能达到最高的效率。总的来说，尽管他们都使用插件，但剪辑师使用的目的是使声轨内的声音互相匹配。因此，一个增益插件可能用来使一段新插入的声音与周围声音相匹配，时间压缩用来将声音调整到所需时长。另一方面，剪辑时使用大量音量线来调整声轨间的平衡，反而可能会妨碍混录的进度。当剪辑师用音量线来平衡声轨时，这些自动化处理可能在混录前被去掉。如果想在剪辑阶段实现声轨间的平衡，硬件允许的条件下，较好的办法是将声轨输出到外接调音台，在调音台上调整声轨间的相对平衡用于监听，而不会影响到声轨的实际电平输出。

　　一些清理声音的工作最简便的做法是让剪辑师用音量线来处理。对于咳嗽声或喷嚏声，最好由剪辑师调整音量线将其控制在合适的电平范围内。因为让混录师去实时处理喷嚏声是很困难的（几年以前可能是这样做的），如今剪辑师用音量线来处理要容易得多。电平标准化和增益插件并不适合于做这种处理，因为电平标准化是将输入信号调整到最大允许电平，显然是不对的，而增益插件是对声音片段的整体增益进行调整。要想使用增益功能完成这种处理，必须做到：（1）将咳嗽声从整体声音中分离出来，成为单独的一部分；（2）使用增益功能将这一部分的电平值降低；（3）将其重新插入时可能要在首尾加入淡入淡出过渡，总共需要大约 5 种功能。用音量线来调节则更为简单，但也存在一个问题：在混录时很容易重新写入音量线。例如，有些系统采用的是触敏式音量控制器，一旦接触到音量控制器，音量线功能就处于控制之下。如果在咳嗽声出来时碰到音量控制器，剪辑时事先写好的音量线就会被重写。要想避免类似错误就需要对工作站中剪辑和混录模式的工作原理有深入了解。每个系统都不同，有时候不同版本的软件也有所区别，因此建议操作者在进行重要的混录之前对系统做一些实验以了解其特点和缺陷。

　　如果在剪辑时使用音量线来调节类似咳嗽这样的声音，问题就变成了：音量线设定的标准增益是多少？除了像咳嗽这样短促、尖利的声音之外，其余声音的整体增益应设为多少？看来最好的办法是将所有声轨的增益统一设为单位增益 0dB，在外接调音台上调节相对电平来监听，而绝对增益调节则留到混录时进行。

　　同样地，剪辑时可以使用均衡插件来使插入的声音与周围声音相匹配，但整体均衡调整最好留在混录阶段进行，这样可以通过混录棚里的标准监听系统，判断出什么样的均衡最合适。一般来说，与混录棚比起来，剪辑棚所用的监听系统在频率响应上要差一些。

　　几年前，即使电影电视混录采用了数字工艺流程，通过带专用硬件的硬件调音台来处理每个通路的信号仍很常见，但数字视频的混录工作逐渐通过如图 10-1 所示的控制面板完成，这种方式能够对 Pro Tools 或其他数字音频工作站进行更有效的遥控。控制面板上的旋钮和推子能够在回放时对电平大小、插件自动化等软件参数进行实时更新，使混录师可以在软件中对一系列的进程进行控制，这在过去需要专门的外置工具才能实现。如今音频混录的处理过程和领域仍然在很大程度上和过去"虚拟"混录产生之前相似，改变的只是随着软件控制面板的发明，期待的效果可以在软件内部实现。一个重要的警告是，借助控制面板写入的任何内容，都会更新数字音频工作站工程文件中的处理指令，例如，在编辑过程中写入的音量线——可能在混录过程中被自动化参数轻易覆盖。如果编辑过程中写入的音量线包含有重要数据，在写入自动化参数之前应将混录面板设置成"修整"模式（trim mode），这样，任何对原有内容的改动都是基于已有的音量线或工作站中的插件设置来进行的。

　　下面的内容将聚焦于音频混录的工作步骤，以及如何对音频进行处理以满足节目需要。

图 10-1 数字音频工作站的混录控制面板，推子用来控制电平，旋钮用来调节其他参数

10.2 混录流程

如果声音素材很简单，只有几条声轨的话，可能会将声轨直接混录到剪辑母带上（见下一章的介绍），只需一步就能完成。然而对很多混录来说，事情并非这么简单，因为要处理的可能是大量不同种类的声轨。在这种情况下，按照惯例，首先针对声音的几个主要组成部分如对白、环境声、拟音、点效果、音乐等进行操作，将这些相似的声音混在一起，叫作预混或初混。一旦预混完成，就能用预混好的素材来完成终混。混录流程如图 10-2 所示。

每部分预混都包含了终混所需的电平平衡，比如遵循对白先行原则。这是通过一种叫作带参照的混录（Mix in Context，如图 10-3 所示）技术实现的。在这种工作模式下，首先进行对白预混，然后参照预混好的对白来混其他声音比如环境声，这样环境声在预混时已经与对白取得了平衡。按这个方式依次进行各部分声音的预混，并且混录过程中同时播放先前已完成的所有预混，这样预混电平相互之间就能达到平衡，终混时就很简单了。如果之前每个步骤都完成得很好，那么几乎不用再做任何调整。

10.3 音频处理

根据各种音频处理主要作用的领域，可以将它们分成以下几种类型：电平处理、频域处理和时域处理。

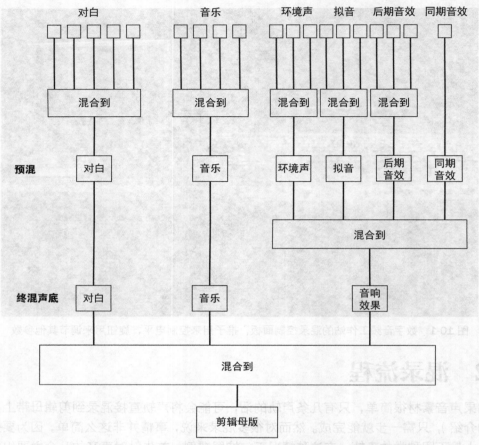

图 10-2　混录工作流程示意图。每条线代表 1～5 条音频通路

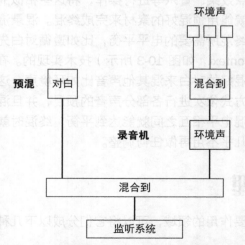

图 10-3　带参照的混录模式下信号流程示意图

10.3.1 主要与电平相关的处理

电平控制

在所有的处理中，电平控制是排在第一位的。毫无疑问，混录师的首要工作就是要设置绝对电平，以及进行声轨之间的电平平衡。说到绝对电平，只要是在标准监听条件下，即使是初学者都很容易就正确的对白电平达成一致。安排一组学生来设置对白电平，结果每个人所设置的电平差不超过±2dB，于是我们知道存在一个正确的对白电平，这并不取决于每个人的个人口味。然而，这一实验只有在标准监听条件下、所有的仪表显示都被遮挡住时才有效。根据仪表显示来混录是一种方法，但不是一种好方法，因为峰值表并不能很好地指示出声音的响度。

声轨间的相对电平调整和节目类型关系很大。一部动作-冒险电影最大峰值可能已经达到满刻度，但其中一些片段的声音却又不超过-50dBFS。以对白为主的喜剧电影可能根本用不到动态范围最上端 6～10dB 的范围，同时也很少有低于-40dBFS 的声音。在音乐制作中，如果一个作品不在每一段(有时候甚至是从头到尾!)把电平录到最大(比如峰值达到满刻度)，会被看成是糟糕的录音，但这种方法的主要问题是制作出的节目不具有交换性：当峰平比被规定下来时，节目与节目之间的响度会发生戏剧性的变化。这意味着当节目的最高峰值刚好达到 0dBFS 时，使用不同的峰值-响度比，其重放响度可能会有非常大的差别。用话筒近距离拾取木琴的声音，琴锤敲击的音头瞬间电平能超出下一时刻的声音电平 40dB 左右。如果用数字录音清楚地记录下琴锤敲击的声音，然后将峰值电平设成 0dBFS 的话，其平均电平将只有-40dB 左右，重放时就相当弱了。这导致在录木琴时，人们更愿意使用模拟设备(比如用模拟磁带录音机)来记录，模拟介质相对较好的饱和度压缩了琴锤敲击后发出的声音，从而允许在没有可察觉失真的情况下提升平均电平。

如今，人们一般都不使用满度电平来记录。事实上，一些客户(比如广播电视网)甚至不允许使用满度电平来记录，因为被广泛接受和运用的参考电平标准(SMPTE)是-20dBFS，在广播电视网的一些传输通路中，其上方动态余量仅有 10dB，因此有些录音电平不超过-10dBFS 的节目仍被认为是好节目。在数字录音的早期，这可能是个问题，因为需要靠提高录音电平来帮助掩盖在数模转换中的低电平问题。但是经过 20 年的数字技术革命，我们可以在一些节目中不使用整个动态范围，以使节目具有更强的交换性，也不会过分暴露出噪声或产生低电平转换问题。

以两部电影为例：《为戴西小姐开车》(Driving Miss Daisy)和《终结者 2》(Terminator 2)。它们的共同之处是日常面对面的对话响度是一样的，但是与《为戴西小姐开车》相比，《终结者 2》在大型动作场面中运用了更多的峰值余量。如果我们按照音乐制作的方法，将《为戴西小姐开车》的峰值电平录制到满刻度，那么它的对白在还放时将比《终结者 2》要响很多，这听上去很荒唐。所以我们在《为戴西小姐开车》中留下一定的动态余量，这样在影院及家庭中才能正确播放，因为二者是在相同的音量设置下播放的。我们将在下一章动态范围的控制里讲到如何在家庭听音环境下更好地播放《终结者 2》中大动态的声音。

分段增益调节

在包含多个电平控制环节的复杂系统中，一个很重要的内容就是各环节的相对电平怎么设置。如果出于某种原因，在链条前端降低了增益，而后又将增益重新恢复的话，结果就是这两个增益调节点之间的噪声被夸大了。反过来的情况甚至更糟糕，如果先前的增益控制被设置得过高产生了削波失真，那么之后不管进行怎样的电平衰减都无法修复失真。这个问题在同期录音中比在后期制作中更重要，因为同期录音时很多事情是无法控制并且不可重复的（除非靠增加花费来解决），而后期录音时至少还有机会来修改。

手动压缩

观察好莱坞的顶级混录师如何工作，会发现他们的手随时都在调节，使对白更加平滑、使音响的响度更加合适等。虽然压缩器、限幅器和其他动态处理设备也能做到这一点，但最有效的控制莫过于训练有素的混录师手动控制音量推子。这看起来好像不是个纯粹的做法（难道我们不该让对白保持原来的动态吗？），但事实上这可能比不加增益控制更接近于对白原有的动态[1]。

好的后期混录师在控制增益时，能比任何设备都更好地获得平滑的电平，因为他们能预计到演员的表演，并且能按照剧本的情节变化来混音，这是任何设备都无法做到的。这并不意味着调节的幅度很大很明显：实际上，调节的幅度一般是很小的（比如±3dB），不容易被察觉。这就是要点所在。这种调节并不会抹平演员表演的动态范围，因为表演是由多种因素组成的，其中最重要的是音色，而音色与电平并不直接相关，这就是为什么我们不能通过提升电平将轻声低语变成大声演讲。实际上低语和喊叫之间的电平差比表面看上去要小，是音色上的差别而不是其他原因使观众知道演员的表演是在"低语"。这在戏剧表演中是广为人知的，对一个专业演员来说，舞台表演中的低语即使不借助扩声设备，也能让三层包厢里的人听到：因为音色远比电平更重要。

压缩器

压缩器有时候也很实用，尤其是在一些特定情况下。压缩器实际上是一种自动增益控制器。软件或硬件压缩器都有一系列的控制功能，可以调节压缩门限、压缩量、建立时间及恢

---

　　1 原因如下：对人声的录制，是用一支吊杆话筒或纽扣话筒在空间某个单独的点上拾取的。人的语言频谱变化非常迅速，每个瞬间频率成分都在改变。由于房间驻波的影响，在空间某个点上拾到的电平随着声源频率成分的变化将有所不同。实际上，逐个频率地比较在房间的不同点上拾到的电平，其差值在±15dB。当我们身处这样一个房间时，耳朵听不到这种电平变化，因为人声是宽带声源，会同时发出多个频率的声音，这样就将电平平均化了。另外更主要的，是因为我们不是在空间的一个点上听音，而是在两个点，即用头两边的耳朵来听音。这种统计上的电平变化对双耳听音比用单支话筒拾到的变化要小得多。因此，话筒对于驻波导致的音色变化的反应比实际听音更加强烈，同时电平变化也更加明显。至少我认为这就是声音在加少量压缩时比不加压缩时听起来更真实的原因。

复时间等。以下是一些常用的控制功能：

- **压缩门限。** 决定压缩器开始压缩的起始电平（最低电平）大小。
- **压缩比。** 对高于门限电平的信号，压缩比决定了压缩量的大小。例如将 2dB 的输入变化压缩为 1dB 的输出变化，则压缩比为 2：1。
- **输入电平、输出电平及增益补偿。** 改变输入和输出增益将影响到有多少信号会高于或低于门限电平，功能上类似于门限控制。使用增益补偿是因为压缩器工作时会使整体电平降低，因此需要在压缩之后将电平恢复。
- **建立时间及恢复时间。** 这两个控制功能用来设置压缩器开始工作的快慢。建立时间很短的话，听起来不是很响的瞬间大信号也会激发压缩器工作，但这种设置有利于避免下级设备出现过载。短暂的恢复时间减少了对大信号之后小信号的影响，却也可能因此暴露出压缩的痕迹，例如压缩前后的背景声增益发生了变化。短暂的恢复时间也可能产生信号失真，因为任何快速的增益变化都会改变波形。这些控制通常是可调的，它们被广泛运用在鼓声中，以获得一种独特的紧实效果。用在人声上时，最佳的建立时间在几十毫秒（ms），而恢复时间在几百毫秒（ms），这样设置最有效。用在背景音乐上时，比如为了使古典音乐保持电平稳定，应该使用更长的建立时间和恢复时间。对于拟音的脚步声，更短的建立时间和恢复时间可能更有效，因为我们要控制的是短促、尖利的声音。

混录时如果没有时间预演，那么尤其需要给对白声轨加压缩。压缩器也经常用在需要控制动态范围的声轨中。例如，某个场景使用管弦乐来铺底，而这段管弦乐在录音时有很宽的动态范围。如果将它与画面直接配合，有时候管弦乐声音太大，干扰了对白，有时候又小得几乎听不见。使用压缩器对管弦乐动态进行压缩，就可以使它平稳地处在对白之下。

如果需要给特定声轨加压缩，在混录之前完成压缩，会比在声轨混合之后完成更有效，也更容易隐藏住压缩的痕迹。因为同时对多种声音成分加压缩会产生很多不自然的痕迹。例如，在对白和背景音乐同时存在的情况下，根据对白电平来控制压缩器的启动，会听到背景音乐的电平随着对白的出现上下起伏。

压缩的量可以通过增益衰减量显示出来。典型的最大增益衰减量在 6～10dB 的范围内，这样可以获得舒适的听感。超过 10dB 会导致听觉失真，产生增益起伏，尤其在发元音字母时，会听到某种电平喘息。

限幅器

限幅器与压缩器的基本结构相同，但限幅器的限幅比设置得很高，例如 100：1 或∞：1。在限幅器的控制下，所有的声音都被限制在门限以下，超出门限电平每一个分贝的输入信号变化，增益将被降低同样的分贝数。因此，限幅器限制住了声轨的最大输出电平。限幅器有以下 3 种主要用途。

- **当声音的存储介质不具有 20dB 的峰值储备时，用限幅器限制最大电平将避免声音在这样的介质中过载。**

- **控制那些可能与前景表演相冲突的声音电平**。比如用来控制拟音的脚步声，避免一两声脚步从混录声轨里冒出来。这种情况可以通过调节音量线来平衡，但使用限幅功能更容易一些。对于类似的音响效果也可以这样处理。

- **限制对白的最大电平**。比如有两位演员在演对手戏，其中一位音量正常，另一位则提高了音量。对这种情况使用压缩器可以平衡两人的表演（这并不会破坏提高音量的感觉，因为音色听上去是不同的），但使用限幅器也很有效。事实上，二者同时使用会得到更好的效果，首先使用压缩器对某一范围的电平进行处理，然后使用限幅器限制住最高输出电平。

咝声消除器

咝声消除器是一种特殊形式的限幅器。语音中的咝声会给数字音频工作站后级的多种媒介带来影响。例如，一些老式卫星传输的发射端和接收端分别使用很强的预加重和去加重，这意味着发射时会大量提升高频，接收时再将高频衰减同样的量，其结果是获得了平直的频率响应，同时又隐藏了许多可能出现的可闻噪声。预加重和去加重的过程使得广播信道的峰值储备在高频段比中频段要差很多，强烈的咝声会导致声音中断或失真。因此，使用咝声消除器处理对白是个常用的好办法。这是一种只针对信号中的高频成分产生响应的限幅过程，因此它在消除咝声的同时不会影响到大部分对白。实际上，好的咝声消除器作用非常明显，而不会让人感觉到对白里高频的缺失。其控制方法和限幅器类似，衰减咝声的范围在 6～10dB 比较合适。

噪声门

噪声门是一种只让高于特定门限电平的信号通过的设备。它能够有效地掩蔽对白通路里不同段落间背景声电平的变化，但是如果单独使用噪声门，而不加上其他声音来填补噪声门关闭后产生的空洞，则会出现问题。使用噪声门来掩蔽背景声的变化，然后加入环境声以得到一个平滑的背景，这样可以保证声音的连贯性。对噪声门的控制与压缩器类似，比如在所有的控制中，最主要的就是门限控制。设置门限的原则是在掩蔽背景噪声的同时，尽可能减小对对白的影响。建立时间和恢复时间也是可调的，目的是掩蔽噪声，但是允许人声通过，在话与话之间的停顿处还不能听出残余噪声。同时，建立时间要设得很短，才能在启动时不影响到人声的音色。

扩展器

比噪声门的处理要缓和的设备是各种扩展器，每一种的复杂程度都不同，目的都是为了减小背景噪声。最简单的形式类似于噪声门，但它不像噪声门那样将信号完全去掉，而只是减小低电平信号的电平。这样做的好处是在噪声衰减的同时，不需要单独加入环境声来填补空洞。此外，还有一些设备可以同时对电平和频率进行处理，将在下面介绍。

10.3.2　主要与频率相关的处理

均衡器

在大多数混录中，重要性仅次于增益控制的设备就是均衡器。它们属于更加精细的音色控制器，而简单的音色控制在家用系统和车载系统中为我们所熟知。均衡器的首要特征是所能控制的频段数量。典型的家用立体声系统音色控制器只有低频和高频控制，而专业均衡器通常包含四段或更多的频段，比如低频段、中低频段、中高频段和高频段。均衡器通过调节特定频段的电平，主要用来改变声源的音色。越精细的均衡器频段划分越细，每个频段内的可选频率也越多，同时还可以调节均衡的宽度，即 Q 值。所有这些都意味着增加了音色控制的精确度。

学习如何调节均衡是学习混录的重要部分。有个训练方法是用粉红噪声来练习（大多数数字音频工作站的信号发生器都能提供粉红噪声信号）。可以给两条通路分别连上一个均衡器，请其他人帮助设置其中一条通路的均衡参数并将均衡曲线隐藏起来，然后调节另一条通路的均衡参数，通过对比监听，尝试使该通路的粉红噪声与未知通路的粉红噪声在音色上相匹配。这种练习对于了解声音各频段的音色特征很有用。用粉红噪声做声源使这项工作更简单也更困难：更简单是因为它是一个稳定的声音，不像真实声源的音色是不断变化的。更困难是因为粉红噪声包含了所有的频率，在不断来回播放时，音色上的差别容易听出来，但很难调节均衡使之匹配。花大量时间做这样的练习将使你受益良多。

另一个调节均衡的办法是根据人耳对不同频段的主观感受来调整。对不同频段的主观评价如表 10-1 所示。

表 10-1　不同频段均衡的典型特征

	频段			
	低频	中低频	中高频	高频
提升该频段	有力、含混、浑浊	"呼呼"声加强；房间感得到强调	更好的临场感，有喇叭声的色彩	明亮、刺耳
衰减该频段	发薄、发弱	男声变薄；通常需要根据房间声学状况进行一定频率的衰减	距离感增加；缺乏可懂度	灰暗

用吊杆话筒录的声音，一般还需要对中低频段进行一定的衰减。这是因为房间内的驻波会使这个频段加强。在浴室等小房间里效果尤其明显，这就是人们愿意在浴室里唱歌的原因：低频得到了增强。因此，后期制作时衰减这样的频段会很有效。

如果录音时在吊杆话筒上使用了很厚的防风罩，比如同时使用了丝质防风罩和防风毛衣，那么声音的高频可能有损失，在做均衡调整时需要提升高频成分。

对纽扣话筒进行均衡调整是个很棘手的问题，尤其当要与吊杆话筒的声音匹配时。通过均衡调整让两者匹配是能做到的，但这是件很复杂的工作，因为有好几方面的因素在共同起作用。

- 纽扣话筒所处的位置高频成分有损失，因为嘴部被下巴遮挡。大部分纽扣话筒都内置有高频提升均衡来克服这一困难，但这种均衡的效果无法适用于每个具体的话筒位置。因此，每支特定的纽扣话筒的频率响应特性和摆放位置，共同决定了高频听起来是亮还是暗。
- 在故事片制作中，纽扣话筒通常藏在衣服里拾音，导致了高频的损失。
- 纽扣话筒放置的位置有胸腔共振，导致 630Hz 左右的频段被提升，因此对这一频段做衰减均衡往往很有效。
- 2kHz 左右的频段决定了声音的临场感，但这一频段通常由于纽扣话筒所处的位置而有所缺失，因此需要进行补偿。
- 设计纽扣话筒时，有时候会通过衰减中低频成分来提高清晰度，因此，男声听上去会有些单薄。这种情况下很少去提升低频，因为会带来噪声问题，但是对 200Hz 左右频段稍作提升可以使男声听起来更真实。

有一种分析方法可以用来给纽扣话筒加均衡。但是，这种方法对日复一日的拍摄并不适用。它需要对吊杆话筒和纽扣话筒的频谱进行测量，通过比较测量结果，对纽扣话筒的声音加上相应均衡来与吊杆话筒相匹配。通过这种方法绘制的曲线示例在图 10-4 和图 10-5 中给出。在某种条件下，这是一种精确的解决方案，加上均衡后纽扣话筒与吊杆话筒的音色能完全匹配。注意这里显示的频响是话筒放在胸前的频响，而不是处在自由声场的频响。要查找包括这一话筒在内的不同种类纽扣话筒的原始频响曲线，请参见 microphone-data 官网。

如图 10-4 所示的就是该话筒的频响曲线，给曲线中每个频响下降的部分加上相应的提升，而对频响提升的部分加上相应的衰减，就获得了如图 10-5 所示的频响曲线。虽然这只是一种型号的话筒在特定声学环境里，在一个人身上测量的结果，但它也提供了在什么频段加均衡最有效的参考。其他研究者也发现，以 630Hz 为中心频率的提升会使声音带有胸腔声，因此对这一频段进行衰减是很有帮助的。同理，在更轻的程度上，3kHz 左右的下降可以通过相应提升来均衡（ 3kHz 处的下降没有 630Hz 处的提升带来的听觉影响大，因为人耳对频率提升和下降的听觉感受是不同的：在频率范围和变化量都相同的条件下，人耳对提升比对衰减更敏感 ）。

滤波器

一般来说，均衡器的效果是对比较宽的频段起作用，多用来调整声音片段的整体音色，但有时候想要去除一些声音，比如在各剪辑片段间变化的低频隆隆声。完成这种清理工作，滤波器更有效，因为它们对频率的处理比均衡器更加尖锐，因此在去除频率的同时更容易避免对邻近频率的影响。下面是对不同种类滤波器的介绍：

- **高通滤波器，也叫低切滤波器**。该类型滤波器允许转折频率以上的信号通过。常用于对白的转折频率是 80Hz，除了像詹姆斯·厄尔·琼斯（ James Earl Jones ）那种频率很低的男声之外，该滤波器不会对人声造成任何破坏，而同时去除了低频噪声。

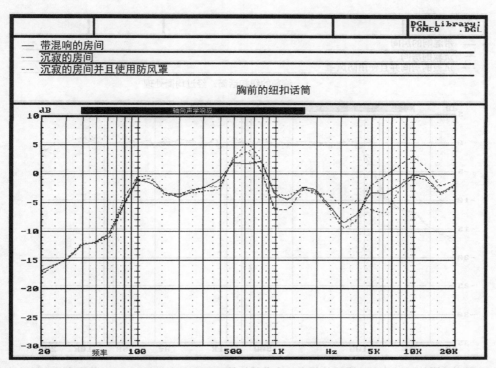

图 10-4 未经均衡处理的放在胸前的专业纽扣话筒的频率响应曲线。曲线通过对比该话筒与放在距离声源 1m 处以轴向拾音的参考话筒在长周期内的平均频响结果来绘制[2]

如果通路里只有女声，该转折频率可以提升到 160Hz 左右。除了转折频率之外，另一个唯一要调的参数就是斜率，即每倍频程衰减量的大小。如果这一参数可调的话，电影声音制作最好选择最大的斜率。

- **低通滤波器，也叫高切滤波器。** 该类型滤波器允许转折频率以下的信号通过。常用于对白的转折频率一般在 8kHz～10kHz 的范围。它非常实用，因为各剪辑点间很高的频率成分很难匹配，而人声几乎所有的能量都集中在这一频段以下。另外当最终制作的是光学声轨或电视播出带时，它对于限制很高频段的频率成分也有帮助。另一方面，在音乐制作中一般不使用低通滤波器，而制作音响效果时，可以用它来去掉不需要的频率成分，甚至可能将转折频率调到很低的频点来使用。

---

2 几条频响曲线的不同是由于房间和使用防风罩条件不同引起的。该实验使用了几种不同类型的话筒和摆放位置，房间条件的变化对一定距离外的话筒比对纽扣话筒的影响要大得多。这个例子中，造成曲线差异的主要原因是不同测试阶段纽扣话筒位置的微小差异，以及说话者头部转动带来的拾音角度变化。这种不同显示出对纽扣话筒进行匹配是多么困难，同时也显示出一些特定的均衡方式是有效的，然后再根据具体情况做些调整。根据该实验结果撰写的论文《用于对白的话筒均衡改善》(Improving Microphone Equalization for Dialogue)，发表在 SMPTE 会刊第 108 期上，1999 年 8 月，第 8 号，第 563～567 页。

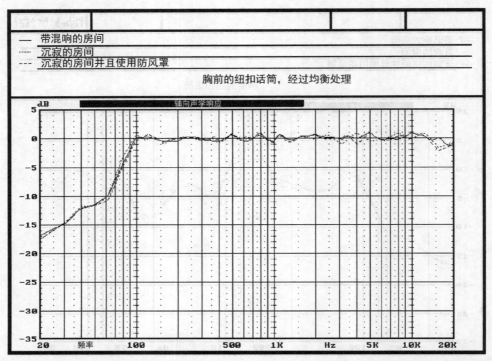

图 10-5　同样的话筒经过均衡处理后的频率响应曲线。图 10-4 中 100Hz～15kHz 范围内频率响应中的峰和谷，使用 10 段参量均衡插件（Waves Q10）进行了均衡

- **带通滤波器**。高通与低通滤波器组和在一起就形成了带通滤波器。可以用它来模仿电话声。将频率范围限制在 250Hz～2kHz 就得到了类似电话的声音，尤其当与全频段人声对比时，这种效果更明显。
- **陷波器**。陷波器能够消除带宽很窄的频率而对相邻频率影响很小，它常用来减弱声音中某种讨厌的音调。一些均衡器具有这种很窄范围的频率调节功能，只要将均衡频带调到最窄（Q 值设为最大）就可以作为陷波器来使用。
- **嗡声消除器**。在美国，60Hz 的嗡声和它的谐波成分如 120Hz、180Hz 的声音会带来一些麻烦。因为它是民用交流电的频率，在电网中传输，有可能在某些环节感应到信号里。并且，通过电网来供电的设备，比如荧光灯等，在这些频率上也会产生噪声。使用单一的陷波器只能衰减某个频率成分，很难解决所有的问题，而针对基频和谐频的多点滤波器可能更有效。

10.3.3　与电平和频率都相关的处理

有些插件对声音的处理同时涉及电平和频率。这些插件大多是针对特定的问题，尤其是同期声中出现的问题来设计的。下面介绍其中的两种类型。

- **宽带降噪器**。当信号电平高于噪声电平时，该系统可针对不同的频段将噪声电平向下扩展，从而降低噪声。有些系统还能对背景噪声进行分析，然后自动为每个频段设置相应的门限电平。
- **咔嗒声和噼啪声消除器**。灰尘的进入会使摄影机发出咔嗒声，不好的话筒线会产生噼啪声从而导致信号间断。该软件就是用来解决这些问题，通过对信号的分析，用预期的声音替换掉被破坏的声音，有时候需要手动帮助，才能得到连贯的声音。

这些设备既包括相对简单的插件，也有需要花费好几千美元的插件，以及外接的（如广泛使用的 Cedar DNS-2000）硬件，它们的效果取决于需要衰减的背景噪声类型。这些设备在高端后期制作里用得很多。事实上，近年来人们用到的声轨数越来越多，而以前这种做法被认为过于嘈杂。

10.3.4　时域处理设备

混响器

混响插件以及外接混响设备通过在原始信号中加入混响，制造出声音的空间感。不同的插件和硬件设备可能提供不同的调节参数，比如以下一些参数。

- **混响时间**。经典定义是当声源停止发声后，室内声能密度衰减 60dB 所需要的时间（被称为 RT60）。出于实用目的，一般指衰减到人耳听不到的范围所需的时间。这是关系到空间尺寸大小的基本参数，普通小房间的混响时间大概在 0.5s，音乐厅通常为 2s，教堂则达到 5s 以上。
- **初始延时**。这是指直达声与混响声开始出现之间的时间间隔，它同样能反映出空间大小，初始延时越长意味着空间越大。
- **针对不同频段进行调整**。大多数房间在低频段的混响时间比高频段长，房间越大这种差别越明显。多数混响器因此提供一些方法用于调节不同频段混响时间的不同。

混响器可能在每条声轨的每个元素上都会用到，当然这些混响器设置的参数可能不同。从完全不用混响的干声到使用大量混响的湿声，以下是一些使用不同混响量和混响时间的例子：

- **干声**。完全没有混响，比如耳语似的叙述（术语 *sotto voce* 代表低声说话的效果，而这种低语声应能传到剧场的最后一排）。例如，《现代启示录》（*Apocalypse Now*）里的画外音。
- **房间混响**。同期声里包含有拍摄地点的房间混响。后期制作的任务之一就是根据画面的要求，利用混响器将纽扣话筒的声音调整到与吊杆话筒声音的混响感相匹配、及将 ADR 的声音调整到与用作参考的吊杆话筒声音的混响感相匹配。拟音和其他一些画内效果声也可以利用混响器，使它们听起来更像来自于画面中的某个声源。
- **画外效果**。有时候，画外效果比画内效果需要更多的混响，从而制造出距离感。例如，电影《夺宝奇兵 3：圣战奇兵》（*Indiana Jones and the Last Crusade*）里，那西斯（Nazis）所扮演的印第（Indy）在露天体育场上方的柱廊里遇到一个女孩，而体育场里有一本书正在燃烧的情景。

● **音乐**。传统的大型管弦乐通常是声轨中混响时间最长的声音元素，因为古典音乐通常是在具有长混响时间的音乐厅里演奏的。

给无混响的干声加混响时，如果使用自动化功能来改变插件的混响时间和/或混响量的大小，可以制造出空间里声音焦点的变化。注意即使对于单声道同期声，使用混响仍然可以制造出空间感。另一方面，对于多声道同期声，每一路混响信号都有可能送到所有的声道中去，于是问题变成了各声道之间的混响如何平衡。针对这个问题有两种常用方法：将混响声只送往前方声道，或者同时送到前方声道和环绕声道。前者所营造出的声音空间位于观众前方，后者可以产生包围感，使观众置身于画面所处的空间之内。这里并没有所谓的正确答案，不同情况下使用方法也不同，但这总是一个需要考虑的问题。

电影《午夜牛郎》（*Midnight Cowboy*）里对混响的使用是一个特殊例子。影片开场是乔·巴克（Joe Buck）的幻想，在一个露天的免下车餐馆唱歌。尽管是在露天环境中，但是声音带有很大的混响——因为这是一个梦，是他的回忆。当画面切换到他在浴室里唱着同样的歌时，混响被切掉了。这与现实情况正好相反——户外有较大的混响，到了浴室里却几乎没有混响——这样做是为了凸显片名出现之前所使用的蒙太奇手法。有趣的是，这种声音设计随后通过声像又一次体现出来，一个带和声的人声从一个方向和另一个方向发问："乔·巴克在哪里？"这里对人声做了特殊处理。一分钟后（歌声之后）真正的对话开始时，一切恢复正常，人声又回到了中间声道。

其他时域处理效果器

一旦信号被数字化以后，就可以进行多种效果处理了。根据延迟时间的不同，一个简单的单一延时能增加声音的厚度，能产生梳状滤波效应，还能产生离散回声。多重延时则会获得许多奇特的效果，主要用来对人声或音响效果做处理。一些主要在时间域起作用的外接硬件设备，可以提供大量效果用于人声、音响和音乐。而插件的种类也有上百种，围绕它们有许多活跃的网络讨论组。这一领域涵盖了合成器（从最初的草稿制作出声音）、采样器（抓取、存储以及控制声音）和数字音频工作站插件。需要注意的是这些插件的使用环境，例如 AU、AudioSuite、DirectX、HTDM、MAS、Premiere、RTAS、TDM 或 VST 插件。详细情况参见第 9 章表 9-2。

其他插件

其他插件的种类也很多，其中很多插件只在剪辑和混录时偶尔使用。下面讲到的插件具有特殊的功能，有很强的实用性。

● **抖动**。数字音频中的低电平信号可能在量化时出现可闻噪声——这是一种特殊的失真，信号电平越低失真越明显。要彻底解决这一问题只能靠抖动处理，即人为地加入少量噪声。当噪声的类型和频谱结构选择恰当时（通过均衡处理得到），加入的噪声会处在听觉上可以接受的范围内，而低电平信号却不再失真。这是个很复杂的话题，用于电影声音的大部分声源都有足够的相关噪声可以发挥抖动的作用，以消除输出转换时的量化失真。对于拥有很宽动态范围的声音，最好的办法是在制作链条的最后一个环节使用抖动插件（例如一个挂在输出总线上的插件），而在插件之后保持正确的增益［推子设在 0dB（单位增益）的位置］。抖动的量应根据最低解析系统的比特数进行设置。例如，如果输出到 CD，那么抖动应该设置成 16bit。

- **信号发生器**。信号发生器在校准系统时很有用，它们通常可以提供多种测试信号，比如在第 11 章中提到的，用在剪辑母带开头和用于整个系统电平校准的正弦波千周信号，以及用来校准系统声学特性的粉红噪声信号。确定粉红噪声信号的电平需要一点技巧。如果粉红噪声信号的长周期电平和正弦波信号相同，如将电平保持在 −20dBFS，这样的粉红噪声信号在峰值表上的读数会比同样电平的正弦波信号高出 10dB。Pro Tools 系统中的信号发生器采用了一种正确的方法，以长周期值而不是短周期值来设置电平。这样，当从正弦波信号切换到粉红噪声信号时，峰值表上的读数增大了，但这是对的，这样的粉红噪声信号电平是正确的。有趣的是，粉红噪声的声音听起来要大一些，好像是表头读数的反应，其实真实原因要复杂得多。粉红噪声拥有很宽的频带，对听觉的刺激更多，在同样电平上也比正弦波的声音听起来更大。

- **音高修正**。通过合成器插入 MIDI 文件进行控制，声轨中的声音就可以和正确的音高进行对比，然后随时修正从而得到正确的音高。

其他插件在第 9 章已介绍过，它们更多是由剪辑师来使用，当然在混录过程中也可能用到。

10.4 声像调节

声像调节是信号处理环节和分配环节之间的桥梁（关于信号分配后面会讲到）。声像电位器将一个通路中的信号在多个输出通路中再分配，例如分配到 5 个声道：左、中、右、左环和右环。在正常情况下，声像分配的原则是在一对相邻通路之间将能量对半分配，每条通路送入衰减了 3dB（等功率分配）的相同信号。还有一种附加控制叫作分散度控制（divergence），它将声音送入所有的通路之中，而不仅仅是声像分配所涉及的相邻通路。当分散度控制调到最大值时，5 个声道中的信号将完全相同。分散度控制的设计理念在于加厚或扩大声源尺寸，但实际上并不好用，它会导致梳状滤波效应，并且通常让人产生声音来自多个方向的感觉，而不是分散度控制想要达到的形成一团的感觉。要想使声音加厚的话，使用硬件混响器或插件里的合唱功能和其他一些功能更理想，而环绕声解码器能将双声道立体声信号解码成多声道信号。对一些没有音调的声音，进行轻微的移调处理并将其插入到多声道之中，能使声源尺寸变大。

10.5　通路分配和局限性

10.5.1　母线、通路

关于母线的基本理论在第9章的"如何使用双声道录音"部分已经介绍过了。如图10-6所示，硬件系统可以通过输入母线分配与剪辑工作站中的声轨相连，而声轨的输出则通过输出母线与总输出相连，或者通过辅助母线将信号分配到一个中间流程去做更多的处理。辅助母线的输入端可以与一条或多条声轨相连，其输出端与输出母线相连，这样就能够使用辅助通路中的插件对多条声轨中的信号做相同的处理。

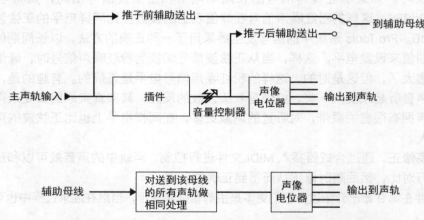

图10-6　一个包含有输入/输出、主母线和辅助母线的通路框架示意图

辅助母线也可以和外接设备相连，比如连接到比传统工作站中的混响插件更复杂的硬件混响器中。这种情况下，辅助母线从声轨中取出信号，发送（使用模拟或数字的输出通路）到外接设备，处理后的信号从外接设备返回（使用模拟或数字的输入通路），再输入到声轨中。

10.5.2　延时补偿

数字音频的处理过程会带来延时问题，音频转换和信号处理都会产生延时。如果信号被一分为二，其中一路接到辅助送出/返回通路进行额外的处理，另一路选择直通的话，那么进行额外处理的一路与直通的一路相比就会有延时。将两路信号混合在一起产生的结果与延迟时间有关。延迟时间较短时，会在高频段产生陷波衰减；延迟时间较长，则会产生梳状滤波效应，听上去有明显的声染色。系统设计者意识到这一问题，于是用了很多方法来克服。其中一种是给每个声轨预先加上各种处理可能带来的延时量，然后对那些加了插件及附加路径的声轨，再去除相应的延时量，使处理过的声轨与未经处理的声轨延时量相同。这种方法很有效，但会耗费较多的系统资源。

10.5.3　发音数的局限

在同一个系统中，同时可用的声轨、母线和输入输出通路的数量是有限的。另一个限制是可以同时还放的声音数量。在虚拟系统中，这种限制比在其他系统中看起来更模糊。我们把这种数量叫作发音数，这是从合成器的设计中借鉴过来的，原意指可以同时演奏的声音数量。发音数可能比声轨的数量或可用的输入/输出母线的数量要少，它主要取决于一定配置的计算机处理能力的大小。

10.6　怎样混录

混录的方法很多，下面介绍最常用的对白、音乐和音响效果混录方法。由于时间及预算的不同，节目类型不同，混录的顺序可以有所调整。在工作之前，需要使用相应设备对监听系统进行校准，详见第 11 章的介绍。一个很有效的练习是使用该系统听一部与所做影片类型相同的优秀影片，这样对于混录师了解对白的音色，以及几个要素之间的平衡等很有帮助。

基于以上所述，下面是对混录过程的一些建议，主要是在时间顺序上的建议。

1. **首先进行对白预混**。对白主要用于叙事，是观众了解剧情的基本要素。要记住你已经听了上百遍的对白观众只听一遍。故事片混录有时候会发生这种情况，即导演在剪辑过程中已经把对白听了上千遍，在梦里都能把它们背出来了，于是他们在混录过程中希望寻找一些新的亮点，结果是不受限制地大量使用音响效果和音乐，导致这些声音大过了对白。一个称职的混录师应该制止这种倾向，要确保导演能够站在观众的角度上，以第一次听到时的感觉为基础进行调整。

　　对白混录意味着得到对白声底，这其中包括插入的现场气氛声、同期补录对白和 ADR 对白等。之前的剪辑工作应该已经提供了一条完整的声轨，其间没有空洞，或至少空洞的位置已经被其他音响效果所填补。声轨中也应该没有声音的跳点和不连贯现象，在分开的声音之间填补现场气氛声的工作应该已经完成。

　　同期效果声（PFX），指的是随着同期对白一起录下来的音响效果声。这部分声音可能会从同期声中剪出来放到音响轨里，这样在终混时可以对它们做更多的控制。

　　按照 SMPTE 规定的−20dBFS 参考电平来做电平校准后，对白的峰值电平控制在 −15dBFS ～ −10dBFS 的范围比较合适。

　　信号处理的顺序关系到处理的结果。一些常规处理如均衡和滤波处理在顺序上调换不会对结果带来影响，但动态处理的结果与顺序就很有关系了。下面推荐一种比较恰当的信号处理流程。

a. 首先进行清理工作。使用高通和低通滤波器来减小同期声中多余的噪声，以及减少剪辑点间的不连贯现象。一个 80Hz 的高通对大多数男声不会带来任何影响。低通滤波器用得较少，但 8kHz ~ 10kHz 的低通滤波也可能很有效。使用陷波器可以去掉离散音调的噪声（事实上很少出现这样的噪声），或者使用嘶声消除器来去除嘶声。

b. 下一步是消除宽带噪声，可以使用插件，或者使用外接信号处理设备，处理之后再将信号返回到原来的流程。有时候会在这个环节使用噪声门，用来减小马路躁声、飞机飞过的声音、摄影机噪声和其他种种宽带（非离散音调）噪声。

c. 对人声进行均衡以得到更好的音色。纽扣话筒的声音一般比吊杆话筒的声音需要更多的均衡处理。如果剪辑师已经分别对各声音片段加均衡得到了平滑连贯的声音，那么要注意在混录时使用的插件自动化功能不要影响到这些均衡。例如，在 Pro Tools 工作站中剪辑时，使用 AudioSuite 插件加到声音片段上之后，会生成新的片段替换掉原来的片段，然后在混录时，使用带自动化功能的 TDM 插件来设置整体均衡，可根据需要动态地进行均衡处理。

d. 接下来就是电平控制，但一定要在前面的处理都完成之后进行。这是混录的基本工作，电平调节量一般都很小，如果在剪辑过程中已经逐段对声音做了正确的调整，那么此时的调节范围也就在 ±3dB 左右。

e. 进行少量的压缩处理能够提高对白的可懂度，以应对其他声音元素的干扰，或者应付听音环境较差的情况。这种处理很容易过量，对峰值的衰减量一般不超过 10dB。建立时间在 10 ~ 50ms，恢复时间在 100 ~ 500ms。输入电平、输出电平、压缩门限和增益补偿控制都要以峰值衰减不超过 10dB 为标准，同时最大峰值电平以 −15dBFS ~ −10dBFS 为宜。

f. 进行少量的嘶声消除能提高声音在后续录音流程中的兼容度。它能够将声音中的"嘶"声去掉而不造成听感上的损失。首先调节嘶声消除器工作的频率范围，以对应于要消除的某个具体声音中的"嘶声"频率，然后调节电平、门限及其他参数，使得最大衰减量在 10dB 左右。有些插件有一种功能，能让人听到对嘶声消除器起作用的那部分声音（也就是通过带通滤波器滤出嘶声），这样就能根据讲话者嘶声的频率范围进行更好的调整。

g. 进行峰值限幅以保证最大电平在 −10dBFS，同时增益衰减量不超过 10dB。过多的峰值限幅可能会增大背景噪声的影响，高电平的声音被限制，意味着低电平的声音实际上被夸大了，从而使对白听上去生硬而滑稽。

　　上述一些处理需要动态地进行调整，尤其是电平、均衡的处理和宽带噪声的降噪处理。因此，它们需要类似于 Pro Tools 中的动态插件（RTAS、TDM、HTDM 插件），而不是针对音频段的 AudioSuite 插件。通常，压缩器和嘶声消除器的参数可以一次性设置好，而不需要在混录过程中动态地调整。

　　另外，有时候还要用到混响器，尤其是使 ADR 与同期声的空间感一致。既可以使用混响插件，也可以使用外接混响设备。

2. **做好母线设置和通路分配工作，设成"带参照的混录"模式，以便在下一步预混时能听到预混完成的对白。**

3. **环境声预混。** 环境声预混可能会用到均衡处理（参数的调节幅度一般大于用于对白时的调节幅度）、电平调节等，但复杂程度不及对白预混。

4. **拟音预混。** 大幅度的均衡调节可能会很有用，这是因为前面提到过的"皮肤、草地、天空原则"（这些东西的颜色为人们所熟知，因此还原时一定要真实，而其他东西的颜色就不一定了。同样地，人们最熟悉的音色大体上是对白的音色和一些乐器的音色，而对其他声音的音色却不那么熟悉，因此在均衡处理上可以更加灵活）。峰值限幅也很有帮助，这样在整体电平恰当时，可以避免个别拟音声过于突出。

5. **一个或多个点效果声预混。** 如果点效果声预混在两个以上，原则就是要合理安排好不同的预混（例如，沿着时间线逐一进行）。这有利于之后的修改。同期效果声（PFX）预混是点效果声预混的一部分。在一些比较简单的制作中，所有的点效果声可以预混在一起。

6. **在前面的预混过程中，每完成一样预混，都把预混好的声音加到"带参照的混录"监听母线上。** 最后就得到了一个混录母版，每一部分预混都与对白预混保持着正确的电平关系。

对混录产生直接影响的因素包括声轨的数量、通路分配，以及由最终的母版格式是双声道还是 5.1 环绕声所决定的声像分配等，关于这些格式将在下一章里介绍。同时下一章还将详细介绍母带处理时如何进行整体电平调整，这也是混录工作的一部分，把它放到母版处理环节来介绍，是因为最后的工作承担着为目标发行媒介提供整体电平的任务。

有些操作方式会影响到混录。多年以来，混录的音频系统是伺服于视频系统的，比如伺服于磁带录像机。整个操作进度受到视频系统动作的限制，比如倒带的快慢等。在视频设备上倒带并重放时，来自视频设备的时间码被用作控制时码，锁定音频系统使其伺服于画面，这个过程相当慢。近年来，混录时采用数字画面成为主流，基本上没有等待时间了，数字音频工作站能直接载入画面，将其作为画面参考轨进行混录，这样就不需要为同步花费时间。

胶片混录时期有一种倒放混录方式，目前还没有在工作站上得到广泛应用，但这种方式可能成为工作站操作的一种有益补充。将一个片段来回反复播放，有利于比较入点和出点前后的声音，尤其在做均衡处理时很有用。尽管当前的系统可以很方便地对一个片段循环播放，但和胶片混录时用的倒放还不一样。比如对一个人声进行倒放时，可以让人把注意力集中到音色上，而不是人声的具体内容上。这一功能在未来的音频工作站设计中可能成为一个有益的补充功能。

导演提示

- 混录阶段最重要的工作就是使不同声轨之间达到听觉响度上的平衡。从对白开始混录是个很好的办法，然后将其他成分逐步加入。

- 分声底混录很有用，因为它允许直到最后一步，各部分的平衡仍然可调。分声底混录就是在输出发行母版之前，保持对白、音响及音乐声轨相互分离。

- 混录工作涉及大量的声音处理：均衡、压缩、限幅、降噪等。在某些情况下，处理的顺序会对结果产生很大影响。

- 如今人们讨论的重点是哪些处理应该在剪辑时进行，哪些应该留到混录阶段。总的来说，整体的均衡和平衡处理需要在混录阶段进行，因为混录时有最好的监听环境，而混录师接受的训练和积累的经验与剪辑师是不同的。剪辑师需要对类似咳嗽声这样的细节进行处理，这种突然降低电平让声音平滑过渡的工作对于混录师来说比较困难，而剪辑师处理起来要容易得多。

- 注意训练耳朵，使其能分辨出不同的音色，尤其是分辨对白的音色，这一点非常重要。

- 在环绕声场中声音如何定位一直是大家争论的话题。通常，除非想将声音放在画外，或者放在画框边沿极端的位置上，对白需要放在中间声道。因为对白在声道间的跳跃会分散观众对剧情的注意力。

11

母带制作与监听

11.1　基本注意事项

后期制作的最后输出成品是发行母带。虽然制片商们总希望有一种"通用"的母带，但事实上如果同时用作影院发行和家用市场发行，两者之间音频系统和监听环境的巨大差异，使得为了获得最好的效果，就必须制作不同类型的母带。将影院发行的版本在家用系统中重放，需要专门的技术处理来获得最好的声音[1]，虽然这些技术条件都已具备，但并不是每个家庭系统都能拥有。同样，将用于家庭的版本在影院中重放，也需要专门的技术处理，实际上这样做的可能性不大。因此，把母带和监听放在本章一同介绍，是因为这两者是交互发挥作用的。

在电影和视频制作中，**母带**是个含糊的词，它到底指的是什么？单独看来，它的基本含义是指后期制作中，任何不同于最终完成品的那些录音版本。在后期制作中，母带一词被滥用从而失去了它本来的含义——基本上所有能看到的录音版本都是某种意义上的母带。为了将制作者们冠以母带之名的各种版本区分开，最好采用以下术语来描述。

* **原始素材**。通过摄影机记录在磁带或硬盘上的素材，用"原始素材"一词来描述比用"母带"更清楚。
* **原始素材克隆**。对原始素材进行全解析度数字复制得到的版本。这一概念不同于**原始素材拷贝**，拷贝可以是对原始数字信号进行模拟复制后的复制版，但**克隆**一词专指逐比特复制。
* **中间母带**。这一母带可以是磁带或磁盘文件，是指除了原始素材和发行母带之外，任何后期制作环节所生成的版本。例如，它可以是某个剪辑完成后的工作拷贝，用

---

1 将用于影院发行的版本直接转换后用在家庭环境里播放时，可以利用家用 THX® 系统，对家庭还放系统进行均衡调整及音色匹配处理，对逐段倍频程加以平衡，使其更接近影院的播放效果。

来将画面从视频剪辑系统导出到音频剪辑系统。

- **剪辑母带。**记录在磁带或磁盘上的完成母版。典型的剪辑母带有个开头，是包含了识别信息、彩条和千周信号、数字 2 的位置"嘟"的声响的倒计时牵引片，开头之后紧接着的就是声音母版。在 2.0 声道的剪辑母带中，声音是直接记录在媒介上的。5.1 声道的剪辑母带中，只有一些高端媒介留有声音记录的空间，那么在没有足够空间的时候，可以使用两种办法来解决。一种叫作双系统模式，声音被记录在相伴的媒介上，例如记录在 DTRS[2]磁带上，磁带上记录有与画面相一致的时间码，两者通过同步器锁定在一起同时播放，就能保证声音和画面的同步。另一种方法是使用一种专为这种母带设计的降比特率格式 Dolby E（E 代表 Editable，指可以进行编辑），将5.1 声道的信息容纳进常用的数字音频双声道记录空间，并将其录制到媒介上。
- **发行母带，也叫录音棚母带。**这是一个母版磁带或磁盘，包含了按照完成格式制作的节目文件，可能还加上供某个通路发行用的附加内容。与剪辑母带不同的是，它可能包含有预告片、识别商标、美国电影协会（MPAA）分级卡、美国联邦调查局（FBI）警告以及其他这类内容，它们放在主要内容的开头和/或结尾部分。这里的"通路"指的是市场通路，不是电视中的通路。发行母带为满足特定市场需要而具备特定的频率响应和电平特征，这在后文会讲到。
- **备份复制版。**对以上任何一种母带一对一的复制。**备份克隆版**是个更精确的术语，用来专指比特对比特的数字复制。

11.2　剪辑母带和发行母带的声音格式选择

　　DV 制造商们面临的一个大问题就是声音格式的选择：是单声道、立体声、矩阵编码环绕声还是分立声道环绕声。如今，单声道主要用在信息类节目中，针对的是有线和网络电视平台，就是通常被称作工业市场（industrials market）的这些发行媒介。因为现在所有的媒介实际上都至少是双声道的，而单声道节目是把相同的内容录在媒介所提供的两个声道里，这样在立体声系统中用双扬声器重放时，能产生一个合一的声像。

　　把单声道节目同时录到两个声道中去是很实用的。因为当左右扬声器位置正确时，声像处在画面中央，而如果在 Avid 里把输出通路设置到通路 1（Channel 1），然后把 Avid 的通路1 和通路 2 的输出信号分别录到 DVD 的两声道里的话，声音听上去会非常奇怪，结果是只有左声道有信号，无法匹配画面的位置——声像位置总是偏离中心位置处在画面的左侧。例如，电影《浪人》（*Ronin*）补充材料里的替换性结尾就是这种情况，在声音后期制作开始之前，从画面剪辑系统的原始素材输出的信号，就是只录制了左声道的信号。

　　回顾声音记录与还放的历史，双声道立体声可以看作是走了弯路。它在 20 世纪 50 年代

---

　　2 一种特殊的数字音频磁带，放在与超 8（Hi-8）磁带同一类型的带仓里。这种磁带通常被叫作 DA-88，其实 DA-88是最普遍的使用这种磁带格式的录音机型号，该磁带正式的名称应该叫 DTRS。

晚期兴起是由于留声机唱片——第一种广泛发行立体声信号的媒介——是双声道的，因此很快被运用到家用系统中，其他媒介（例如调频广播、盒式磁带、CD、电视、VHS 磁带）也迅速适应了这种潮流。家用系统中使用两支扬声器变得非常普遍，而这个"先有鸡还是先有蛋"的问题让后续的媒介困扰了许多年。事实上，立体声在 1933 年诞生时是多声道的，它有 3 个前方声道，6 年之后加入了环绕声道。早期的多声道系统仅仅用作试验，但在 20 世纪 50 年代早期已经广泛运用到电影中。当 1957 年立体声密纹唱片问世时，从实用性角度上要求只使用两声道，以使立体声尽快投放到家用市场。如今已经很难买到双声道立体声接收机了——市面上全都是多声道的，而双声道立体声仍然存在的主要原因是现存的很多节目是按这种格式来录制的。双声道立体声的主要缺陷包括前面提到过的声像定位问题（例如，不同的听音位置会导致中间声像定位不准确，以及音色发生改变）和缺乏包围感，而这恰恰是环绕声的重要特点。如今，为了区别双声道立体声和用于传送环绕声信号的双声道，双声道立体声的左/右信号被命名为单独左声道（Lo，o 代表 only）和单独右声道（Ro）。这样双声道立体声的剪辑母带就有了一个合适的名称——2.0 LoRo。2.0 代表有两个前方声道，并且不包含低频增强声道。

为了满足使用两通路传送环绕声信号的要求，在命数不长的四方声时期，首次运用了振幅-相位矩阵技术来编码。该技术在 20 世纪 70 年代中期被杜比实验室加以改进并运用到电影声音制作中，形成了一种广泛采用并沿用至今的电影声音发行格式。这样的声迹叫作 LtRt 声迹，代表左复合（left total）、右复合（right total）的意思，表明这两个通道所传输的信号会被解码成左、中、右及环绕信号。该格式的优点在于：它可以借助自 20 世纪 50 年代建立起来的立体声网络来发行，既适用于广播，也适用于一系列的媒介。它的缺点是：各声道的声音在感知上实际上是不相分离的，如果声音内容比较复杂，得到的结果会不同。例如，在 4 个声道里分别记录 4 个人声，经过矩阵编解码后，想让它们还原到正确的位置几乎不可能。另一方面，很多时候对大部分声音来说，采用近年来获得巨大发展的矩阵编解码技术已经足以充分传送环绕效果，而且比 5.1 声道更适应市场需要。二者的对比如表 11-1 所示。

表 11-1 LtRt 矩阵环绕声与 5.1 路分立声道环绕声的对比

环绕声格式	两通道矩阵编码环绕声	5.1 路分立声道环绕声
编码器采用的商标名	杜比环绕声（Dolby Surround） 杜比定向逻辑 II（Dolby Pro Logic II） SRS 环形环绕声（SRS Circle Surround）	杜比数字（Dolby Digital），AC-3 dts SDDS(只用于影院)
解码器采用的商标名	杜比环绕声（Dolby Surround） 杜比定向逻辑（Dolby Pro Logic） 杜比定向逻辑 II（Dolby Pro Logic II） 杜比定向逻辑 IIx（Dolby Pro Logic IIx） dts Neo:6 逻辑 7（Logic7） 环形环绕声（Circle Surround）	杜比数字（Dolby Digital） dts

续表

环绕声格式	两通道矩阵编码环绕声	5.1 路分立声道环绕声
应用范围	能够将环绕声信号传送给更广泛的听众。这种方式意味着传输媒介只要有两个声道就能传输，虽然编码后声音有所损失，但其适用范围比 5.1 声道有限的发行格式所适用的范围要广得多	通过使用更专业的发行媒介，能够传输比两通道发行格式更复杂的环绕声场
运用的主要技术	振幅-相位矩阵编解码技术。编码和解码过程运用带相移的和差运算得到 4：2：4 的基本矩阵（将四路信号编码成两路信号进行记录，在用户端再解码成四路信号），解码时通常包含有 20ms 的环绕声延时，用于防止串音。像 Pro Logic IIx 这样的最新技术能将 LtRt 信号最多解码成 7.1 声道信号	对线性 PCM 音频信号进行降比特率处理，使其适应传输媒介所提供的有限的数字空间，典型的压缩比为 8.6：1 到 12：1，同时还利用频域和时域掩蔽的感知听觉运算法则，来去掉人耳听不到的那些冗余信息。其延伸技术包括在 LS 和 RS 声道中使用矩阵技术得到单独的后方环绕声道
传输媒介	影院模拟系统、DV、HDCAM 和其他数字格式磁带*、DVD、蓝光光盘、NTSC 制电视传输系统、大多数卫星传输系统、VHS 磁带	影院数字系统（SR-D、dts、SDDS）**、DVD、蓝光光盘、广泛用于数字卫星电视播出的采用 Dolby E 压缩技术的专业数字格式磁带
编码要求	制造商提供的硬件或如 DVD Studio Pro 这样的软件	制造商提供的硬件或如 Avid 公司的杜比环绕声工具（Dolby Surround Tools）这样的软件
最低监听要求	Pro Logic II 等解码器用于消费级接收设备，校准的监听电平	恰当的与编码器相对应的硬件解码器，低频管理功能，校准的监听电平

* 包含 HDCAM 在内的很多专业格式磁带有四条通路，不足以直接记录 5.1 声道的混录信号。因此，它们视用法不同记录两套动态余量不同的矩阵编码环绕声信号，或者使用 Dolby E 降比特技术将 5.1 声道信息记录在两声道的空间里。

** 在数字拷贝上，还有一个两通路矩阵编码环绕声的模拟备份。

如今，5.1 格式分立多声道已基本成为普遍标准。虽然它只能用在少数媒介中，但它已经主导了电影制作观念，同时也扩展到其他领域如 DV 制作中。分立声道的优势主要体现在：更多复杂的混录信号能够得到更清晰的重放，这是因为混录信号中各成分之间在空间上的相互影响比较小；声音所处的位置不会因编解码发生改变；环绕声场有左右方位感——至少这一点在矩阵编解码技术中是很难实现的；同时还有一个 0.1 的低频效果声道用于增强低频信号。

对大多数制片商来说，在单声道、双声道立体声、矩阵编解码环绕声和分立声道环绕声之间权衡时，矩阵编解码环绕声可能是个比较好的选择。简单的发行格式容易赢得时间占据市场，大多数听众都听的是矩阵编解码环绕声，它也可以下变换到双声道立体声以满足更多听众的需要。这意味着双声道立体声的听众能听到全部声音的回放，其中大部分声音有正确的声像定位。单独位于左声道和右声道的声音向下兼容比较简单，从各自的扬声器里送出来就行了。中间声道的声音送到左右扬声器里形成中间幻象。环绕声道的声音则成为从左右扬声器送出的反相信号，这样听起来空间感更多也更难定位。如果是向下兼容到单声道的话，会出现的问题是，听众将听不到来自环绕声道的声音成分，因为环绕声是由左右声道反相信号解码出来的，这些反相信号送到单声道中叠加到一起时，将相互抵消使输出为零。因此如果要做编解码环绕声的话，不要将重要的内容放到环绕声道里。

在大多数制作棚里，采用的是硬件编解码设备来做编解码环绕声，如图 11-1 所示。这些设备安装在制作 LtRt 剪辑母带的信号通路中。在 Pro Tools 里也有一个插件叫作杜比环绕声工具（Dolby Surround Tools），可以从 Avid 公司的网站租用或购买。此外，如果你拥有硬件设备，可以在进行剪辑和混录的同时，将编解码系统接入监听通路，直接听到编解码的结果，这样有利于更好地理解编解码过程给环绕声带来的影响，从而避免错误发生。例如，有个常见的音频问题叫作反相（phase flip），使用平衡线缆时，这种情况容易出现，如果某根线缆的热端和冷端接反了，就会产生反相问题。在矩阵环绕声系统中，反相会导致中间声道的声音和环绕声道的声音倒置，使本应处在中间声道的声音从环绕声道里出来，反之亦然。在多声道环境下，很容易听出这种效果（通过在监听通路中接入编解码器），而用其他方法来判断这个问题就很困难。因此，编解码器有两个功能：将母带中的左、中、右、环绕信号编码成左右复合信号，然后在母带处理阶段进行正确解码；以及在前期制作时将其接入监听通路以监听编解码的效果。

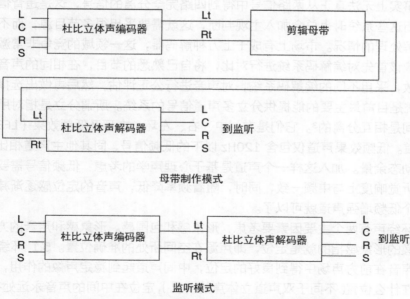

图 11-1 使用矩阵编解码的母带制作与监听

振幅–相位矩阵编解码可能出现的负面效果如下。

- **立体声场的静态缩小。**如果声场中有很强的中间成分（例如当左右声道包含有大量的相同内容时），矩阵系统往往会强调这些成分，解码时将它们在中间声道中还放，会导致声场宽度减小。
- **立体声场的动态缩小。**电影《少年福尔摩斯》（*Young Sherlock Holmes*）的开头，十几岁的福尔摩斯（Holmes）和华生（Watson）在上学路上穿过一个院子时，他们的对话底下有背景音乐。较差的环绕声解码器跟随对话调制音乐的宽度，当他们说话时音乐声场变窄，停止说话时又变宽。
- **魔幻环绕声效果。**如果双声道立体声的左右声道信号有明显差异的话，会得到高电平的环绕声输出。因为通常不希望环绕声电平过高，结果就是，魔幻环绕声。
- **声像拖拽。**某一声道的信号较强时，会使随后的声音向该声道偏移。例如在对白出来前左声道有一个很强的音效，那么对白的第一个音节定位将偏左，随后才回到中间位置。对白中这样的错误定位在很容易被听出来，其实这在音响效果和音乐中也时常发生。
- **不均匀声像移位。**有些系统能重放出平稳的声像移位，有些则会在声像移位过程中使声音在某一位置滞留，然后突然跳到下一位置。
- **对白窜进环绕声道。**由于对白几乎总是与画面位置相当，从环绕声道听到对白会破坏声音的形象感。

这些问题的严重程度取决于对编解码系统的选择。因为这种编解码处理不是一种严格科学的处理（事实上无法真正从两路信号中得到四路完全分离的信号，这是违背信息理论的），在设计和使用这些系统时也总会加入主观判断，这就需要采用很多节目源，而不仅仅是用测试信号来了解处理的情况。市场上有成千上万种解码器，这一领域的竞争非常激烈。一个明智的使用者应该首先对编解码系统进行对比，将自己熟悉的节目，在相同的声音系统里以相同的电平还放，采用不同的编解码系统，对声音进行公正评估，然后再做出选择。

5.1 系统是目前最主要的能提供分立多声道信号的系统。所谓分立是指对所有实际效果而言，声道间是相互分离的[3]。它们是左、中、右、左环、右环及低频效果（LFE）声道，也叫作 0.1 声道。低频效果声道仅包含 120Hz 以下的低频信号，同其他主声道相比，其上方多出 10dB 的动态余量。加入这样一个声道是基于心理声学的考虑：低频信号需要更大的声压级才能够在听觉响度上与中频一致，同时，随着频率降低，声音的定位感逐渐减弱，因此只需要加入一个低频增强声道就可以了。

多声道环绕声有两个主要因素要考虑：形象感和包围感。形象感和声音的方向及尺寸大小有关。狭义的形象感指的就是定位，即声源在空间所处的准确位置。**5.1** 环绕声的前方 3 个声道能使声音在前方声场中得到良好的定位，中间声道起到稳定声像的作用，它可以保证无论听音者在什么位置(不同于双声道立体声的情况),定位在中间的声音永远处在声场中央，同时，位于左、中、右的声音，其前方的定位也非常稳定。在较低的程度上，定位也会在左

---

3 不过在 5 个声道共同运用了低比特率编码后，它们就不能当作 5 个单独的单声道来使用。

右环绕声之间进行。因为幻象定位在环绕声听音区域（配有环绕声扬声器阵列的影院）或听音者后方（听音位置后方设置扬声器的家用系统）和在前方一样，多少都会起作用。然而，由于后方中间声道的缺乏，处于中心以外的位置听音，用声像电位器精确定位在后方中间的声音会向距离较近的扬声器偏移，这同定位在听音者前方的情况是一样的。另一方面，如果用声像电位器使声音在前方声道和同一侧的环绕声道间定位，得到的声像位置是很模糊的，因为人的双耳在头的两侧，天生就不适用于这样的幻象定位。采用前方比后方多的声道布局，是基于人的感知方式以及这样一个事实：有相应画面的声音比没有画面的声音更需要准确定位。

11.3　环绕声道的使用

通过上述对感知方式的讨论，可以看出 5.1 环绕声系统对不同部分声场的还放是不同的。这与环绕声的美学原则相一致。总的来说，具有明确定位感的声音，如对话和点效果声，声源通常会出现在画面上，意味着声音将位于左中右（LCR）声道。没有明确定位感的声音也出现在前方声道或者再包含进环绕声道。这类声音主要是环境声和混响声。有个问题就是，大部分音效库中的声音都是双声道的，如果想让它们也同时出现在环绕声道中呢？解决这个问题的办法之一就是使用两通路振幅-相位矩阵解码器，将音效库里的双声道素材处理成左、中、右、环（LCRS）的四声道信号输出，然后再将环绕声道的输出做一些去相关处理后输出到左环、右环声道。去相关处理的办法包括加混响、在两声道间做轻微的移调处理、使用信号处理器里的合唱功能，以及其他一些手段。

一个特殊的违反了环绕声道中只包含混响声和环境声的例子就是瞬间飞掠效果。著名的例子就是电影《现代启示录》（*Apocalypse Now*）的丛林场面中，一只鸟从画面左边飞到了右环的位置。该效果体现出两个环绕声道替代一个环绕声道成为国际标准这一观念。在声像移位的同时加入多普勒效应，也许再对混响做些改变，能更好地强调出飞掠效果。

环绕声最根本的作用是使观众身临其境。在一些最好的电影声轨中，通常发现对环绕声的处理不是采用单一的方法，而是从美学角度适时作出调整。也就是说，有时候一个完全融合在一起具有很强包围感的声场是恰当的，但也有的时候不是这样，所有的调整都是为了吸引观众。

11.4　母带电平控制

任何一个尝试过运作 DV 电影节的人都会告诉你，声音电平的调整是播放过程中最令人头疼的事情。因为来自不同制作者的影片声音电平是如此不一致，有的非常大而下一个可能又非常小。如果某个制作者所采用的监听系统音量开得过大，做出来的影片录音电平就会偏低，而另一个将监听系统音量调低的人，最后的录音电平就会偏高。这个问题非常复杂，因为系统中有太多的电平控制环节。即使在同一台计算机中，也会包含应用软件的播放电平控制和操作系统软件的播放电平控制，甚至还可能有软件和/或硬件的数模转换器输出电平控制。除此之外，还要加上用作监听的外接调音台在信号通路上可能有的 3 个电平控制环节，以及采用外部供电的扬声器上的电平控制环节。这么多的电平控制环节——每一个都会影响监听电平，有的还会影响录音电平——使人们在操作时产生混淆。该链条上每一件产品的制造商都认为他们应该给消费者提供灵活的选择，于是就提供了这么多的控制环节，但把链条里所有的控制环节加起来，实际上使得母版制作时要获得正确的电平变得很复杂。需要做的是按照正确的顺序依次设置每一处电平，使录下来的声音和听到的声音保持正确的关联，这个顺序在接下来的"电平校准"部分将会介绍。这让人联想到第 6 章中讲到的，同期录音时在信号通路中采用多种设备产生的问题。

在第 3 章曾经讲到，目前，−12dBFS 和−20dBFS 都被用作参考电平，这两者在心理声学上相差很远，响度比几乎为 2∶1。同时，在参考电平的基础上，人们又采用不同的节目峰值电平，让事情变得更加复杂。并且即使峰值电平被标准化，它们和响度的关系也不十分密切，因为从定义可知，峰值电平是在很短的周期内测量出来的，而响度是在一定时间内累积的结果。声音到达完全响度需要大约 80ms 或者说基本上是 2.5 帧的时间，而数字峰值表在测量一个 1ms 的短时脉冲干扰和一个时长 2.5 帧的声音时，得到的数值可能是相同的，但后者听上去要响得多。因此，如果声音中包含有许多像滴答声这样的 1ms 短时信号，会比峰值相同的长周期信号听起来要弱得多（人们争论说这种计量表的设计是为了捕捉导致听觉失真的峰值，而不是为了指示响度，这种看法是比较贴切的，峰值表更多是为了避免失真，而不是为了读取响度）。因此，首要的事情是对信号通路上所有的电平控制环节进行标准化设置，这样才能保证节目间电平和响度的一致。

顺便提一下，在制作人都认同以相同的方式校准监听电平之前，DV 影展上遇到的问题的最好解决方法就是，影展的主办方对所有的影片提前试映，并对每部影片设置恰当的还放电平，然后制成表格提供给操作员/放映员，以在正式播放时进行音量的调节。

11.5　−20dBFS 和−12dBFS 参考电平的由来

以−20dBFS 作为参考电平的动机，多少是为了让数字声带能与 35mm 电影模拟声带的峰值储备相匹配，这样在将胶片电影转成数字版时会比较顺利，尤其那些好莱坞的后期制作公司是最早使用数字视频的一批人，他们的观点达成了最初的标准。不幸的是，处在数字母版下游的很多传统设备达不到 20dB 的动态余量，因此只能以−14dBFS 和−12dBFS 作为参考电平。以−12dBFS 作为参考电平的数字母带，其上方最大无失真动态余量为 12dB，能更好地适应广播电视、台际微波传送、模拟卫星发送、VHS 磁带等传播媒介的需要。有趣的是，后面发展起来的媒介如 DVD 完全能够适应−20dBFS 的参考电平，其上方保留有 20dB 的动态余量；只有一些遗留下来的设备才需要特殊的保护措施。因此，这两种参考电平的设置有冲突，在某种意义上二者绝不会同时采用。不过，通过松开戈尔迪绳结，有一种办法可以解决这个难题，这将在后面介绍。

电影制作比普通 DV 在电平上拥有更好的一致性，这是因为电影后期制作时参考电平有标准，不仅对记录媒介的参考电平有规定，对房间声学条件和监听电平也有规定，如表 11-2 所示。电影制作混录棚的监听电平是利用技术手段来控制的，从而保证了更好的一致性。

表 11-2 不同重放环境下的监听参考电平

应用领域	房间尺寸	数字正弦波信号参考电平	监听参考电平	监听系统的频率响应
电影	大	−20 dBFS	85 dB SPL	X 曲线
电影	小	−20 dBFS	82 dB SPL	适应小房间的 X 曲线
峰值储备高的视频	小	−20 dBFS	78 dB SPL	10kHz 以下频响平直，10kHz 以上自然滚降
峰值储备低的视频	小	−12 dBFS	70 dB SPL	10kHz 以下频响平直，10kHz 以上自然滚降
测量方法		对−20dBFS 有效值粉红噪声（别去管峰值，对同样的信号它们读数会更高），调音台上的 VU 表设置为 0VU	将 C 计权、慢读数的声级计放在主要听音位置进行测量	实时频谱分析

11.6 电平校准

电平校准能够使监听系统获得最佳电平，可以配合使用 Radio Shack 2055（价格为 49.99 美元）等简单的声级计进行电平校准。本书所提供的网页中能下载到所需音频文件。校准操作如下。

● 将文件用数字方式导入剪辑系统。

● 确保剪辑系统里所有与重放电平相关的环节如音量线等，都设置成标准值或 0dB 增益，并将通路 1 的声像放到极左，通路 2 的声像放到极右。如果是 5.1 路监听，比如有外接 Pro Tools 系统的情况，要将测试文件复制到 6 个通路中，然后分配给 6 个输出口。均衡器要设置为平直响应或关闭状态。如果文件是立体声的，可以以立体声对的方式来设置：左/右、中/低、左环/右环。

● 注意在播放正弦波千周信号时，剪辑软件表头读数为−20dBFS，现在有的也使用硬件表头[4]。有些数字表解析度较低，无法精确读取−20dBFS 的值，使用这样的系统，需要确认还放千周信号时音量线处在 0dB 增益的位置。

● 将计算机的软件输出控制设置到一个可重复的标准位置，比如将推子放在满刻度 80%的位置，在 Mac OS X 中相对应的是音量设置 5 段标记中的第四段，具体设置路径为苹果菜单（Apple Menu）、系统参数选择（System Preferences）、声音（Sound）、

---

4 如果采用的不是满刻度电平指示表，需要了解−20dBFS 到底处在什么位置。例如，在 Final Cut Pro 软件中每个声轨上的表头，所用的参考电平是−12dBFS，其 dB 值是在这个基础上标示的。因此，−20dBFS 在这个表头上的读数为−8dB。

　　线路输出：内置音频（Line Out: Built-in Audio）、输出音量（Output Volume）。如果
已经在硬件上进行了电平控制，比如在 Pro Tools 上控制，也要通过电压表对各输出
通路的电压进行测量并校准，在播放−20dBFS 正弦波千周信号时，使输出电位计指
示到标准值（如 775mV）。

- 如果使用外接调音台作为控制设备，要将其相关通路的电平控制放在单位增益的位
  置（在 Mackie 调音台上是 "U" 的位置，如果电平刻度以 dB 标示，那么增益设置
  应该在 0dB），主输出的电平控制也设置到单位增益或 0dB。调音台上的哑音/独听
  控制要关闭，均衡器设置为平直响应或处于关闭状态。
- 输出正弦波千周信号到外接调音台。调节调音台输入口的电平微调，使−20dBFS 的
  千周信号在 VU 表上的读数为 0VU（通常 0 显示在接近表头顶端的位置，但上方还有
  大于 0VU 的数值），或者在数字峰值表上读数为−20dBFS（0dB 位于表头的顶端，在
  其下方数值递减）。注意有些数字峰值表由于尺寸限制，并不使用负标记（−）来表
  示 0dB 以下的数值。如果合并通路将 5.1 声道下转为 2.0 声道来监听，可以对成对
  的声道进行电平检测，使用哑音功能将暂时不用的通路关掉。
- 粗略调节外接调音台的监听电平和扬声器输入电平（暂时步骤），以对千周信号获得
  舒适的听感。这些设置一般处于常规的、可重复的位置。
- 播放限制频段的粉红噪声。听起来像经过滤波处理的瀑布声。不要去管所有的表头
  显示。峰值表此时的读数比播放正弦波千周信号时高出大约 10dB，但不用管它。读
  数增大是由于该噪声信号的时间特性所致，反映的不是长周期值。VU 表的读数更接
  近长周期值，但因为读数不稳定，很难读出精确的电平。要相信音频文件是经过严
  格制作的，采用工程师测量长周期电平的方法，粉红噪声有效值电平是精确在
  −20dBFS 上的。
- 使用哑音功能或在必要时用声像电位器调节来关掉剪辑系统中暂时不用的通路，依
  次在各通路中播放该噪声信号[5]。把声级计放在正中间录音师工作时头部所处的位
  置，测量人要站在侧面而不是声级计的后边。将声级计设为 C 计权、慢读数。对有
  源扬声器上的电平控制或功率放大器的电平控制进行调整，直到粉红噪声在声级计
  上的读数如表 11-3 所示。
- 如果使用的是功率放大器和没有任何增益控制的扬声器来调节监听电平，而调音台
  上只有一个普通的各通路联合使用的监听电平控制器的话，需要确定每个通路输出
  到该电平控制器的声压级是相同的，误差应在 0.5dB 以内。如果达不到这个标准，
  则要对每个通路的电平进一步调整以得到正确的声压级。

　　电影混录过程中，这些设置很少改变。而在剪辑时，可能需要提升监听电平来听背景声，
混录时偶尔也会这样做。这时候，要使用校准过的控制器件来改变电平，例如使用主通路电

---

　　5 注意虽然独听功能也能起到相同的作用，但尤其在外置调音台上，独听功能可能会改变电平或声像位置。因此，使
用哑音功能更有保障。

平推子，这样，监听时提升电平后可以很容易地将它恢复到标准位置。

表 11-3 监听参考声压级

使用场合	读数
在剪辑室、混录室和控制室中监听用于视频发行的母带，所有的声道依次设置	79dBSPL（在 80dB 刻度上显示为−1dB）
在剪辑室和小型混录室中监听用于影院发行的母带，声道依次是： 左、中（如果使用的话）、右 左环、右环	 81dBSPL（在 80dB 刻度上显示为+1dB） 78dBSPL（在 80dB 刻度上显示为−2dB）
在剪辑室和小型混录室中监听将影院发行版重新用于视频发行（DVD）的母带，声道依次是： 左、中（如果使用的话）、右、左环、右环	 81dBSPL（在 80dB 刻度上显示为+1dB）

11.7　当无法使用测试信号来校准时

　　虽然前面介绍的电平校准过程看起来相当长，但在实际操作中，只要做过一两次就能迅速完成。但是，在没有测试文件或没有声级计的情况下应该怎样校准呢？首先需要了解的是，一般情况下电平的设置是由对白来决定的。对于动作-冒险类影片，需要在对白之上留更多的峰值余量给那些瞬间大信号，因此对白不能录到满刻度。普通对白的典型峰值电平在−10dBFS 左右，再强调一次，这里指的是数字峰值表上的数值，是不能依靠它来读取响度的。由于 VU 表的响应相对迟缓，普通对白电平一般在 0VU 以下，也许最大电平能达到 0VU。该录音电平在对白电平之上留有 10dB 的峰值余量，用来应付那些大场面的声音。

　　按照校准时采用的方法来设置系统电平：每个控制环节都设置到标准值。如果链条上某个控制环节的电平被降低，在其后的环节再提升电平补偿增益，两个环节之间的噪声就被提升了。如果某个控制环节的电平被提升，在其后的环节再降低电平以得到合适的增益，两个环节之间就可能发生过载失真，而数字过载失真是非常严重的，因此需要把所有的控制环节都设置到标准值，然后进行微调以得到正确的整体电平，这叫作**分段增益调节**。

　　把所有的控制环节都设置到标准值之后，就可以对录好的对白设置正确的监听电平了。令人惊奇的是，即使让未受过训练的人来设置电平，不去看表头的显示，只凭感觉来设置，也会得到非常相近的结果。我曾让一些刚开始学习混录的学生来盲设对白电平，他们得到的结果非常一致，相差不超过 ±2dB——看来这是一个普遍的经验。

11.8　最好的通用方法

　　监听系统校好之后，就可以开始制作母带了。有趣的是，到了这一环节，混录的要点是不去看所有的表头，根据听到的声音而不是看到的电平来混录。毕竟，混录最终是依靠经验的。不过偶尔也需要看一下电平表，因为还要考虑发行的需要，发行媒介对电平是有一定的要求的。

对于一部以对白为主的影片，做母带时人们总想让最高峰值达到 0dBFS。你可能会借用插件里的术语，说这部影片的声音被标准化了。但是，这样做会导致荒谬的结果，把该片放到电影节或放到其他播出媒介与动作-冒险片一起播放时，动作-冒险片的典型对白峰值是 -15dBFS，两者相差了 15dB！因此答案是：决不能这么做！永远不要把以对白为主的影片峰值电平做到 0dBFS。这是音乐工业的坏习惯，不要把这种方式复制到影视业，因为这样做出来的节目交换性很差，还可能遭到网络媒体的拒绝，因为有些播放通路的参考电平虽然同为-20dBFS，但上方只有 10dB 左右的峰值余量（正如你在数字录像机上看到的）。因此，参考电平为-20dBFS 时，将最大峰值电平做到-10dBFS，这样的节目是可以通用的。即使在 16bit 量化的情况下，损失 1.5bit 的动态范围不会造成太大影响，更何况现在多采用 24bit 量化，因此将录音电平降低 10dB 是没有问题的。

这两个广泛采用的参考电平带来的种种争议导致了以下规定：-12dBFS 参考电平存在的原因是为了满足母带制作后下游媒介和设备的需要，它们可能只有 12dB 的峰值余量。把采用-12dBFS 和-20dBFS 参考电平的媒介混合使用会产生很大问题。因此提供一个解决方法：参考电平在-20dBFS 时，只使用超出其上 8～10dB 的电平范围，这样就能符合峰值余量较低的通路的需要，同时和采用-20dBFS 参考电平的节目之间具有更好的交换性。

"为了在数字录音中获得最佳动态范围，应该将最高峰值电平录到 0dBFS。"对那些从一开始就被灌输这种观念的人来说，上述解决方法显然与之相悖，因为它在上方留有 10dB 的动态范围没有使用。对于采用最高录音电平，人们的习惯说法是：这样可以更好地远离本底噪声。在数字录音的早期阶段，数模/模数转换器在低电平区域的表现很差，能使低电平平滑的正弦波信号转换成粗糙的方波信号。但这个问题今天早就不存在了，因此经年传下来的这些经验也没有太大作用了。更何况，实际上对动态范围带来最大限制的环节并非媒介环节，而是摄影机电路设计、录音等，因此在实际操作中，将录音电平录到最高来避免低电平转换问题已经不是需要考虑的对象——是节目本身决定了噪声，而不是转换器。

控制母带电平的原则和混录类似：从对白开始，然后按照对白电平来控制环境声、拟音、音响效果和音乐的电平。在音乐缩混中，类似的工作就是每次加进去一个声轨。因为声轨间的掩蔽效应，音乐混音师需要对声轨进行压缩和均衡处理，这样所有的声音元素才能清楚地呈现出来，这就是音乐缩混需要花费较长时间的原因之一。对与画面相伴的对白、音乐、音响进行混录时，有两个方面是音乐缩混不具备的。其一就是声音元素之间的差异相对较大，在一起重放时相互之间的掩蔽作用要小一些，而好的剪辑师会为对白位置留出"小空洞"以让对白展现出来，音乐则很少这样做，也就是作曲留出一些空间给独奏乐器而已。其二，大部分带画面的声音都混录成环绕声模式。在环绕声场中将声音展开，这样每个单独声轨比将它们压缩在双声道立体声通路时更清晰。

为了达到通用的-10dBFS 母带峰值电平，可能需要做一些限幅处理。比如首先准备一版宽动态范围的 LtRt 混录母带用作 DVD 发行，其参考电平是-20dBFS，峰值余量是 20dB。然后需要做一版用于网络发行的母带。使用 SMPTE 的-20dBFS 作为参考电平，需要将峰值控制在-10dBFS。方法之一就是设置一个压缩比无限大的限幅器，将峰值限制在-10dBFS。但是，大的限幅会造成听感上的不自然，所以最好的办法是将原始母带电平降低 5dB，再加入 5dB 的峰值限幅，这样就将 20dB 的峰值余量限制在了 10dB。

11.9 为 DVD、蓝光盘、数字广播和数字卫星电视制作母版

把 DV 母带或文件转换成 DVD 或蓝光盘时，需要进行另一个母带处理过程，就是把后期制作中常用的线性 PCM 数字音频编码格式转换成适用于 DVD 或蓝光盘的降比特率格式。除了简单的比特率压缩之外，杜比数字（Dolby Digital）、Dolby TrueHD 和 DTS-HD 编码有一种功能叫作元数据处理，也叫数字音频数据处理。发行内容中编码音频流的元数据，除去其他内容，包含两个不同的电平控制机制：对白电平标准化和动态范围控制。所以在为光盘制作母版时，会把某种标准化处理加入发行母带中。

表 11-4 列出了 DVD 和蓝光盘上使用的标准音频格式，以及不同格式中如何使用音视频编辑软件插件对音频进行编码。使用 DVD Studio Pro 进行杜比数字编码的软件叫作 A.Pack。使用数字音频工作站进行 Dolby 和 DTS 编码的插件，例如 Minnetonka 的 SurCode 和 Neyrinck 的 SoundCode，同样可以对 PCM 音频进行编码，用于 DVD 和蓝光盘的发行，这些软件还能够从数字音频工作站中出一个单一比特流的文件用于导入母版制作软件。苹果的压缩器也可以连同外接插件一起使用，例如 Minnetonka 的 SurCode 作为 Dolby 和 DTS 音频格式的插件，能够为 DVD 和蓝光盘的发行进行编码。有些媒介例如蓝光盘、DVD 和数字广播有足够的空间可以容纳多于一个的音频发行格式，主格式是对白、音乐和音响的完全混录版，其他格式则可能包含有特殊内容，例如提供给听觉障碍人士（只包含对白）和视觉障碍人士（包含对画面的解说）的格式等。这些格式都是单独的平行比特流。蓝光盘和 DVD 上的替换声轨提供影片制作方的评论等，也会占用光盘上为多个音频版本预留的空间。每个这类不同的服务都需要制作单独的编码文件，然后混合编入最终的比特流中写入光盘。

表 11-4 DVD 和蓝光盘常用的数字音频比特流

比特流格式	声道数（通常情况下）	比特率	光盘格式	编码软件
Dolby Digital (AC-3)	2.0、5.1	最高到 448kbit/s（5.1 声道 DVD）或 640kbit/s（蓝光）	DVD 蓝光	A.Pack Neyrinck 的 SoundCode Minnetonka 的 Audio SurCode 大部分 DVD 母版制作软件

续表

比特流格式	声道数（通常情况下）	比特率	光盘格式	编码软件
DTS Digital Surround6	5.1	754kbit/s ~ 1.5Mbit/s	DVD 蓝光	Minnetonka 的 Audio SurCode DTS 编码器
Dolby Lossless (TrueHD)	5.1	最高到 18Mbit/s	蓝光	Dolby Media 编码器
DTS-HD Master Audio	5.1	最高到 24.5Mbit/s	蓝光	Minnetonka 的 Audio SurCode* DTS-HD 编码器
LPCM	2.0、5.1**	1,536kbit/s (双声道、48kHz、16-bit)	DVD 蓝光	任何软件（Pro Tools、Logic、Audacity）

* 压缩插件的运用能够为蓝光盘中的内容制作 DTS-HD 格式的主音频流。

** 由于其高比特率，当 DVD 的主音频需要录制为 LtRt 或双声道立体声时通常使用 LPCM 格式。

杜比数字 5.1 的编码软件叫作 A.Pack，编码前每种格式设置的参数包括以下方面。

11.9.1　A.Pack 里的音频设置

● **目标系统**（Target system）。根据母版的使用场合，设置为 DVD 视频、DVD 音频或普通 AC-3。

● **音频编码模式**（Audio coding mode）。它决定了所用声道的数量和分配方式。可能的几种选择是 1/0、2/0、3/0、2/1、3/1、2/2、3/2。前后两个数字分别代表前方声道和环绕声道的数量，例如 3/2 代表的是 5 声道系统，它有 3 个前方声道和两个环绕声道。需要注意的是，只有一个环绕声道时，把该声道信号送到系统所有的环绕声扬声器中：它是单声道环绕声，而不是单只扬声器环绕声。这其中最常用的选择是 1/0、2/0 和 3/2 模式。

　　在音频编码模式的下拉菜单中有个选项是是否使用低频效果声道（Enable Low Frequency Effects），如果有 LFE 声道的话，这个选项需要确认。注意大多数有线/卫星电视机顶盒在将 5.1 声道下变换为两声道输出时，会将 LFE 声道忽略，所以不能把重要的声音单独放到 LFE 声道中，它在家用系统中只是一个增强声道，而不是基础声道。仅仅因为这一点，就需要为影院和家庭环境准备不同的发行母版，因为影院里有专门的次低音系统，LFE 声道的内容能够得到重放。而在针对家庭的发行母带制作中，有的制作商将影院发行母版中 LFE 声道的内容分送到主声道和 LFE 声道，这样在下变换到两声道时 LFE 的内容也可以保留，但有的制作商不这样做。这就是为什么要分别制作影院和家用母版的原因之———其他原因将在后面讲到。

---

6 家用格式，不要与 DTS 影院声音格式相混淆。

- **数据率**（Data rate）。有多种比特率可供音频格式选择，可选比特率的范围取决于需要编码的音频声道数量。比特率越高越能避免听出人工编码的痕迹。典型的最大码率是 448kbit/s，但要注意在 DVD 中可能需要多路数据流来同时传送不同的语言，其中每一路都要占用一定的比特量，同时比特率的选择要与节目长度、音频格式数量及画面质量相权衡。一般情况下一种语言采用两种音频格式，一个 LtRt 格式和一个 5.1格式，它们分别以 192kbit/s 和 448kbit/s 编码，总码率为 640kbit/s，这与 DVD 编码的总码率 3.5Mbit/s 相比，只占用其中一小部分，大约是最高码率 10Mbit/s 的 6%。

- **对白标准化**（Dialogue normalization）。用于电影的缺省设置为−27dBFS。如果已经按照本章前面介绍的方法进行校准，并将对白录到标准电平的话，可以采用这个设置。

- **比特流模式**（Bit stream mode）。在电视广播、卫星数字电视及 DVD 中，一个视频节目可以有多种音频格式。完整的主格式是最常用的设置，但一些辅助格式如针对听觉或视觉障碍的人群所做的设置也很有用。它们通过编码器中一个单独的通路进行编码，只有到了最后的媒介中才结合进来。

11.9.2　A.Pack 里的比特流设置

- **中间声道下变换**（Center downmix）。用于将 3 个前方声道与两个前方声道的向下兼容。如果终端用户只有两支扬声器，中间声道的信号将在两支扬声器中如何分配？目标是使声音通过声像电位器在前方声道间移动时，能保持相同的响度。经典声学理论指出，如果听音者在房间中与声源保持合适的距离，两个等电平声音叠加后电平增大 3dB，所以这种情况下正确的下混合电平应该是−3dB，这是一个典型值。但是，用户可能坐得更近一些，所处声场主要是直达声场，这时最佳的下混合电平就是−6dB。因此−4.5dB 对所有情况来说都是比较正确的选择，上下浮动 1.5dB。

- **环绕声道下变换**（Surround downmix）。这回答了这样一个问题："在没有环绕扬声器的情况下，左/右环绕声道的信号应以多大的比例混合到前方左/右扬声器中？"答案取决于环绕声本身是否突出。如果觉得常用的−3dB 下变换导致环绕声成分过大的话，采用−6dB 或更低的数值都是可以的。比如在体育赛事中，环绕声道包含有很大的观众群杂声，将其下变换到两声道甚至单声道时，−3dB 的下变换会导致太多的观众声，此时采用更低数值的下变换就很必要。

- **杜比环绕模式**（Dolby surround mode）。这用来区分 LoRo（两声道立体声）和 LtRt混合声道，后者需要使用振幅-相位矩阵解码才能正确重放（通过使用 Dolby Pro LogicII、Neo:6、Circle Surround、Logic7 等软件来解码）。第三个选项是"未标明"（NotIndicated），但本书的读者应该已经知道怎样从前两个选项中来选择。

- **版权所有检验栏**（Copyright exists checkbox）。同产品制造商进行确认。

- **内容原创检验栏**（Content is original checkbox）。同产品制造商进行确认。

- **音频制作信息检验栏**（Audio production information checkbox）。检查该检验栏，确认各项信息都已提供。同样，本书的读者应该已经能理解并运用这些特征。
- **峰值混录电平**（Peak mixing level）。对白标准化是相对值，而该功能可以获得正确的绝对 SPL 值，这样后面的控制者就能采用与制作时完全相同的电平来重放声音，或者采用一个固定的预置电平（比如总是比"好莱坞模式"低 6dB）。标示出来的数值是两个因素的总和：（1）峰值余量，即参考电平和 0dBFS 之间的量，比如 20dB。（2）为前方声道设置的声压级。如果设置值是 79dB SPL，而参考电平是−20dBFS 的话，峰值混录电平就应该设到 99dB。
- **房间类型**（Room type）。选项有"小房间、平直频响监听"，这是你最可能用到的选项；"大房间、X 曲线监听"，主要用于电影混录棚；以及"未标明"。将该参数设置为"小房间、平直频响监听"最有可能符合你所处的监听环境。这将在随后进行更全面的讲解。
- **压缩预置**（Compression preset）。很多人观察到在大型混录棚里混出来的用于影院放映的电影，在家庭环境中重放时动态范围过大，结果对白被掩盖住了。事实上这通常意味着重放电平和原始电平相比降低了，而对白受到的影响最大。为了缓解这个问题，听音者可以有选择地加入音频压缩，设置参数时是对节目类型进行选择，压缩器根据所选参数来预设。注意是否使用压缩器的最终选择权在终端用户，如果是家庭影院系统，是在机顶盒中选择，或者用接收机上一个叫作"夜间模式"（night switch）的开关。各选项是以节目类型来标示：电影标准压缩、电影轻微压缩、音乐标准压缩、音乐轻微压缩及人声压缩。
- **常规设置**（General）。射频过调制保护（RF Overmodulation Protection）的使用环境是：接收机的输出必须通过家里的射频电缆（天线）重新发射到电视通道中。很多录像机都有这种功能，现代接收机有时候也采用这种方式：可以把录像机或机顶盒信号输出设置为标准 NTSC 制电视的 3 频道或 4 频道。宽动态范围的节目在简单的单声道调制器中会过载，因此需要使用射频过调制保护进行检测。
- **数字去加重**（Digital deemphasis）。只在 PCM 信号（无论何种格式，例如.wav 等）被预加重的情况下使用，例如在少数 CD 中。它的使用并不广泛。
- **全带宽声道**（Full-bandwidth channels）。当比特率比音频声道的最大可用比特率低时，将采用低通滤波功能。它能防止最高频段的声音信号可能发生的一些罕见问题。当线路中没有这样的滤波器时，可以采用直流滤波，它能阻止对可听声之外的冗余信号编码，以及消除节目转换时可能产生的砰砰声。
- **LFE 声道**（LFE channel）。提供低通滤波器来适当限制 LFE 声道的带宽，一般情况下都会使用。剪辑和混录软件通常缺乏这项功能，而 LFE 声道的带宽需要被限制，因为如果不在录音/发送环节将它限制，肯定会在重放/接收环节被限制。在一个相对不限制带宽的次低音监听系统中做出来的低音鼓音头，在传输环节受到带宽的限制，结果音头中最有力的部分——瞬态——没有了，这反映出混录中的问题（这部分声音应该分开来分别放进主声道和 LFE 声道中）。好一点的做法是，整个低音鼓都应该放在主声道中，这样不同频率声音间的时间关系才能更好地保留。把 LFE 声道留给真正需要时使用，例如《1812 序曲》中的大炮声。

- **环绕声道（Surround channels）**。提供 90°反相来检测矩阵环绕声解码器是否工作正常。将影院用母带转换成视频母带时对环绕声道提供 3dB 衰减，因为两个系统的电平校准标准有 3dB 的区别（影院系统的前方声道和环绕声道监听电平相差 3dB，家用系统所有声道的监听电平是相同的，如果不将影院用母带的环绕声道衰减 3dB，用于家用系统播放时就相当于环绕声增大了 3dB，破坏了原信号的比例。——译者注）。

广播地面传输和卫星数字电视也使用元数据，有一种元数据是绝对标准化了的，要求在所有的数字电视接收机中都要使用，这就是对白标准化元数据。对这些媒介来说，其母带处理可以在专业后期制作棚里完成，然后将元数据写在表格上，并运用这些参数将节目发送到广播通道中。下面提供的标签可以用来给节目源做标记，比如用在 DTRS 磁带上。最终的文件和以 Dolby E 格式录下来的节目，也要标上事先设置好的元数据。

多声道音频后期制作媒介标签

后期制作室信息

制作室名称＿＿＿＿＿＿＿＿＿＿＿＿＿＿＿＿＿＿＿＿＿＿＿＿＿＿＿＿＿＿＿＿＿

制作室地址 ＿＿＿＿＿＿＿＿＿＿＿＿＿＿＿＿＿＿＿＿＿＿＿＿＿＿＿＿＿＿＿＿

制作室电话＿＿＿＿＿＿＿＿＿＿＿＿＿＿＿＿＿＿＿＿＿＿＿＿＿＿＿＿＿＿＿＿

联系人＿＿＿＿＿＿＿＿＿＿＿＿＿＿＿＿＿＿＿＿＿＿＿＿＿＿＿＿＿＿＿＿＿＿

制作日期（例如，1999-01-12）＿＿＿＿＿＿＿＿＿＿＿＿＿＿＿＿＿＿＿＿＿＿

节目信息

制片方 ＿＿＿＿＿＿＿＿＿＿＿＿＿＿＿＿＿＿＿＿＿＿＿＿＿＿＿＿＿＿＿＿＿

以下项目用于 ATSC 标准的节目/段落/版本标识

节目名＿＿＿＿＿＿＿＿＿＿＿＿＿＿＿＿＿＿＿＿＿＿＿＿＿＿＿＿＿＿＿＿＿＿

段落名＿＿＿＿＿＿＿＿＿＿＿＿＿＿＿＿＿＿＿＿＿＿＿＿＿＿＿＿＿＿＿＿＿＿

段落号（1-4095）＿＿＿＿＿＿＿＿＿＿＿＿＿＿＿＿＿＿＿＿＿＿＿＿＿＿＿

版本名＿＿＿＿＿＿＿＿＿＿＿＿＿＿＿＿＿＿＿＿＿＿＿＿＿＿＿＿＿＿＿＿＿＿

版本号（1-4095）＿＿＿＿＿＿＿＿＿＿＿＿＿＿＿＿＿＿＿＿＿＿＿＿＿＿＿

首次播放或发行日期（例如：1999-01-12）＿＿＿＿＿＿＿＿＿＿＿＿＿＿＿＿

节目长度（时长）＿＿＿＿＿＿＿＿＿＿＿＿＿＿＿＿＿＿＿＿＿＿＿＿＿＿＿＿

内容信息

声轨排列（选择其一）

	1	2	3	4	5	6	7	8
☐	L	R	C	LFE	LS	RS	Lt	Rt
☐Other								

牵引片内容　☐ −20dBFS 的 1kHz 正弦波测试信号，录在带头，30s 时长（必备）

☐ −20dBFSrms 的粉红噪声信号，30s（可选）

☐ 静音，30s（必备）

☐ 倒计时牵引片，2 的位置有"嘟"声（可选）

☐ 其他：_____

节目开始于　☐ 01:00:00:00 其他_____

节目结束于　_____

☐ 多声道节目片段（细节）

时间码 ☐29.97DF　　☐29.97NDF　　☐30.00DF　　☐30.00NDF

采样率 ☐48.000kHz　☐其他（为什么？）：_____

磁带版本 ☐原版　☐克隆版　☐复制版　☐原版备份版

© 2005 TMH Corporation. 该表格在包含该版权条时可以复制使用。

11.10　监听

混录时经常听到剪辑师抱怨说："在 Avid 里听时这个声音很好啊。"其实在剪辑室里，使用的是非全频带扬声器来监听，其频率响应不均匀，而且很多声音被计算机噪声所掩蔽，硬反射的小房间声学条件也很差，在这样的环境里声音听起来尚可接受，但随后在一个安静的混录棚或控制室里，房间混响量是受到控制的，音频系统能把声音空间正确还原，这时声音听起来变得很糟糕。做声音的人总是听到这类沮丧的抱怨："为什么你们总是这么挑剔？"但无可否认的是感觉到的问题确实存在。

以上问题就在于为什么"在 Avid 里听时声音很好"，工程师调查发现，监听扬声器的高频单元被烧坏了。由于声音没有正确还放，剪辑师听不到背景声的细节变化，导致其剪辑充满了声音跳点。

也许不可避免的是剪辑室的监听系统总是比声音控制室的要便宜，但这并不意味着就可以把它们放在监视器的后面，冲向旁边，使声音从后面的墙面反射回来。大多数剪辑室都是两声道监听，对剪辑来说这已足够，因为大部分素材都是单声道或两声道的。至少应该把两只扬声器放在监视器左右两边对称的位置，这样在中间位置听音时，可以获得对白处在屏幕中的幻象声像。

另一个重要问题是监听扬声器的频响范围。音频领域有个老传统就是，声音系统的低频下限和高频上限的乘积应该等于 400 000。比如 20Hz 乘以 20kHz 等于 400 000，而 100Hz 乘以 4kHz 也等于 400 000。当低频下限上升时（低频下限低的话扬声器的尺寸和成本很难控制），高频上限相应地也该下降，但实际情况通常不是这样，从而导致很多小型监听扬声器的声音听起来非常尖锐。大多数剪辑室所用扬声器的低频下限在 60～100Hz 的范围，这样就丢失了低频段 1 和 2 两个重要的倍频程。在这样的系统里剪辑出来的声音拿到全频带系统播放时，会听到剪辑点间低频信号的跳跃。

解决这个问题的办法是为双声道系统增加一只普通的次低音扬声器。出于以下原因这样做是可行的。它允许将小型监听扬声器根据监视器的位置来摆放，而把次低音扬声器放在地面靠近墙壁或墙角的地方。处在低频交叉点的频率如 80Hz，低于它的频率会传送到次低音扬声器中，但由于人耳对低频段的定位较差，我们通常听不出低频转入不同扬声器时方向的改变。当然我们能对低音鼓中较高频段的谐波成分进行定位，但它已经不属于低频！在资金不足的情况下采用次低音扬声器不失为一个不错的选择，它能帮助剪辑师更好地剪辑低频信号，从而节省混录时间。

采用普通次低音扬声器需要接入一种叫作**低频管理器**的电子设备，如图 11-2 所示。它有滤波和改变低频分配方向的功能。在家用接收机中这是种常用设备，一些专业系统也有这样的功能，它既能作为外接设备使用，也能直接嵌入次低音扬声器中。Martinsound 公司的 ManagerMax 就是一种低频管理器。

图 11-2　一种低频管理器。它对 5 个主声道加高通，将 5 个主声道的信号混合后加低通，并把得到的低频信号与 LFE 信号混合，将其发送到一支或多支次低音扬声器里

下一个问题是监听室的频响问题。由于受到很强的驻波影响，小房间的中低频响应很差。在房间里播放包含很多低频的声音，然后向后方墙壁移动，几乎 99% 的情况下低频都会有显著提升，在角落的提升更明显。这与监听系统及设备制造商没有关系，而是扬声器与房间相互作用的结果。对大多数人来说，这个问题在现阶段是无法解决的，所能做的就是买一个较好的扬声器，得到平直的高频响应，同时希望低频也能正常播放。如今，家用接收设备具备自动均衡等功能，使其在频率响应方面有了长足的发展，能够呈现出的频响与专业录音棚的效果越来越接近（如图 11-3 所示）。对于双声道，有很多模式可用。对于 5.1 声道分立环绕声，大部分接收机不能为多声道音频提供分离的模拟信号输入。但有一种设备可以：NAD T787。这一设备允许带均衡的 5.1 路输入和扬声器输出，既可以送往 5.1 路分立声道扬声器，也可以混合成双声道。

在桌面系统上进行两声道的剪辑和混录，同时也想进行 5.1 声道混录的话，需要有一套正确摆放的监听系统。以下是一些必要条件。

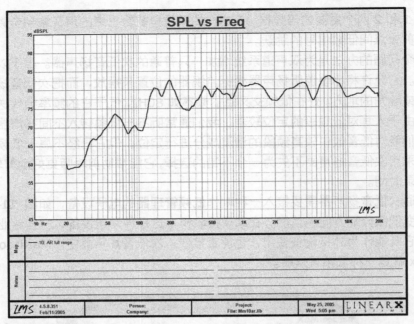

图 11-3a　典型的剪辑室监听系统频响，它缺乏低频，并且不同频段间的频响不均匀。这是在剪辑室的典型听音位置上测量的结果

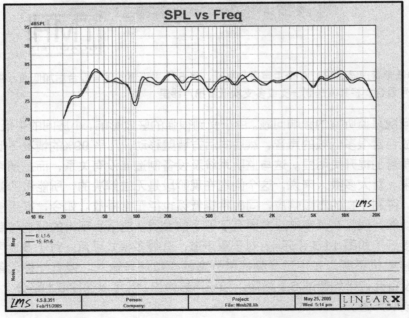

图 11-3b　经过均衡处理的监听系统频响，它具有较宽的频响范围和平直的响应

- 至少两支（如果中间声音使用幻象的话）或 3 只前置扬声器（包含一支中间扬声器）。
- 至少两支环绕扬声器。
- 至少一支次低音扬声器。
- 一个低频管理电路。
- 左、中（如果有的话）、右扬声器应与画面之间保持正确的摆位，使声音和相应的画面出现在相同的位置。水平面上±4°的偏差已能被专业人士察觉，±15°的偏差就相当严重了。扬声器最理想的位置是与画面处在同一高度，但也可以低一些或高一些，因为人耳对垂直面的方向辨析力仅为水平面的 1/3。
- 将左右环绕扬声器放置在与前方中心成±110°（俯看）的位置上。环绕扬声器的位置通常比前置扬声器高，这模仿了影院中的摆位。
- 次低音扬声器的摆放位置需要获得最好的响应。通常这个位置是在墙角，这里能产生最大输出。如果有两支次低音扬声器，两者播放相同的单声道信号，可以把一支放在墙角，另一支放在一面墙中间的位置，且都放在地面上。
- 采用低音管理。
- 利用自动均衡后的系统来进行监听校准，按照本章前面介绍的方法进行额外的绝对电平校准。

11.11 影院混录母版和视频混录母版的对比

前面已经讲过影院和家庭环境采用的是不同的监听参考电平，用于家庭环境的 5.1 混录母版需要将 LFE 声道重新分配，使部分 LFE 声道的声音进入 LCR 声道，以避免下变换时丢失 LFE 声道里的内容。下面还有两点需要注意：（1）影院混录版和视频混录版是在不同的频响曲线下做出来的；（2）在大房间里播放时声画同步有一帧的区别。

不同的频响环境意味着将影院混录版用在家庭环境里播放时，声音听起来会发亮，而在频响平直的桌面监听系统上混出来的声音拿到影院去放则会发暗。所以把使用频响平直的监听系统做出来的母带用于影院发行时，最后的母带处理环节是给声音加上一个高频段的搁架均衡，在 10kHz 处提升 4dB。

影院混录版用在家庭环境里播放时声音发亮，产生的后果是对白中齿音加重，拟音过于突出，音乐里类似拉弦的嘶嘶声更加明显。要解决这个问题，可以在接收端安装家用 THX（Home THX）系统对信号进行二次均衡处理。但是把视频混录版用于影院播放所产生的问题，影院里并没有现成的解决方法，所以必须拿到母带处理环节来解决。在响应平直的近场监听系统里，影院混录版的声音听起来可能过亮，但在校准好的影院环境中将恢复正常（SMPTE 202 和 ISO2969 标准）。

此外，如果是在大影院里（与小银幕的房间相比）播放制作出来的影片，母带制作时要使声音相对画面提前一帧，这样在距离银幕 47 英尺的位置上声音与画面能达到准确的同步。

这样就到了最后环节：混录好的版本在合适的监听系统里听上去不错，之后就可以把它转成视频版和影院版，但是如果没有能力配备好的监听系统怎么办？最好的办法就是通过目前所拥有的系统播放优秀的混录师的作品，这在 DVD 里很容易找到，尤其注意去听其中的人声。因为人声是大家最熟悉的声音，如果人声听起来没问题，那么其他的问题都可以忽略。

　　汤姆·霍尔曼人生中的一大乐事就是在影院里看到一部好电影，然后在最后的工作人员名单里发现了从前学生的名字——原来如此美妙的声音出自他们之手。写作这本书是希望将他多年的教学经验和技术积累传达给更多的人，使电影声音能越来越好。我们希望有一天你也可以制作出美妙的声音。

导演提示

- 采用原始素材、剪辑母带、发行母带（录音棚母带）的术语来对磁带或文件进行区分，其他都属于中间产品。单独使用"母带"这个词没有意义，因为在前期和后期制作中，除了最终发行的成品，其他的都是某种意义上的"母带"。

- 单声道用在有线电视和低成本视频中，传统的两声道立体声只偶尔用在一些遗留下来的媒介中，环绕声在今天已成为标准。

- LtRt 矩阵环绕声可以将两通道信号通过多种媒介传播，例如常见的广播、卫星电视和有线电视、标清和高清视频磁带（从 VHS 到 HDCAM 以及一些更新的格式），还有那些拥有 5.1 播放能力的媒介：如影院、DVD、一些高清卫星电视和有线电视频道。因此，LtRt 是目前使用最广泛的传输环绕声信号的格式。

- 在影院、DVD 以及一些高清卫星电视和有线电视中播放时，5.1 声道拥有更好的分离度（能同时处理更多的信号，并将它们正确定位）和更好的环绕包围感（与 LtRt 的单声道环绕声不同的是它拥有两个环绕声道）。

- 母带电平控制：表 11-3 以及网站上的音频文件可以用来设置合适的对白电平。SMPTE 规定与画面相伴的声音参考电平是 −20dBFS，影视制作应采用这个参考电平。音乐录音中使用更高的参考电平导致节目的交换性降低。可以通过播放制作良好的 DVD 或蓝光盘来测试节目，看看与这些光盘相比响度是否一致。

- 很多发行通道具有 20dB 的动态余量（DVD、影院、一些高清卫星电视和有线电视频道）。其他情况下，不要使用 20dB 的动态余量，因为下游设备和播放媒介对付不了那么高的范围。要想得到一个通用母带以适应各种媒介，可以将原始母带的电平降低 5dB，再加入 5dB 的峰值限幅，这样最大数字录音电平就成了 −10dBFS，可以适应大部分媒介的需要。

- 监听会产生很多问题。经常听到有人抱怨说"在 Avid 里听时声音没有问题呀"。意思就是："混录师先生，在我的设备上（在剪辑室糟糕的监听环境中）听上去好的声音，为什么在你的专业监听系统里听上去那么差？"同其他设备相比，校准好的监听系统花费不高，应该把它纳入考虑范围。在你的监听系统中听自己熟悉的作品，对了解监听系统的特性很有帮助。

- 低音管理在所有的监听系统中都十分必要，因为最终的使用者会以这种方式来听声音。

- 有理由为影院和家庭环境分别制作专门的母带，方法在前文已详细讲述。

中英文词汇对照

flashbacks	闪回
flicker	闪烁
floor	本底
noise	本底噪声
weighted	计权本底噪声
FM (frequency modulation)	FM（调频）
foam windscreens	泡沫防风罩
focal length	焦距
focus	焦点
Foley	拟音
effects	拟音效果
footsteps	脚步声
stages	拟音棚
footsteps	脚步声
Foley	拟音
Forbidden Planet	《禁星之旅》
Foreground	前景
action	动作
characters	角色
dialogue	对话
foreground sound	前景声音
formal structure	形式结构
formats	格式
AAF	AAF 格式
AES	AES 格式
AES 31	AES31 格式
archival	归档格式
audio	音频格式
audio files	音频文件格式
audio recording	音频记录格式
cameras	摄影机格式
cassettes	磁带格式
common	通用格式
digital	数字格式
digital tape	数字磁带格式
digital video	数字视频格式

equalization 均衡
high frequencies 高频
higher frequencies 更高频
highest frequencies 最高频
low frequencies 低频
modulation (FM) 频率调制
radio frequencies 无线电频率
range 频率范围
    of hearing 听觉频率范围
    wide 宽频率范围
response 频率响应
    flat 平直的频率响应
spectrum 频谱
weighting 频率计权
frequency-agile systems 频率捷变系统
front channels 前置声道
front speakers 前置扬声器
full resolution 全分辨率
futz 电子化处理

G

Gaffer's tape 电工胶带
gain 增益
    controls 增益控制
        automatic 自动增益控制
    function 功能
    plug-ins 插件
    reduction 衰减
    staging 分段增益
    unity 单位增益
generation loss 代间损失
GenLock 同步锁相
gross distortion 严重失真
ground 接地
ground loops 接地环路
grouping 分组

I

intermediate masters 中间母带
internal hard drives 内置硬盘
interviews 访谈
isolation 隔离

J

jam sync 时码追踪
jungle scenes 丛林场景
Jurassic Park 《侏罗纪公园》
JVC camcorders JVC 摄影机

L

large rooms 大房间
lavaliere microphones 纽扣话筒
lavaliere mounting, tape for 用胶带固定纽扣话筒
lavaliere placement 纽扣话筒的放置
lavaliere tracks 纽扣话筒的声轨
lavs *see* lavaliere microphones 纽扣话筒
layering 分层
left channel 左声道
left signal 左侧信号
left surround 左环绕声道
lenses 镜头
    anamorphic 变形
    cinema 电影院
    zoom 变焦
L_{Aeq} L_{Aeq} 声压级术语
level 电平
    combinations of frequency and 频率与电平的组合
    line levels 线路电平
    microphones 话筒电平
    peak 峰值电平
    speaker 扬声器电平
level calibration 电平校准
level controls 电平控制
    and chain 电平控制链路

M

mise en scene	场面调度		
mix *see* mixers; mixes; mixing	混音　参见　混录、调音台		
mix busses	混合母线		
mix rooms	混音室		
mixdown	混音		
mixers	混录师/调音台		
expensive	高端调音台		
external	外接调音台		
field	现场调音台		
human	手动混音		
level controls	电平控制		
microphone	话筒		
mixer-recorders	调音台-录音机		
music	音乐混音		
outboard	外接调音台		
outputs	调音台输出		
over-the-shoulder	肩跨式		
portable field	便携式现场用调音台		
production sound	同期声		
re-recording	混录		
Shure	Shure 调音台		
well-trained	经过良好训练的混录师		
mixes	混音		
balance	平衡		
film	电影混音		
final	终混		
home	家用版混音		
master	母版混音		
surround	环绕声混音		
theatrical	影院版混音		
two-channel	双声道混音		
universal	通用混音		
mixing	混录		
complex	复杂的混录		
consoles	混录调音台		
control surface	控制界面		

O

P

Solaris	《飞向太空》
solid-state media	固态媒体
solo	独听
songs	歌曲
Sony	索尼
sound amplitude *see* amplitude	声音振幅 参见 振幅
sound cards	声卡
sound clips	声音剪辑片段
sound crew	声音制作团队
sound decay	声音衰减
sound department	声音部门
sound design	声音设计
as art	声音设计艺术
on-screen	画内声音设计
spotting	对点
sound designers	声音设计师
Sound Devices	Sound Devices 品牌
sound editing	声音剪辑
systems	系统
as compared with picture editing systems	与画面剪辑系统的对比
and pictures	声音及画面剪辑系统
sound editors	声音剪辑师
ability	能力
supervising	声音剪辑总监
sound edits	声音剪辑
sound effects	音效
editing	剪辑
libraries	音效库
moving objects	移动物品的音效
recordists	音效录音师
simple	简单音效
sound fields	声场
sound formats	声音格式
sound insertion	声音插入
sound kit accessories	声音设备配件
sound level meters	声级计